App UI
设计案例实操

刘恩鹏 主编

清华大学出版社
北 京

内容简介

在智能手机快速发展的背景下，越来越多的人开始喜爱使用各种 App。本书主要介绍了手机 App UI（用户界面）设计思路和制作过程。本书赠送所有案例素材和源文件、教学 PPT 课件和教学视频。

本书适合想要快速掌握 UI 设计制作方法的人员，也适合广大平面设计爱好者和相关行业从业人员，同时，也可作为高等院校的教学辅导用书。

图书在版编目（CIP）数据

App UI设计案例实操 / 刘恩鹏主编. -- 北京 : 清华大学出版社, 2024. 8. -- ISBN 978-7-302-66480-2

Ⅰ. TN929.53

中国国家版本馆CIP数据核字第2024CC0963号

责任编辑：张　敏
封面设计：郭二鹏
责任校对：徐俊伟
责任印制：刘海龙

出版发行：清华大学出版社
网　　址：https://www.tup.com.cn，https://www.wqxuetang.com
地　　址：北京清华大学学研大厦A座　　邮　　编：100084
社 总 机：010-83470000　　邮　　购：010-62786544
投稿与读者服务：010-62776969，c-service@tup.tsinghua.edu.cn
质 量 反 馈：010-62772015，zhiliang@tup.tsinghua.edu.cn
课 件 下 载：https://www.tup.com.cn，010-83470236
印 装 者：北京博海升彩色印刷有限公司
经　　销：全国新华书店
开　　本：170mm×240mm　　印　　张：14.25　　字　　数：350千字
版　　次：2024年8月第1版　　印　　次：2024年8月第1次印刷
定　　价：99.00元

产品编号：102871-01

前言

随着移动互联网的飞速发展，移动 App 客户端已经成为商品交易和社交的主要平台。然而，面对繁杂的信息，用户往往感到迷茫。优秀的 App 客户端导航、布局和交互设计能够显著提升设备的易用性，对于高效运作具有重要意义。

人类对图形图像有很高的敏感度。尽管很少有人能从数字中寻找趋势，但即使是小孩子也能理解条形图的含义，并从中获取数字信息。因此，可视化成为一种流行趋势，也成为人与机器沟通的最便捷方式。以用户体验为最高设计原则的界面设计被称为有效设计；行为为目的服务，需要将网站中的所有信息在有限的导航栏中展示，并为终端用户提供反馈和帮助入口。合理的人性化设计在终端界面设计中起着至关重要的作用。

本书介绍了 UI 设计的基础知识和重要元素，强调了设计的原则，并分析了 iOS 和 Android 设计的差异性。附录中提供的网络资料和视觉参考资料为设计师提供了丰富的资料储备。

设计移动 App 客户端遵循的业务流程包括预言阶段、业务逻辑推演阶段、UI/UED 设计阶段、代码实施阶段、测试阶段和 App 产品发布阶段。本书主要讲解 UI 设计，突出移动 App 客户端产品的客户需求实现。在保证易用性的前提下，强调视觉上的易用性和友好性，吸引用户使用并最大程度地降低学习成本。

为了使用户不产生选择焦虑症，视觉设计必须符合业务逻辑，使用颜色为用户提供引导，成为用户点击的向导。可点击的部分应尽可能明显，减少用户的猜测。此外，考虑到移动 App 客户端面向所有消费者，交互色彩搭配也需要照顾到部分色盲用户。交互动画部分应注意点击动作之后的文字变化以及大小和颜色的变化，功能化告知使 App 产品的层级更加清晰，不易混淆。

随着服务的接口增多，用户的使用也将变得离散化。移动 App 客户端的产品迭代和业务推衍必须尊重事实、强调精确、推崇理性逻辑。数据统计下的业务创新是产品迭代的唯一指标，大数据时代公平与公正性的进步也正源于此。

设计人员无法完全控制用户体验，但他们可以搭建舞台、准备道具，让用户来体验并发声。

读者可扫描下方二维码获取本书案例素材和源文件、教学 PPT 课件、教学视频。

案例素材和源文件

教学 PPT 课件

教学视频

本书由云南艺术学院刘恩鹏主编，本书结构清晰、参考性强，讲解循序渐进，知识涵盖面广又不失细节，适合艺术类院校作为相关教材使用。由于作者水平有限，书中不足之处在所难免，望读者批评指正。

作 者

2024 年 3 月

目录

第 1 章 App UI 设计基础 001

1.1 智能 App UI 设计概述 001

1.2 App UI 设计的布局和分类 002

1.2.1 App UI 设计的布局 002

1.2.2 App UI 设计的分类 003

1.3 UI 设计相关知识 005

1.3.1 什么是 UI 设计 006

1.3.2 做 UI 设计的目的和重要性 006

1.3.3 UI 设计中最重要的元素是什么 007

1.3.4 平面 UI 与手机 UI 的不同 008

1.4 UI 设计的原则 008

第 2 章 如何设计一组图标 012

2.1 UI 设计的准则 012

2.2 图标文件的格式和大小 014

2.2.1 JPEG 格式 014

2.2.2 GIF 格式 014

2.2.3 PNG 格式 014

2.3 跟大师设计一组图标 015

2.3.1 准备工作 015

2.3.2 构思、草图 015

2.3.3 辅助背景制作 016

2.3.4 基本形、放大 016

2.3.5 创作过程 017
2.3.6 常用方法——变形 018
2.4 设计图标的三个阶段 019
2.5 图标格式的那点事 021

第 3 章 App UI 设计平面图标制作 025

3.1 Home 图标制作 025
3.2 日历图标制作 028
3.3 录音机图标制作 030
3.4 文件夹图标制作 032
3.5 绘制基本形状 035
3.6 了解绘图模式 038
3.7 了解图层样式 040

第 4 章 App UI 设计的字效表现 042

4.1 车灯字体 042
4.2 星星字体 046
4.3 牛仔布料字体 053
4.4 在 App UI 中如何控制字号 058
4.5 字体配色的那点事 060

第 5 章 UI 的质感表现 063

5.1 胶布质感 063
5.2 玻璃质感 067
5.3 木纹质感 073
5.4 纸张质感 077
5.5 陶瓷质感 079
5.6 光滑漆皮质感 082
5.7 塑料、金属和玻璃综合质感 088
5.8 扁平化系统的特色 092
5.9 关于透明元素和透明度使用的艺术 094

第 6 章 App UI 设计立体图标制作 096

6.1 Dribbble 图标制作 096
6.2 按钮图标制作 102
6.3 Chrome 图标制作 111
6.4 Twitter 图标制作 117
6.5 照相机图标制作 123
6.6 如何让图标更具吸引力 129
6.7 立体图标的设计原则 131

第 7 章 App UI 按钮设计 133

7.1 发光按钮 133
7.2 控制键按钮 137
7.3 清新开关按钮 142
7.4 高调旋钮 151
7.5 如何设计和谐的交互 158
7.6 设计师关于按钮设计的建议 159

第 8 章 App UI 零件设计大集合 162

8.1 进度条 162
8.2 音量设置 173
8.3 选项设置按钮 188
8.4 导航列表的设计原则 198

第 9 章 App UI 整体界面制作 201

9.1 手机界面总体设计 201
9.2 音乐播放界面 202
9.3 制作日历界面 207
9.4 制作对话框 211
9.5 制作图库界面 213

附录 217

第1章

App UI设计基础

App UI的设计是建立在优秀的平面设计能力和熟练掌握Photoshop软件的基础之上的。本章我们将讨论作为App UI设计师应该遵循哪些设计原则，以及平面设计师与UI设计师有哪些不同要求。

1.1 智能App UI设计概述

UI（用户界面）设计是一门关于如何使用户与设备或程序进行交互的学科。它涉及用户界面的布局、外观和交互方式。在设计UI时，我们需要考虑用户的需求、设备的特性以及程序的功能。一个好的UI设计可以提高用户的体验，使用户更容易使用产品。在设计UI时，我们还需要考虑不同设备和操作系统之间的差异。不同设备和操作系统有不同的特性和限制，我们需要根据这些特性和限制来设计界面，如图1.1所示为不同功能的App界面。

iOS主界面　聊天　购物

门户　游戏　音乐

图1.1

1.2 App UI 设计的布局和分类

1.2.1 App UI 设计的布局

下面对 iPhone 和 Android 的 App UI 布局进行剖析对比，从而了解不同的系统在 App 设计时的异同。

iPhone 系统 App 的布局即界面元素一般分为三部分：状态栏、导航栏（标题）、标签栏 / 工具栏，如图 1.2 所示。

状态栏：显示应用运行状态

导航栏：文本居中显示当前 App 的标题名称。左侧为返回按钮，右侧为当前 App 内容操作按钮

标签栏 / 工具栏：标签栏和工具栏共用一个位置，在 iPhone 的最下方，工具栏按钮不超过 5 个

图 1.2

Android 系统 App 的界面元素一般分为四部分：状态栏、标题栏、标签栏、工具栏，如图 1.3 所示。

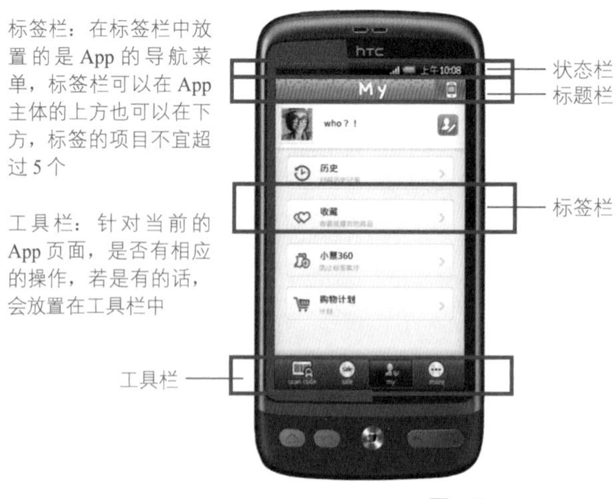

标签栏：在标签栏中放置的是 App 的导航菜单，标签栏可以在 App 主体的上方也可以在下方，标签的项目不宜超过 5 个

工具栏：针对当前的 App 页面，是否有相应的操作，若是有的话，会放置在工具栏中

状态栏：位于界面的最上方。当有短信、通知、应用更新、连接状态变更时，会在左侧显示，而右侧则是电量、闹钟、信号、时间等常规手机信息。按住状态栏往下拉，可以查看信息、通知、应用更新等详细情况

标题栏：文本显示当前的 App 名称

图 1.3

1.2.2　App UI 设计的分类

下面将 App UI 设计的分类进行了总结，一般来说可将其分为 6 种方式。

（1）平铺成条：以长条的形式横向平铺。

横向平铺界面给人一种简洁的印象，让操作更简单，分类更明晰。虽然这种横向平铺的构图从艺术角度讲有点呆板，但在 App UI 里却是最常用的，也是让用户更易操作的常用界面构图方式，如图 1.4 所示。

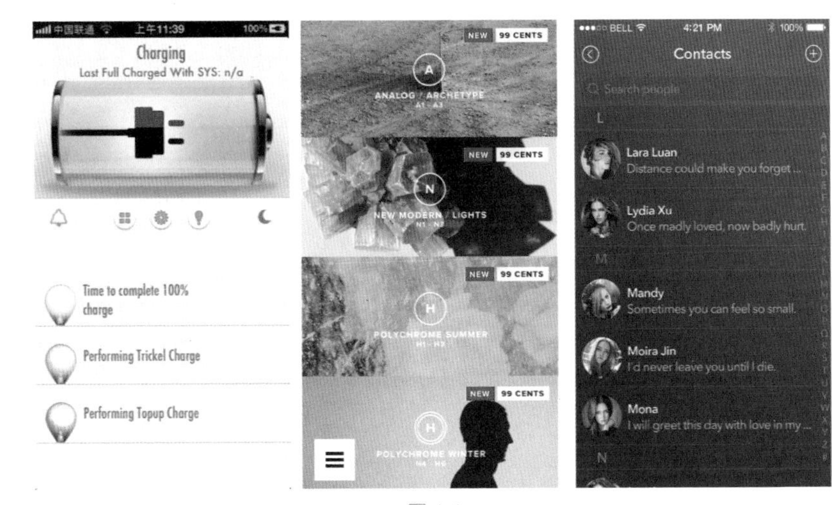

图 1.4

（2）九宫格：以九宫格的方式进行网格式横向和纵向排列。

九宫格是一种常见且基本的构图方法。我们可以将画面视为一个有边框的区域，将左、右、上、下四个边均分为三等份，然后用直线连接相应的点，这样画面就会形成一个井字。画面的面积被分成了九个相等的方格，而井字的四个交叉点则成为了趣味中心，如图 1.5 所示。

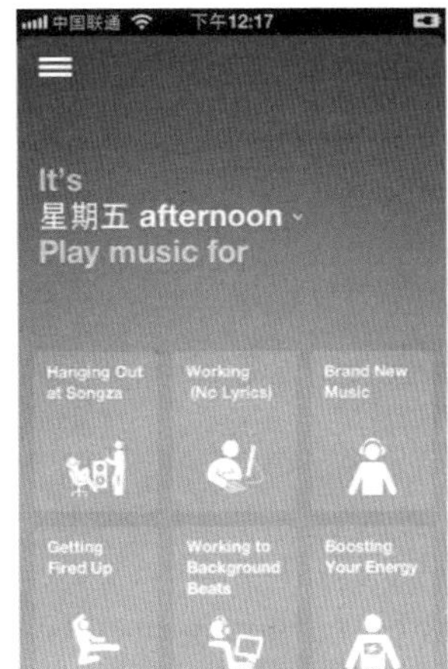

图 1.5

（3）大图滑动：以一张大图的方式布满全屏。

整屏滑动界面受益于系统速度和网速的提高，手机读取速度提高了，这种大图滑动才得以普及。大图滑动方式很有气势，画面也更加整洁，常用于软件的多屏浏览，如图 1.6 所示。

图 1.6

（4）图片平铺：所有图片不规则地平铺于界面之中。

这种图片平铺的界面构图最初来自于 Facebook 和微软系统的界面。它的优势在于多个元素可以同时展示在用户面前，而且可以平均分配面积或者穿插画中画效果。这种平铺界面分类的优点是比较灵活，如图 1.7 所示。

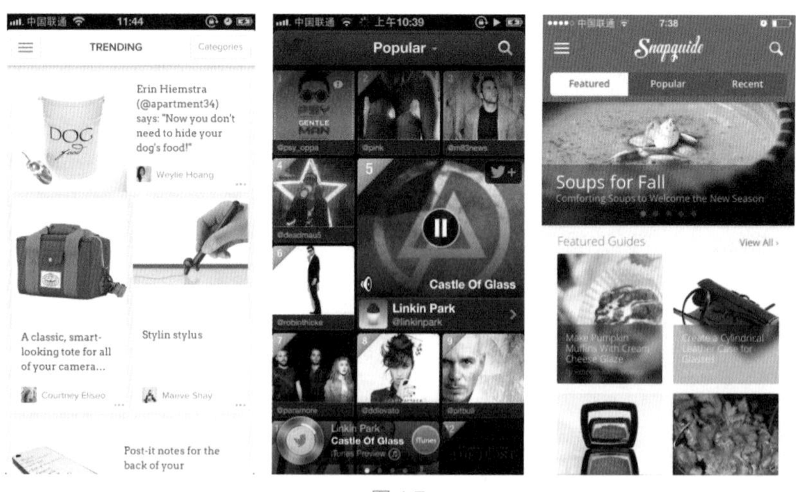

图 1.7

（5）分类标签：以标签的形式构图，导航条的下方水平铺开，可以左右滑动。

标签界面分类方式是以图标的形式将类别可视化，通常体现在 App、功能等分类首页上。这种标签界面的优点在于视觉导向明晰，利于操控，如图 1.8 所示。

图 1.8

（6）下拉选项框：以下拉列表或下拉选项的方式呈现，主要对信息进行筛选。

下拉选项框的优点是可以将大量信息分门别类地隐藏在框中，适用于列表式的选项。常见的有歌曲菜单、地址列表等。查询方式可以采用英文字母排序等，如图 1.9 所示。

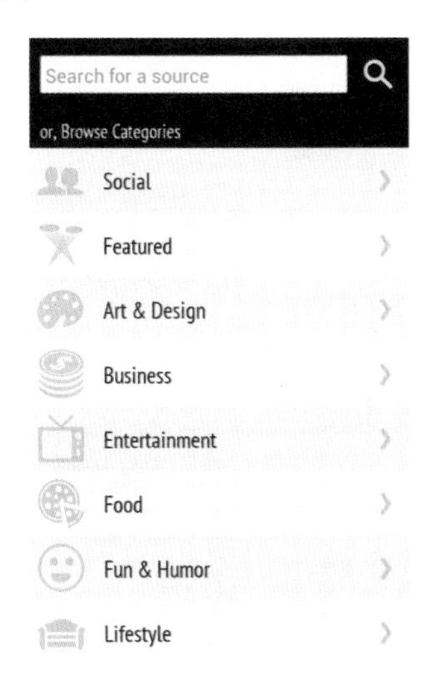

图 1.9

1.3 UI 设计相关知识

本节介绍的是手机 UI 设计的基本概念，其中包括什么是 UI 设计、做 UI 设计的目的、UI 设计的重要性、UI 设计中最重要的元素是什么、平面 UI 与手机 UI 的不同等几部分。

1.3.1 什么是 UI 设计

UI 即用户界面。UI 设计不仅仅是指界面美化设计，从字面看 UI 还反映了用户与界面的直接交互关系。所以，UI 设计不仅仅是为了美化界面，它还需要研究用户需求，让界面变得更简洁、易用、舒适。

用户界面无处不在。它可以是软件界面，也可以是登录界面，不论是在手机还是在 PC 上都有它的存在。用户界面设计，不只要考虑如何摆放按钮和菜单，更为重要的是要考虑程序、设备如何与用户互动，如图 1.10 所示。

网站客户端 UI　　平板客户端 UI　　手机客户端 UI

图 1.10

1.3.2 做 UI 设计的目的和重要性

做 UI 设计的目的是让用户理解程序的用途及如何操作程序。外观和视觉感不是 UI 设计的主要目的，它的主要目的还是沟通，通过沟通让用户理解程序。

UI 设计包括美化和交互两个方面。为了使读者直观地了解到 UI 设计的重要性，我们将用 UI 设计前和 UI 设计后的对应图来做对比分析。

从图 1.11 中可以看出，未被 UI 设计的界面有以下明显的特点：

- 界面过于简单。
- “登录”没有体现出按钮的立体感，让人看起来就像是单纯的文字，而不会去点击。
- 在没有其他说明的情况下，无法知道登录的是哪种软件。

从图 1.12 中可以看到，UI 设计后的界面有以下明显的特点：

- 画面内容丰富，具有时尚感和立体感。
- “登录”按钮具有美感，使人们明确知道通过点击它们就可以进入“登录”界面中。
- 图片上的色调就让人知道这是一个美团的登录界面。

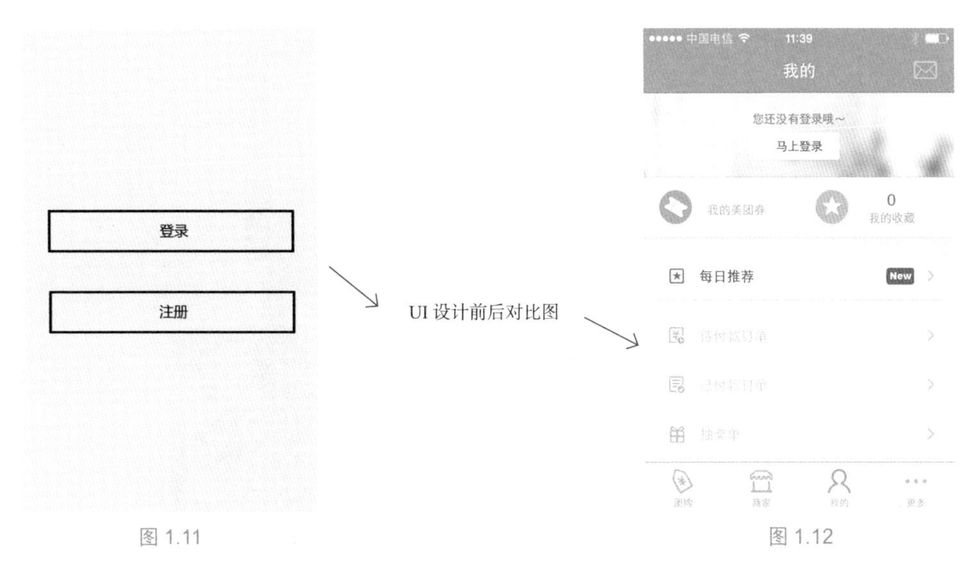

图 1.11　　　　图 1.12

从对比图中我们就可以看到没有被 UI 设计的界面是非常简陋的，因此对于智能手机 App 来说，UI 设计非常值得人们重视。

1.3.3　UI 设计中最重要的元素是什么

- 布局和定位：版面结构。
- 形状和尺寸：通过形状，让人迅速地辨识；通过大小确定某元素的重要性，常用的要大，容易按到。
- 颜色：不同的颜色代表不同含义，红色——危险、停止、错误；绿色——成功、继续。颜色可以突出显示内容，如高亮显示。
- 对比：加强对比可以提高辨识度，如黑白；降低对比可以融合；通过加强和降低对比，可以让用户分清主次。
- 材质：在对话框的四角加材质，可以提示用户拖曳。

1.3.4 平面 UI 与手机 UI 的不同

手机 UI 的范围主要限定在手机的 App 客户端上，而平面 UI 的应用范围则更为广泛。由于手机 UI 具有独特的尺寸、空间和组件类型的要求，许多平面 UI 设计师对于手机 UI 的设计了解不够深入。

下面通过与一款软件（印象笔记）进行比较，我们可以直观地了解手机 UI 与一般网页 UI 之间的区别。即使在功能相同的页面上，这两者之间的内容也存在很大差异，如图 1.13 所示。

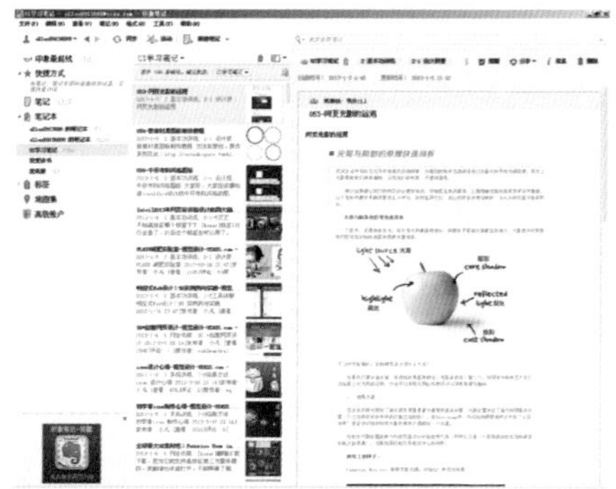

网页印象笔记登录界面（内容含量更多）

手机印象笔记主页（内容更紧凑）

图 1.13

1.4 UI 设计的原则

世界级图形设计大师保罗·兰德（Paul Rand）曾说过：“设计绝不是简单的排列组合与简单地再编辑，它应当充满着价值和意义，去说明道理，去删繁就简，去阐明演绎，去修饰美化，去赞美褒扬，使其有戏剧意味，让人们信服你所言……”这句话表明了设计的复杂性和重要性。要想设计出优秀的 UI，需要付出大量的精力和时间。

1. 区分重点

为了保持屏幕元素的统一性，初级设计师经常对需要加以区分的元素采用相同的视觉效果。其实采用不同的视觉效果也是可以的。由于屏幕元素各自的功能不同，所以它们的外观也不同。换句话说，如果功能相同或者相近，它们看起来就应该是一样的，如图 1.14 所示。

美团（左）和大众点评（右）UI 的设计风格较为接近

旅行网站又是另一种界面布局

图 1.14

2. 界面的统一性

为了保持界面的统一性，相同的功能应该放在同样的位置。一个页面由一些基本模块组成，而每一种基本模块在 UI 设计时，不同的应用实例应把字型、字号、颜色、按钮颜色、按钮形状、按钮功能、提示文字、行距等元素排列一致。然而，很多设计师在执行时会有一些随意的想法，有些想法可能还是比较好的，但是我们还是要执行统一的界面标准。例如，在 Windows 中，不同窗口的关闭按钮不仅在不同位置，而且颜色也不相同，这样会显得非常混乱。如图 1.15 所示是天猫商城风格一致的界面设计。

图 1.15

3. 清晰度是工作的重中之重

在界面设计中，清晰度是最重要的工作。如果想要用户认可并喜欢你设计的界面，就必须让用户先能够识别出它，再让用户知道使用它的原因。当用户使用时，不仅能预料到会发生什么，还能成功地与之交互。只有清晰的界面才能够长期吸引用户不断地重复使用，如图 1.16 所示，购物和游戏网站宜采用清晰的产品图片和文字。

图 1.16

4. 界面的存在就是为了促进交流和互动

界面的存在，主要是为了促进用户和我们之间的互动。一个优秀的界面，不仅能够让我们做事有效率，还能够激发和加强我们与这个世界的联系。

5. 让界面处在用户的掌控之中

大家可能会有这样一种感觉：人们对能够自己掌控的环境感到很舒心。而那些不考虑用户感受的软件，就不会带给用户这种舒适感。我们应该保证界面时刻处在用户的掌控之中，让用户自己决定系统状态，只需要稍加引导，就会使用户达到所希望的目标。如图 1.17 所示，美图秀秀的人性化功能界面，只看图表也能进行操作。

图 1.17

6. 界面的存在必须有用途

在设计领域，衡量一个界面设计的成功与否，就是有用户使用它。比如一件漂亮的衣服，虽然做工精细，材质细腻，但是如果穿着不合适，那么客户就不会选择它，它也就是一个失败的设计。所以，界面设计只能满足其设计者的虚荣心是远远不够的，它必须有实用的价值。即界面设计是先设计一个使用环境，再创造一个值得使用的艺术品。如图 1.18 所示，百度地图的界面设计让人感觉使用起来非常方便。

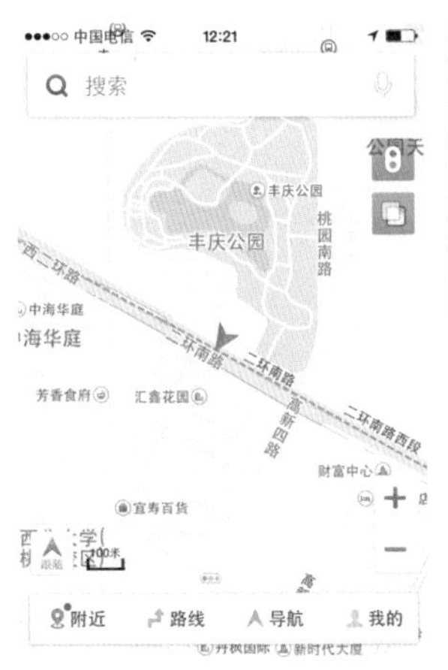

图 1.18

7. 强烈的视觉层次感

想要让屏幕的视觉元素具有清晰的浏览次序，只有通过强烈的视觉层次感来实现。换言之，要是视觉层次感不明显的话，用户每次都按照相同的顺序浏览同样的东西，那么他就不知道哪里才是目光停留的重点，最终只会让用户感到一片茫然。可是在设计不断变更的情况下，要保持明确的层次关系就显得十分困难。如果把所有的元素都突出显示，那么就没有重点可言，因为所有的元素层次关系都是相对的。为了再次实现明确的视觉层次，就需要设计师添加一个需要特别突出的元素。这是增强视觉层次的最简单最有效的办法。如图 1.19 所示是几个具有强烈视觉冲击力的界面设计。

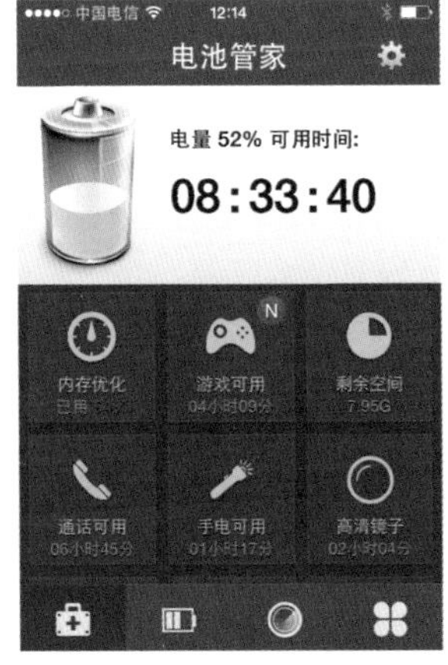

图 1.19

第 2 章

如何设计一组图标

本章我们透过 UI 设计高手的设计思路来学习图标设计的过程。最后了解文件格式对于 UI 设计的影响。

2.1 UI 设计的准则

在过去的半年多里，我参与了一个 UI 项目。这段时间里，我经历了加班的辛苦和用户好评的喜悦。我还在 PC 版、Web 版、iPhone 版、Android 版和 iPad 版等不同平台上进行了开发。这半年来，我收获了快速的成长。今天，我想分享一下我对 UI 设计准则的心得。这些准则是由交互设计专家 Jeff Johnson 提出的，如图 2.1 所示。

专注于用户和他们的任务，而不是技术！
先考虑功能，再考虑展示！
与用户看任务的角度一致！
设计要符合常见情况！
不要分散用户对他们目标的注意力！
方便学习，传递信息，而不是数据！
设计应满足相应需求！
让用户试用后再修改！

Jeff Johnson，拥有耶鲁大学及斯坦福大学心理学学位。UI Wizards 公司董事长兼首席顾问。他是 GUI 设计的先驱，著有畅销书《GUI 设计禁忌》。

谁是目标客户？
设计出来的东西是做什么用的？
给我们提供了什么？
用户喜欢什么？
如何影响用户？

图 2.1

对于图 2.1 中所示的这些问题，我和大家一样，都在努力地寻找着它们的答案。这些问题在开工之前，每个团队都要明确并花费足够的时间来回答。寻找答案的方法主要有以下三种。

1. 明确定位目标用户

任何产品在规划早期都要确定这个产品是为哪些用户开发的。虽然每个人都想说为每个人服务，因为谁都希望自己的产品能在用户市场上占有很高的覆盖率，但事实证明，无论多么优秀的产品都不可能让每个人都满意。众口难调说的就是这个道理。所以我们要选择一个特定的基本目标人群作为主要的目标用户群，这样才能集中精力为这部分用户开发这个产品，即使这个产品可能也有其他类型的少数用户。

2. 调查目标用户的特点

要想深入理解用户的想法，首先要充分理解潜在用户的相关特征。我们怎么样才能获取目标用户的相关信息呢？方法很多，比如我们可以使用访谈用户、可用性测试、焦点小组等方法来获取并整理信息输送给产品组成员。具体在这里就不细说了，后面我们还会详细讲到。

3. 多维度定义目标用户的类型

我们经常犯的一个错误就是认为谁是一个特定产品的用户，然后就臆想他们处于这个范围内的什么位置。不要把用户简单地定义在“小白”到“专家”这个范围内，事实上不存在这个范围。

根据交互设计专家 Jeff Johnson 的观点论述，目标用户应该在三个独立的知识维度上进行划分，如图 2.2 所示。

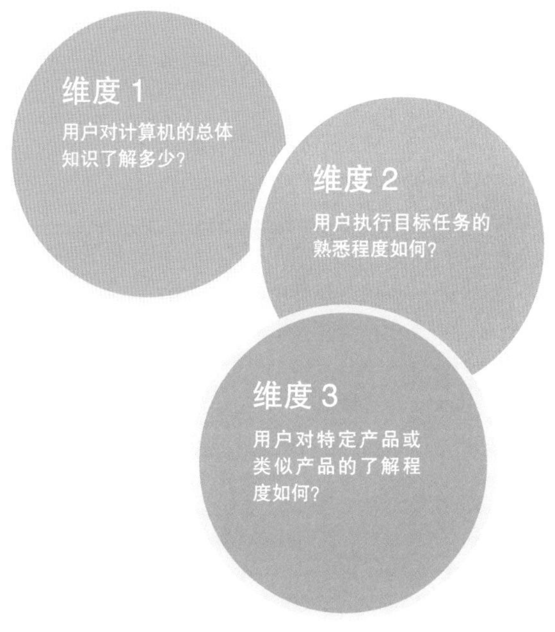

图 2.2

这里需要注意的是，一个维度上的认识不代表另一个维度上的认识，每个用户在不同维度上的水平高低都不同。例如，小白和专家用户都有可能在某家购买火车票的网站上“迷路”，不太了解财务知识的程序员在使用财务软件时会抓狂，但是没有编程经验的财务专家却能轻松上手。

总结：功能大而全的产品未必是用户想要的，一个优秀的产品需要了解用户、了解所执行的任务及考虑软件工作的环境。

2.2 图标文件的格式和大小

图 2.3

文件格式决定了图像数据的存储方式、压缩方法、支持的 Photoshop 功能，以及文件是否与一些应用程序兼容。当使用“存储”或“存储为”命令保存图像时，你可以在打开的对话框中选择文件的保存格式，如图 2.3 所示。

对于图片格式的选择，应该将实际情况纳入考虑。如果要保持图片的色彩、质量和饱和度等，而且不需要进行透明背景处理，JPEG 是最好的选择。如果你的 App 不涉及网上下载，并且需要进行图片透明处理，可以选择 PNG 格式。如果你不要求背景透明和图片质量，可以选择 GIF 格式。GIF 格式的文件占用空间最小。

2.2.1 JPEG 格式

JPEG 格式采取的是一种有损压缩的存储方式，压缩效果较好。然而，一旦将压缩品质的数值设定得较大，图像的一些细节就会丢失。JPEG 是由联合图像专家组开发的文件格式。该格式支持 GMYK、RGB 以及灰度模式，但不支持 Alpha 通道。

2.2.2 GIF 格式

GIF 是基于在网络上传输图像而创建的文件格式，它支持透明背景和动画，被广泛地应用于网页制作，可存储连续帧画面。

2.2.3 PNG 格式

该格式是作为 GIF 的无专利替代品而开发的。它可以用于存储无损压缩图像以及在 Web 上显示的图像。与 GIF 不同的是，它可以支持 24 位的图像并能产生没有锯齿状的透明背景。然而，该格式与一些早期浏览器不兼容，即有些早期浏览器不支持此种格式的图像。

2.3 跟大师设计一组图标

通过前面内容的学习，我们掌握了图标制作的原则和技巧，下面我们来设计一组图标。

2.3.1　准备工作

在制作图标之前，我们需要做好准备工具，打开 Photoshop 软件，执行“新建”命令，新建一个 50cm×50cm、300 像素的文档，如图 2.4 所示。

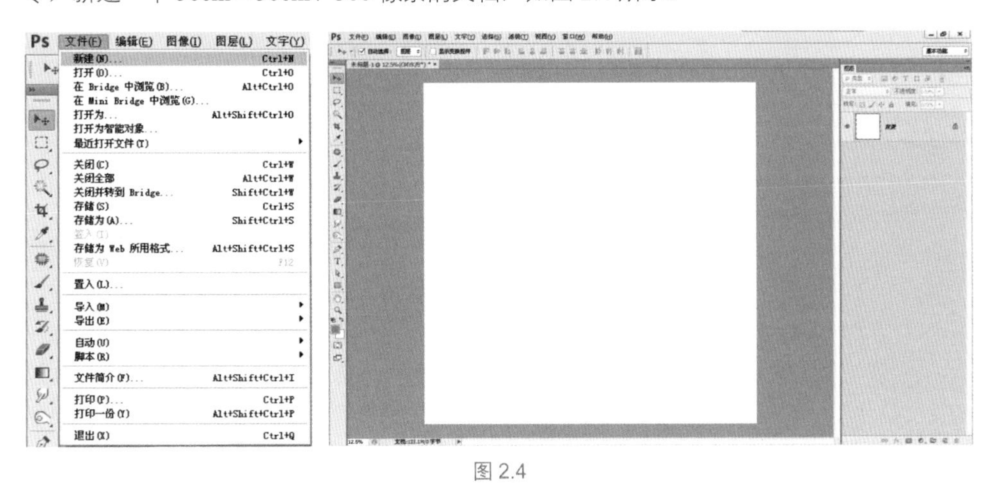

图 2.4

2.3.2　构思、草图

现在我们抛开电脑，闭上眼睛思考，在脑子里形成一个构思，确定想法后，就开始动手绘画，用笔快速地将创意呈现在纸上，先大致画一部分有代表性的示例，避免灵感丢失，如图 2.5 和图 2.6 所示。

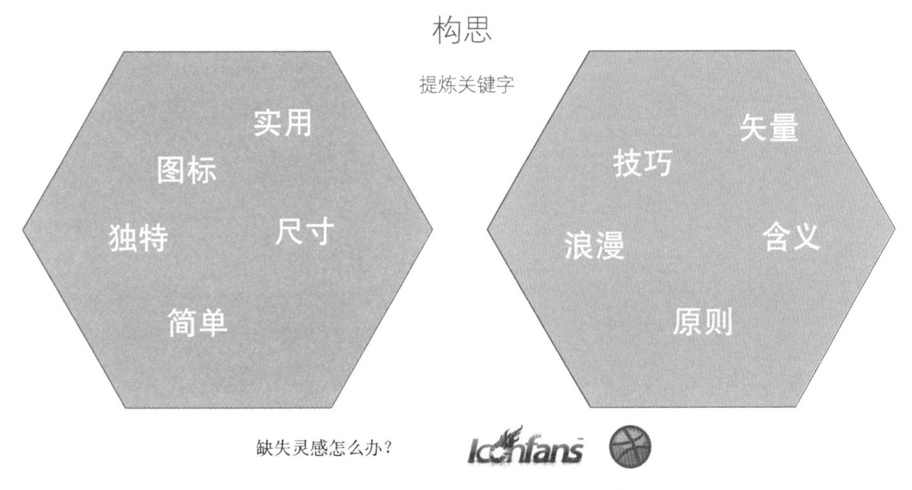

图 2.5

草图

画出代表性的示例

草图看起来很难看，不过没关系，后期会进行改善

图 2.6

图 2.7

2.3.3　辅助背景制作

接下来我们绘制图标限制，统一视觉大小。使用矩形选框工具，绘制 8cm×8cm 大小的正方形选区，填充灰色，按住 Alt 键移动并进行复制，水平方向复制 3 个副本，垂直方向，可将第一排 4 个正方形全部选中，按住 Alt 键进行移动复制，复制 3 次，最终得到垂直和水平方向共 16 个正方形，得到辅助背景，如图 2.7 所示。

为了避免背景干扰，为其填充较淡的颜色。

绘制完成后，新建组，将其拖入到组 1 中，进行锁定。

2.3.4　基本形、放大

在辅助背景上绘制基本形，将其放大，可以观察到像素点。

灰色辅助背景的定界框，此处设定为常用的 16×16 像素，用眼睛衡量，注意视觉均衡，比如尺寸一致的情况下，矩形会显得偏大，如图 2.8 所示。

按下快捷键 Ctrl++，将画布放大到 600%，这样我就会看到像素点和网格粗线了。

消除锯齿通常是为了清晰，而不是锐利，不要为了消除而消除，我们需要保留一些杂边，图标才能平滑，如图 2.9 所示。

基本形

放大

图 2.8　　　　图 2.9

2.3.5　创作过程

一切准备就绪，现在就开始创作吧！很多人创作的时候，画完一个就缺少灵感了，那就试试举一反三的方法吧，如图 2.10 和图 2.11 所示。

常用方法

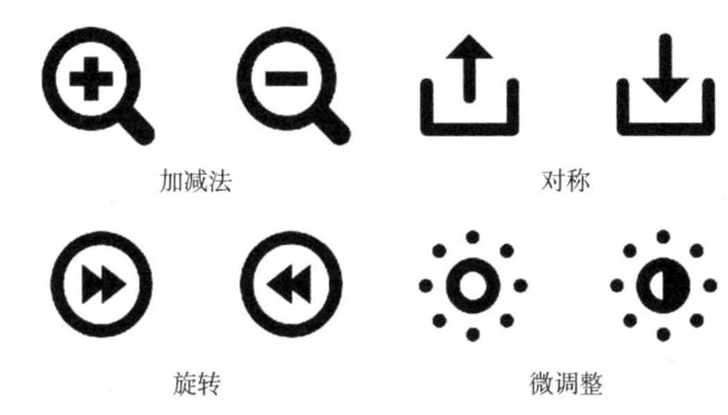

图 2.10

基本形的演变

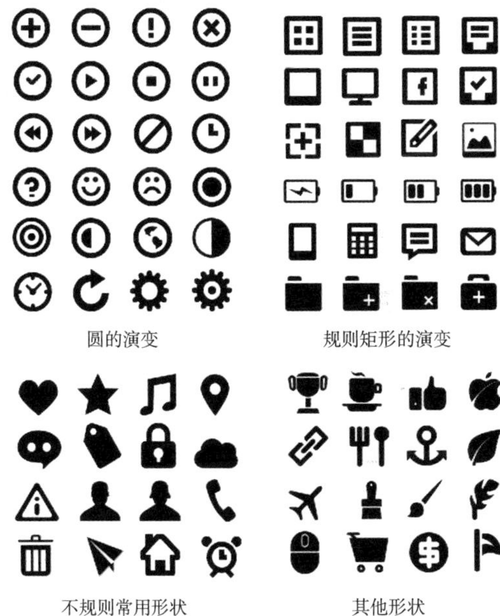

图 2.11

2.3.6 常用方法——变形

创作图标的时候，最常使用的方法就是变形，可以将其他基本形状进行组合，自由发挥，遵循“整体到局部”的原则，先造型再修饰细节，如图 2.12 所示。

图 2.12

为图标加上背景，完成设计，如图 2.13 所示。

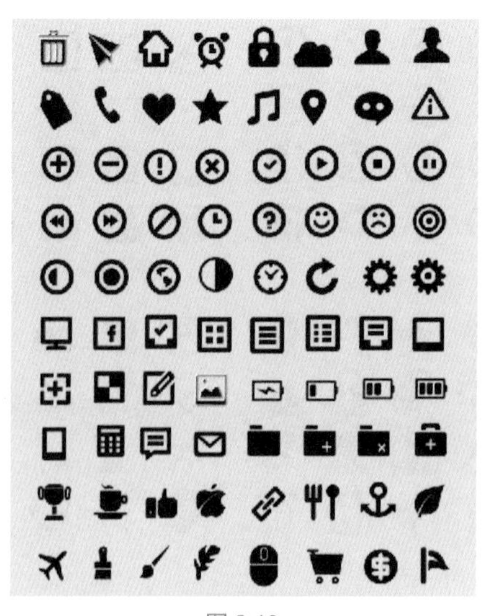

图 2.13

2.4 设计图标的三个阶段

平时看到那些大师们设计的图标（icon），我们总是惊讶不已。作为初学者的我们，当被要求或者想要做一个 icon 的时候，却不知道如何下手，从而导致时间在各种无意义的杂乱思考和“寻找素材”中被白白消耗掉。

在这里，我结合大师指导以及自己的经历，总结一套流程分享给大家：初学者怎么样才能完成一个 icon 设计？

1. 确定题材

在进行 icon 制作之前，我们需要先思考一些关键问题的答案：为什么我们要设计这个 icon ？设计的需求是什么？有哪些题材能够满足这些需求？这些题材是否能够很好地表达我们的意图？等等。有时，我们可能暂时没有答案，但不要着急。我们可以带着这些问题去欣赏一些优秀的作品，从他人的成果中获得灵感和启发。有时候，灵感就是这样产生的。

另一个激发灵感的方法是随手画草图。在思考过之后，我们需要确定自己要画什么，并考虑一些客观条件，比如我们是否有时间完成一整套图标设计，或者某个题材的细节是否过于复杂而无法实现等。我们可以选择几个备选方案作为候选。如果不是商业需求，可以从我们感兴趣的题材入手，这样就能激发我们的创作欲望。

2. 确定表现风格

物体的展示形式是什么？是单个物体还是组合物体？如何搭配色彩以突出主题，并展现趣味性？在设计时，我们必须考虑这些问题。同时，我们还要根据当前 icon 设计的流行趋势选择写实风格，并根据所要表达的主题选择合适的材质等。

通过以上问题，我们可以发现确定题材和风格的过程是相互影响、交织进行的。抓住这两点，然后多观看优秀的 icon 设计作品并打草稿，从别人的设计中吸收信息，了解好的作品是如何组成的。

或许有些人在某些情况下直接开始制作 icon 而不需要问问题。然而，我相信他们在此之前一定进行了思考和权衡。因为这是完成优质 icon 设计的必要过程。如图 2.14 所示为不同设计师给 dribbble 网设计的 Logo。

图 2.14

3. 具体实现

确定题材和表现风格之后，我们进入实战操作的阶段。现在需要考虑的问题是如何实现题材和风格以及选择什么工具和方法来实现。

对于初学者来说，在具体实现这个步骤时，可能会遇到不知道如何实现某种材质或制作某种高光的问题。在这里，我给大家介绍几种方法。

1）临摹

创造是从临摹开始的。在进行临摹时，我们应该选择最优秀的作品进行模仿。尽管这可能有些困难，但临摹优秀作品的效果比临摹一般水平的作品要好得多。

需要强调的是，在进行临摹之前，我们要仔细观察并分析原作。观察光源的位置、颜色的分布以及 icon 的层次等细节，这样比直接上手的效率要高得多。

2）学习 PSD 文件

我们可以分析大师的 PSD 文件，观察他们是如何利用图层样式来实现金属质感和精细的高光效果的。通过耐心地堆叠细节，我们可以逐渐掌握这些技巧，如图 2.15 所示。

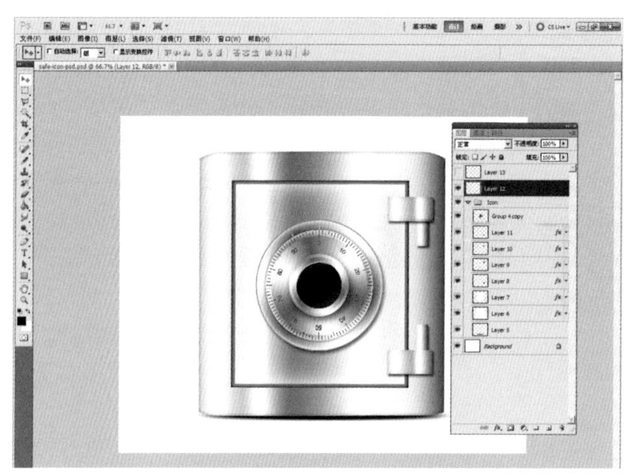

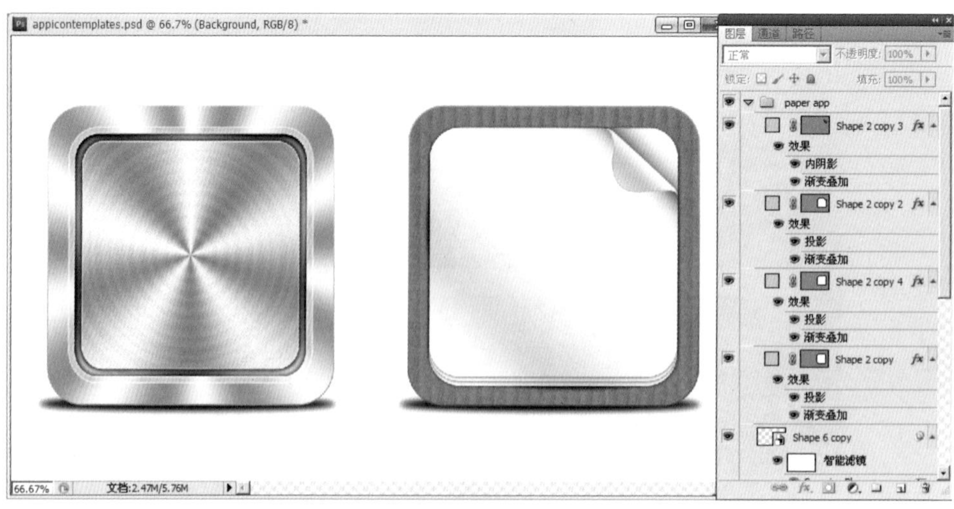

图 2.15

在制作 icon 的过程中，需要注意以下三个细节。

（1）对于较精细的图标，需要特别关注路径对像素的影响。

（2）由于 icon 尺寸较小，因此需要确保色彩饱满、突出对比度并具备丰富的色阶层次。

（3）当缩放 icon 时，必须相应地进行适当的调整。

2.5 图标格式的那点事

要了解图片格式，我们首先得从一些基本概念开始。

1. 矢量与位图

- 矢量图

矢量图是通过基本元素如点、线、面、边框等的组合，通过计算方式来显示图形的。这与几何学中描述圆的方式类似，通过圆心位置和半径来定义。电脑根据这些数据绘制出我们所需的图像。矢量图的优点在于文件相对较小，不会因放大或缩小而失真。然而，它无法表现具有高自然度的真实图像。需要注意的是，在网页上使用的图像通常是位图，而一些被称为矢量图形的图标实际上是通过矢量工具绘制后转换为位图格式使用的。

- 位图

位图也称为像素图或栅格图，通过记录每个像素的颜色、深度和透明度等信息来存储和显示图像。位图就像一幅大拼图，每个拼块都是一个纯色的像素点。当我们按照一定规律排列不同颜色的像素点时，就形成了我们看到的图像。因此，当我们放大位图时，可以看到这些像素点。位图的优点在于方便显示色彩层次丰富的真实图像。缺点是文件大小差异较大，放大和缩小图像会失真，即图片放大和缩小后看起来会显得模糊，如图 2.16 所示。

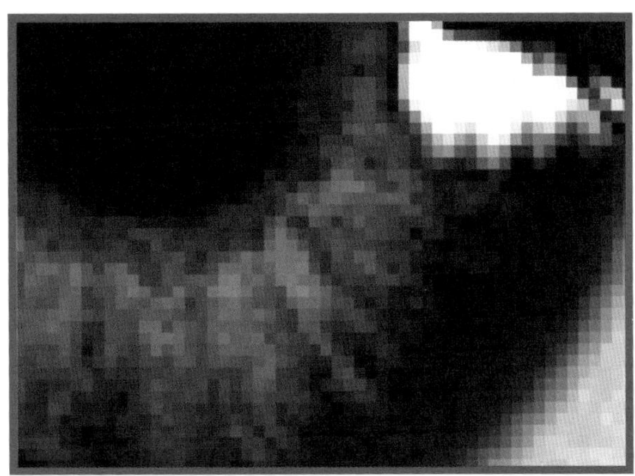

图 2.16

2.JPG 应该什么时候使用

从上述介绍中我们可以得知，对于摄影和写实图像的存储，JPG 格式更为适合。现在，我们找一张摄影作品进行测试。

我们将一张照片分别以 JPG 60%、PNG8 256 色无仿色、PNG8 256 色扩散仿色和 PNG32 四种格式进行存储。显然，使用 JPG 存储图像时，不仅压缩率最高，而且能够尽量保持原图的最佳还原效果。而在使用 PNG8 保存图像时，不仅文件大小会发生较大变化，还会导致最严重的失真。PNG24 格式虽然能够保证品质，但文件大小却远大于 JPG。这是因为 JPG 和 PNG 各自的压缩算法不同所致。

由于受到环境光线的影响，摄影以及写实作品在图像上的色彩层次非常丰富。以图 2.17 中的一张照片为例，由于反光、阴影和透视效果的影响，人物腮部区域会出现明暗、深浅不同的变化。若使用 PNG 保存图像，就需要存储不同明暗度的肤色来呈现该区域。然而，PNG8 的 256 色无法索引整张图片上出现的所有颜色，因此在存储过程中会因丢失颜色而导致失真。尽管 PNG24 能够保证图像效果且能存储较广泛的色彩范围，但其文件也会明显较大，远不如 JPG 的存储效果。因此，在压缩真实世界中复杂色彩并保持最佳还原视觉效果方面，JPG 的压缩算法最为优秀。

因此，我们可以得出结论：对于写实的摄影图像以及色彩层次较为丰富的图像，若想以图片格式进行保存并达到最佳压缩效果，JPG 格式是最佳选择。比如，人像采集、商品图片或实物素材制作的广告 Banner 等图像采用 JPG 的图片格式保存会更出色，如图 2.17 所示。

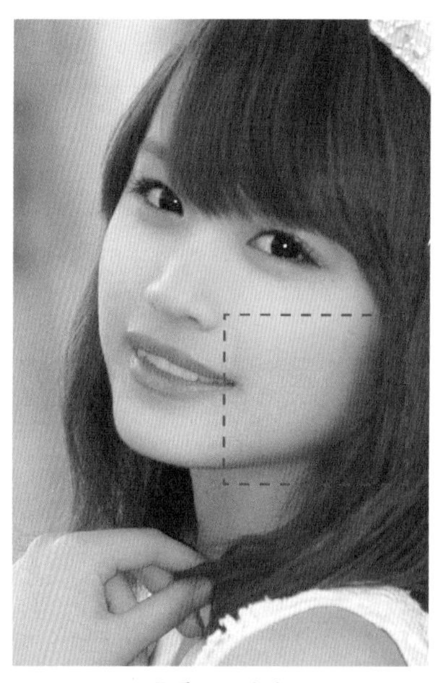

JPG 品质 60% 大小 200KB

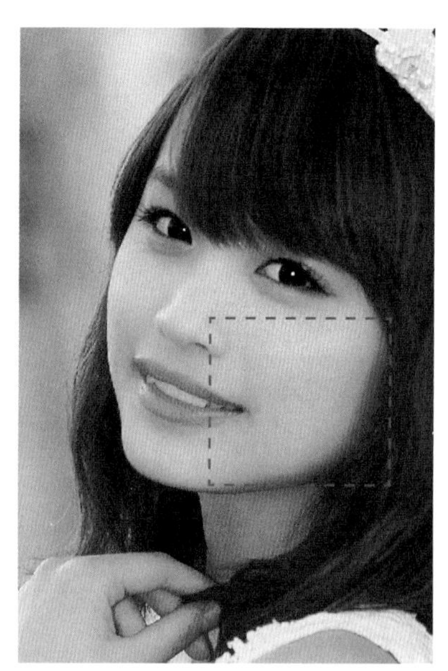

PNG8 256 无仿色 大小 260KB

图 2.17

综上所述，在选择存储图像时，我们主要根据图像的色彩层次和颜色数量来决定是选择 JPG 还是 PNG。对于颜色较多且层次丰富的图像，我们优先选择使用 JPG 进行存储；而对于颜色简单、对比强烈的图片，则倾向于选择 PNG 格式。然而，这并不是绝对的规则，有些图像可能色彩层次丰富，但尺寸较小且包含的颜色数量有限，这时我们也可以考虑使用 PNG 进行存储。另外，对于由矢量工具绘制的图像，由于滤镜特效的使用会形成丰富的色彩层次，因此更适合采用 JPG 格式进行存储。

此外，在设计容器背景、按钮、导航栏等页面结构的基本视觉元素时，为了确保设计品质，我们必须使用 PNG 格式进行存储。这样能更好地添加一些元素。而对于像商品图片和广告 Banner 等对质量要求不高的图像，我们可以选择使用 JPG 格式进行存储。

3.PNG 应该什么时候使用

图 2.18 显示了手机中最常见的“搜索”图片按钮。我使用 JPG 和 PNG8 两种格式对其进行保存，可以看到，JPG 保存的文件不仅比 PNG8 保存的文件大一倍，还出现了噪点。那么，是什么原因导致了这样的差异呢？

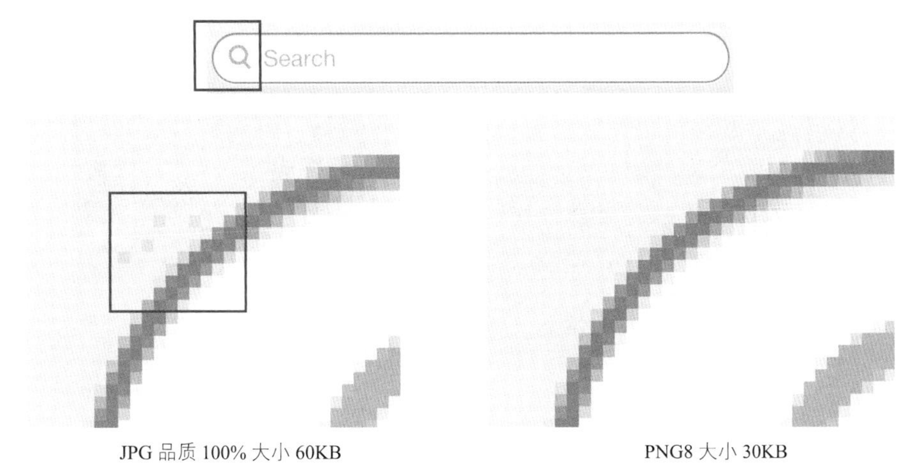

图 2.18

我们可以观察到，“Search”按钮是通过使用矢量工具在 Photoshop 中进行绘制而得到的。它采用了规则的线性渐变来进行填充，文字颜色和描边都采用纯色。因此，该图像所包含的色彩信息相对较少。当我们使用 PNG 格式存储该图像时，只需要保存少量的色彩信息即可还原图像。然而，JPG 格式并不适合存储这类图像。这是因为 JPG 格式的文件大小主要取决于图像的颜色层次。

另外，根据有损压缩算法，JPG 在压缩图像时会通过渐变或其他方式填充一些被删除的数据信息。在图像中红色和白色区域之间存在较大的色差，因此在压缩过程中 JPG 会添加一些额外的杂色，从而影响图像的质量。因此，JPG 不适用于存储颜色相近区域的大块图像，也不利于存储亮度差异非常显著的图像。

4. 有损压缩与无损压缩

- 有损压缩

有损压缩，即在存储图像时，并不完整地记录每个像素点的数据信息。实验表明，人眼对光线的敏感度比对颜色的敏感度高。当颜色缺失时，人脑会利用附近最接近的颜色来自动填补缺失的颜色。因此，有损压缩根据人眼观察的特性对图像数据进行处理，去除那些会被人眼忽略的细节，并使用附近的颜色通过渐变和其他形式进行填充。这样不仅减少了图像信息的数据量，而且不会影响图像的还原效果。我们最常使用的对图像信息进行有损压缩的方式是 JPG 格式。在存储图像时，JPG 首先将图像分解为 8×8 像素的栅格，并对每个栅格的数据进行压缩处理。因此，当我们放大一幅图像时，会发现这些 8×8 像素栅格中的细节信息被删除了。这就是使用 JPG 存储图像会产生块状模糊的原因，如图 2.19 所示。

图 2.19

- 无损压缩

无损压缩与有损压缩不同，它真实地记录了图像中每个像素点的数据信息。为了减小图像文件的大小，无损压缩算法会采用一些特殊的方法。首先，无损压缩会判断图像中哪些区域的颜色相同，哪些是不同的，然后将相同的数据进行压缩，并保存起来。对于不同的数据，则另外进行处理和存储。例如，在存储一幅蓝天白云的图片时，蓝色的空白区域是相同的数据信息，只需要记录起点和终点的位置；而天空上的白云和渐变等数据则是不同的数据，需要另外保存。

PNG 格式是最常见的一种采用无损压缩的图片格式。因为在进行无损压缩时，需要对图像中的每个颜色进行索引，这些被索引的颜色即称为索引色。索引色类似于绘制图像时所使用的调色板。当显示 PNG 图像时，系统会根据索引色调色板上的颜色来填充相应的位置。

然而，有时候即使采用了无损压缩的 PNG 格式保存图像，仍然会出现失真情况。这是因为 PNG 格式是通过索引图像中相同区域的颜色的压缩和还原来进行的。只有在图像中出现的颜色数量比保存的颜色数量少的情况下，无损压缩才能真实地记录和还原图像。如果图像中出现的颜色数量超过了保存的颜色数量，就会丢失一些图像信息。由于 PNG 格式最多只能保存 48 位颜色通道，PNG8 最多只能索引 256 种颜色，因此对于颜色较多的图像无法真实还原。相比之下，PNG24 可以保存超过 1600 万种颜色，能够真实还原人类肉眼所能分辨的所有颜色。

第 3 章

App UI 设计平面图标制作

App UI 离不开矢量图形的制作，本章我们将使用 Photoshop 的矢量图形工具，通过将基本元素进行合并、剪切等操作，呈现一个个生动的图形。本章是 icon 的制作基础，很重要哦！

3.1 Home 图标制作

案例综述

本例是制作单色 Home 图标，主要运用了三种工具，其中包括“钢笔工具”“圆角矩形工具”“矩形工具”。通过三者的混合使用，完成 Home 图标的制作，如图 3.1 所示。

设计规范

尺寸规范	800×600 像素
主要工具	圆形工具、图层样式
文件路径	Chapter03/3-1.psd
视频教学	3-1.avi

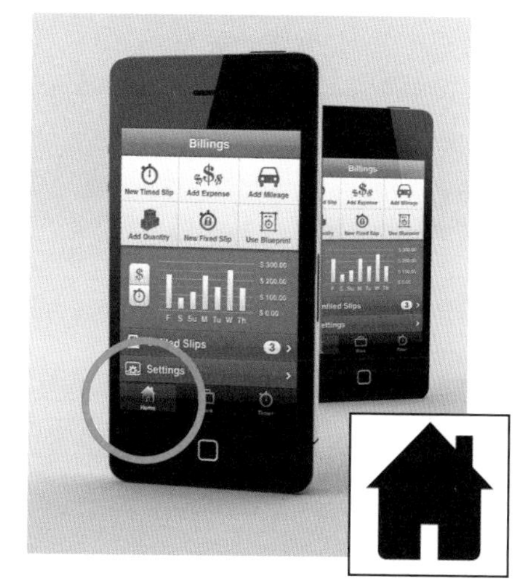

图 3.1

造型分析

Home 图标为不规则形状，以三角形和圆角矩形合并形成基本形，以矩形工具的加减运算完成效果。

操作步骤：

Step01 新建文档。执行“文件”→“新建”命令，或按下快捷键 Ctrl+N，打开“新建”对话框，设置宽度和高度分别为 800 像素和 600 像素，分辨率为 72 像素 / 英寸，完成后单击“确定”按钮，新建一个空白文档，如图 3.2 所示。

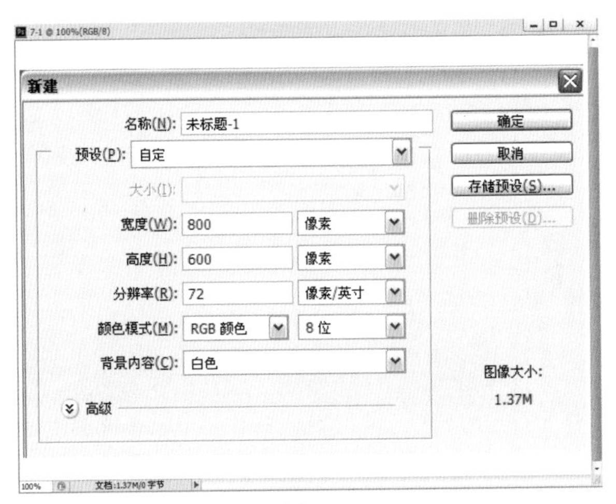

图 3.2

Step02 显示网格。执行“编辑”→“首选项”→“参考线、网格和切片”命令，在打开的“首选项”对话框中，设置网格线间隔为 80 像素、子网格为 4，单击“确定”按钮。执行“视图”→“显示网格”命令，在制作图标的过程中，可以使用网格作为参考，使每个图标大小一致，如图 3.3 所示。

Step03 绘制三角形。选择“钢笔工具”，在选项栏中选择“形状”选项，在网格上进行绘制，得到三角形，如图 3.4 所示。

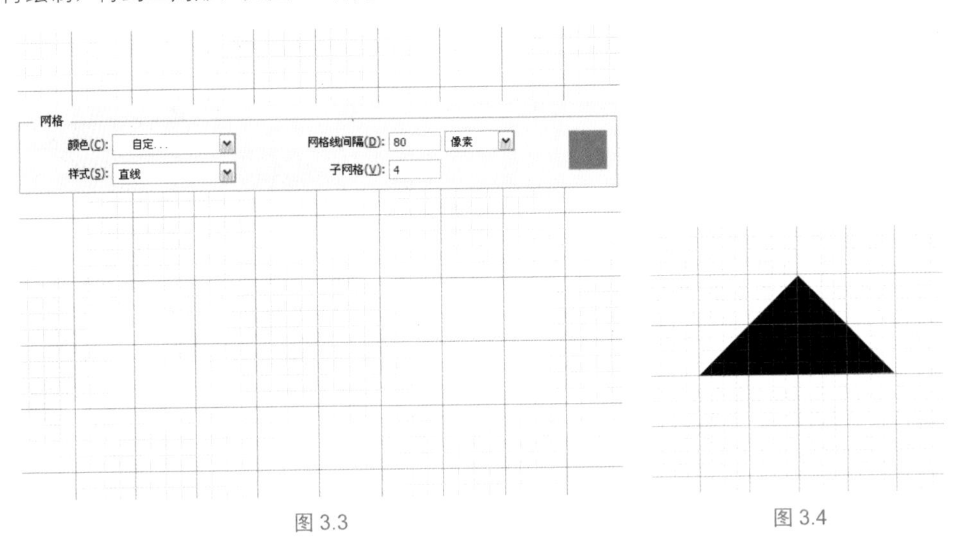

图 3.3　　图 3.4

提示

绘制三角形状，除了使用钢笔工具绘制外，还可以使用“多边形工具”，在选项栏中设置边为 3，即可绘制出三角形。不过在绘制出来后，还需要使用直接选择工具，将节点选中，进行调整。

Step04 绘制矩形。选择“矩形工具”，在选项栏中选择“合并形状”选项，在三角形的右边绘制矩形，如图 3.5 所示。

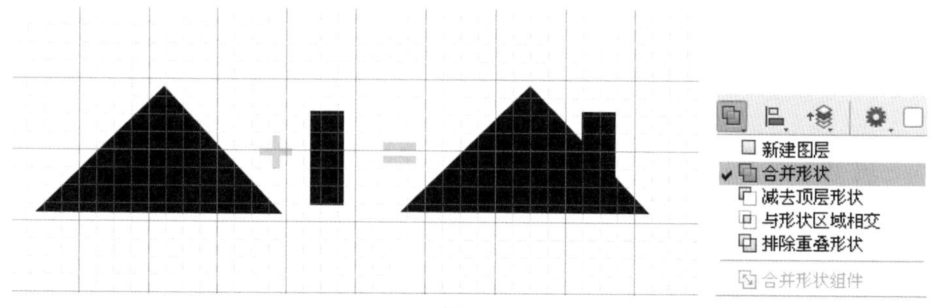

图 3.5

Step05 绘制圆角矩形。选择“圆角矩形工具”，在选项栏中设置半径为 20 像素，选择“合并形状”选项，在三角形的下方绘制圆角矩形，如图 3.6 所示。

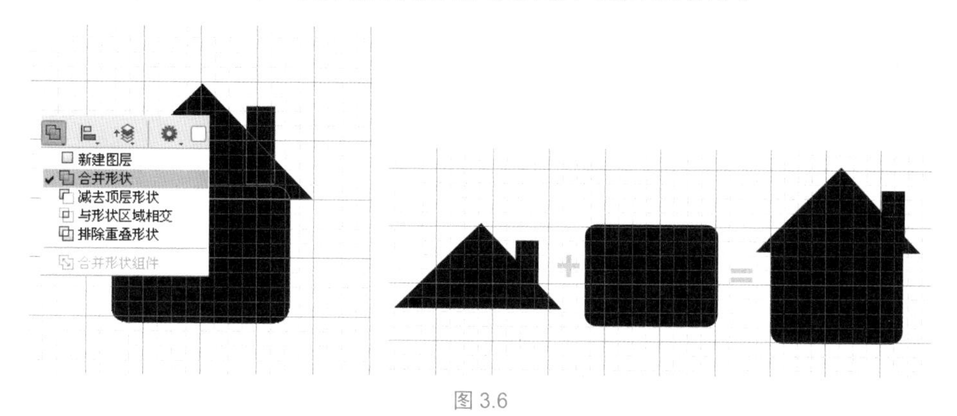

图 3.6

Step06 绘制矩形。选择“矩形工具”，在选项栏中选择“减去顶层形状”选项，在圆角矩形的下方绘制矩形，将需要减去的部分从形状中减去，完成 Home 图标的制作，如图 3.7 所示。

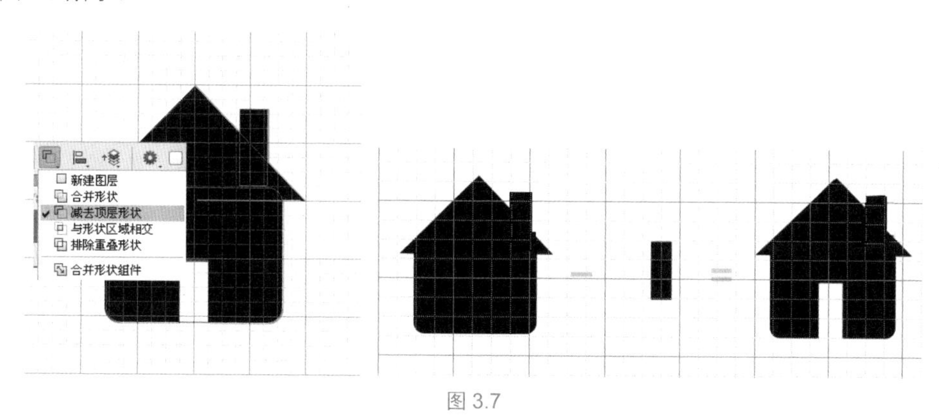

图 3.7

3.2 日历图标制作

图 3.8

案例综述

本例是日历图标的制作，主要是运用圆角矩形工具绘制基本形，以及路径之间的加减运算，最后使用矩形工具进行绘制，完成日历图标的制作，如图 3.8 所示。

设计规范

尺寸规范	800×600 像素
主要工具	圆角矩形工具、图层样式
文件路径	Chapter03/3-2.psd
视频教学	3-2.avi

造型分析

日历图标以圆角矩形为基本形，上方以矩形工具的加法运算绘制而成，下方以“矩形工具”的减法运算进行绘制。

操作步骤：

Step01 新建文档。执行“文件”→“新建”命令，或按下快捷键 Ctrl+N，打开“新建”对话框，设置宽度和高度分别为 800 像素和 600 像素，分辨率为 72 像素 / 英寸，完成后单击“确定”按钮，新建一个空白文档，如图 3.9 所示。

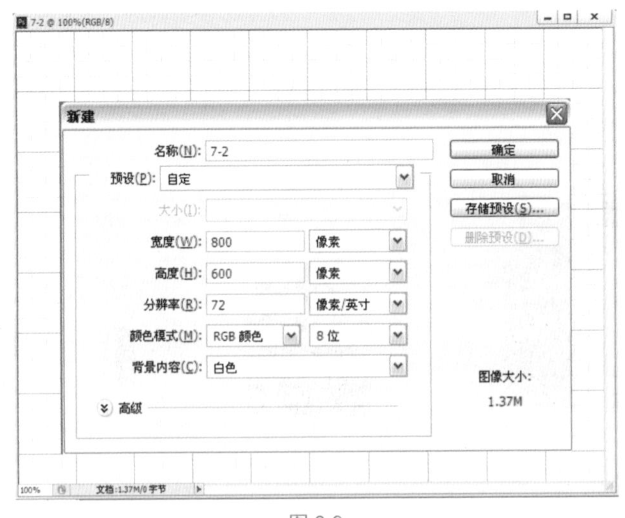

图 3.9

Step 02 填充背景色。单击工具箱底部的“前景色”图标，打开“拾色器（前景色）”对话框，设置颜色为 R:68　B:108　B:161，单击“确定”按钮，按下快捷键 Alt+Delete 键，为背景填充蓝色，如图 3.10 所示。

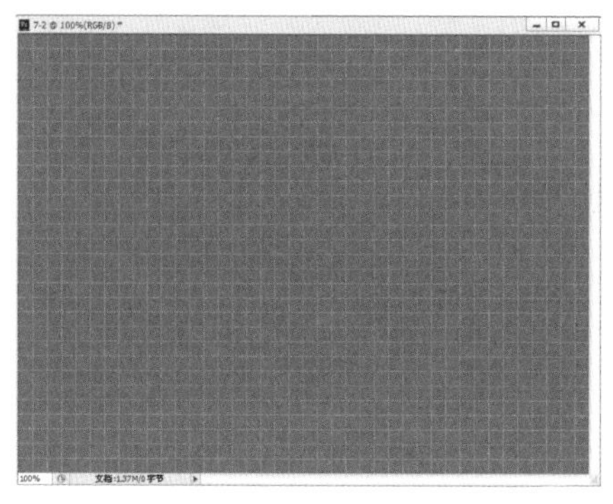

图 3.10

Step 03 绘制圆角矩形。设置前景色为 R:238　B:238　B:238，单击“确定”按钮，选择“圆角矩形工具”，在选项栏中设置半径为 20 像素，在图像上绘制圆角矩形，如图 3.11 所示。

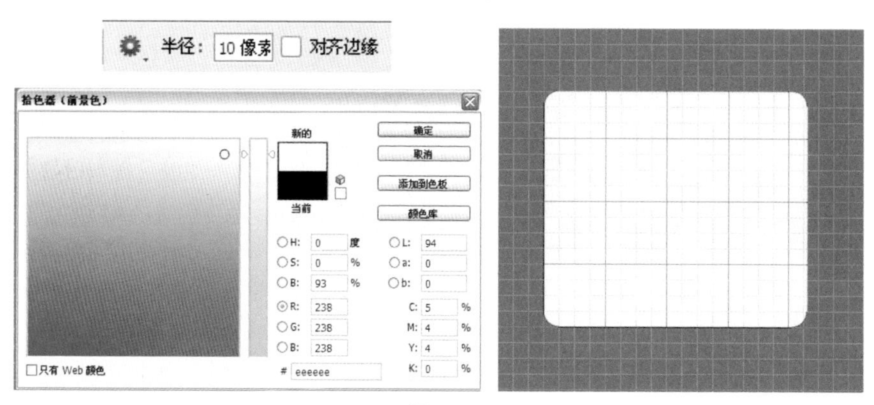

图 3.11

Step 04 从形状中减去。选择“圆角矩形工具”，在选项栏中设置半径为 100 像素，选择“减去顶层形状”选项，在图像上方绘制圆角矩形，如图 3.12 所示。

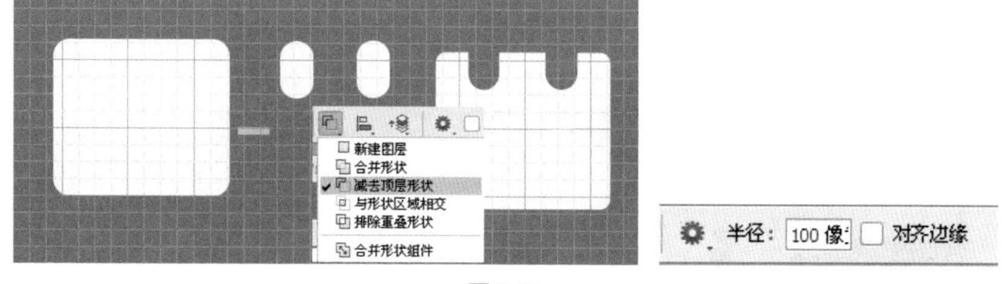

图 3.12

Step 05 合并形状。选择“圆角矩形工具”，在选项栏中选择“合并形状”选项，在图像上绘制圆角矩形，绘制后的形状将与原来的形状合并，如图 3.13 所示。

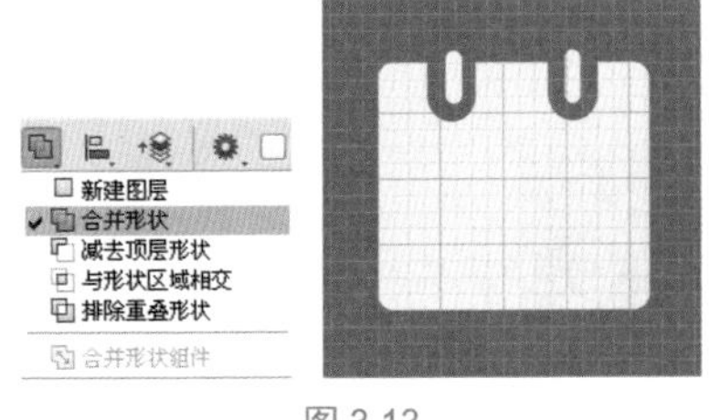

图 3.13

提示

这两步的操作对新手来说，可能有些难度，因为这两步的操作都需要一步到位，而新手在刚开始绘制的时候很难掌握尺度，会导致绘制出来的两个圆角矩形或者矩形框不一样大。在这里有一个方法可供参考，即在绘制开始之前，可以使用参考线进行标注，然后根据参考线进行绘制。实在不行的话，也可以将其绘制成单独的图层，调整到合适的大小后，进行复制，再移动到合适的位置，最后将图层进行合并。

Step 06 从形状中减去。选择“矩形工具”，在选项栏中选择“减去顶层形状”选项，在图像上绘制矩形，绘制后的形状区域将从原来的区域中减去，如图 3.14 所示。

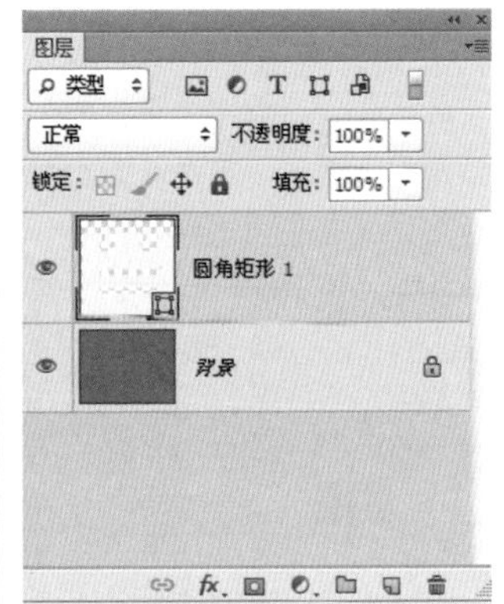

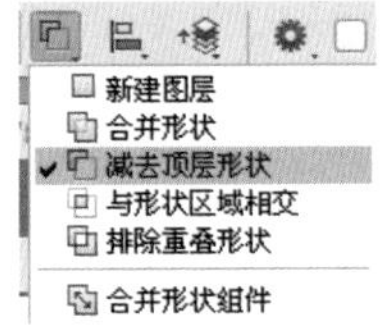

图 3.14

3.3 录音机图标制作

图 3.15

案例综述

本例是制作录音机图标，主要是搭配使用圆角矩形工具和矩形工具来完成形状，如图 3.15 所示。

设计规范

尺寸规范	800×600 像素
主要工具	圆角矩形工具、图层样式
文件路径	Chapter03/3-3.psd
视频教学	3-3.avi

造型分析

录音机图标为不规则形状，上方以圆角矩形单独绘制而成，下方以圆角矩形工具和矩形工具混合制作形成。

操作步骤：

Step01 新建文档。执行“文件”→“新建”命令，或按下快捷键 Ctrl+N，打开“新建”对话框，设置宽度和高度分别为 800 像素和 600 像素，分辨率为 72 像素 / 英寸，完成后单击“确定”按钮，新建一个空白文档，如图 3.16 所示。

Step02 绘制圆角矩形。选择“圆角矩形工具”，在选项栏中设置半径为 100 像素，设置前景色为黑色，在图像上绘制圆角矩形，如图 3.17 所示。

图 3.16　　　　图 3.17

Step03 绘制圆角矩形。为了方便操作，我们将使用参考线来进行衡量。按下快捷键 Ctrl+R，打开“标尺工具”，从垂直和水平方向拉出参考线，然后再次选择“圆角矩形工具”，以红色的外围参考线为基准建立圆角矩形，如图 3.18 所示。

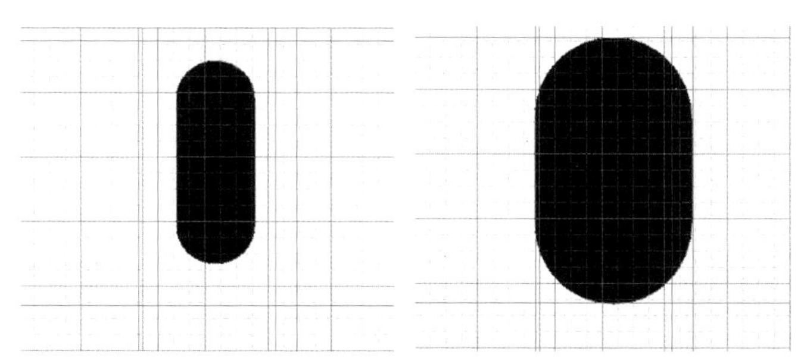

图 3.18

Step04 从形状中减去。选择“圆角矩形工具”，在选项栏中选择“减去顶层形状”选项，以红色的内围参考线为基准建立圆角矩形，可将建立的选区从原始的形状上减去。选择“矩形工具”，建立选区，减去多余的形状，如图 3.19 所示。

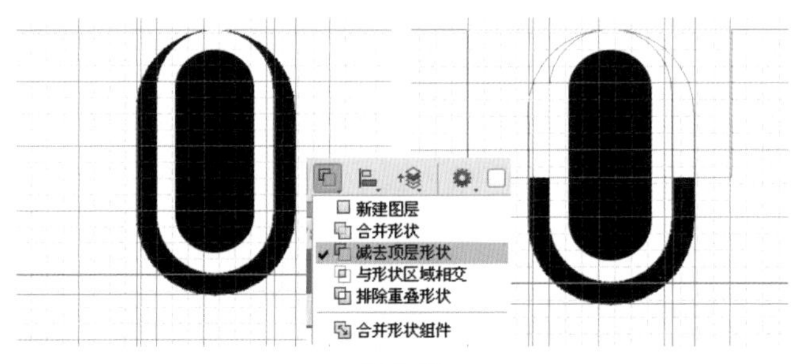

图 3.19

Step05 新建矩形。选择“矩形工具”，在选项栏中选择“新建图层”选项，在图像下方建立矩形框，完成效果，如图 3.20 所示。

步骤拆解示意图如图 3.21 所示。

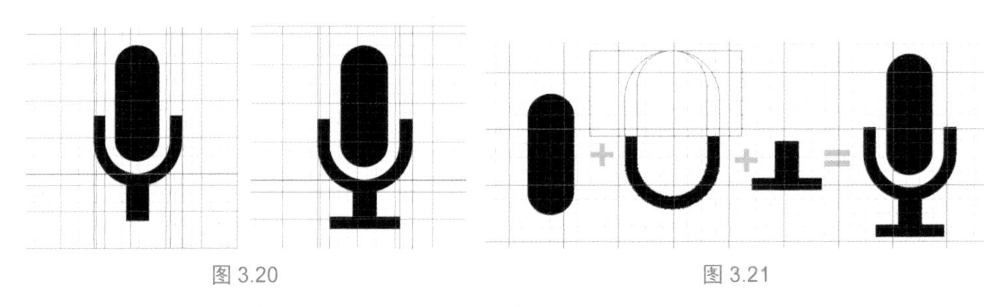

图 3.20　　图 3.21

3.4 文件夹图标制作

图 3.22

案例综述

本例是制作文件夹图标，使用钢笔工具、矩形工具和图层样式以及“自由变换”命令来完成制作，如图 3.22 所示。

设计规范

尺寸规范	600×600 像素
主要工具	圆角矩形工具、图层样式
文件路径	Chapter03/3-4.psd
视频教学	3-4.avi

造型分析

文件夹图标以钢笔工具绘制通过一系列操作，可形成基本形，最后添加纸张，表现质感。

操作步骤：

Step01 新建文档。执行“文件”→“新建”命令，或按下快捷键 Ctrl+N，打开“新建”对话框，设置宽度和高度分别为 600 像素和 600 像素，分辨率为 72 像素 / 英寸，完成后单击“确定”按钮，新建一个空白文档，如图 3.23 所示。

图 3.23

Step02 绘制文件夹外形。选择“钢笔工具”，在选项栏中选择“形状”选项，在图像上绘制出文件夹外形，打开“图层样式”对话框，选择“渐变叠加”“描边”“内发光”效果，设置参数，为文件夹添加效果，如图 3.24 所示。

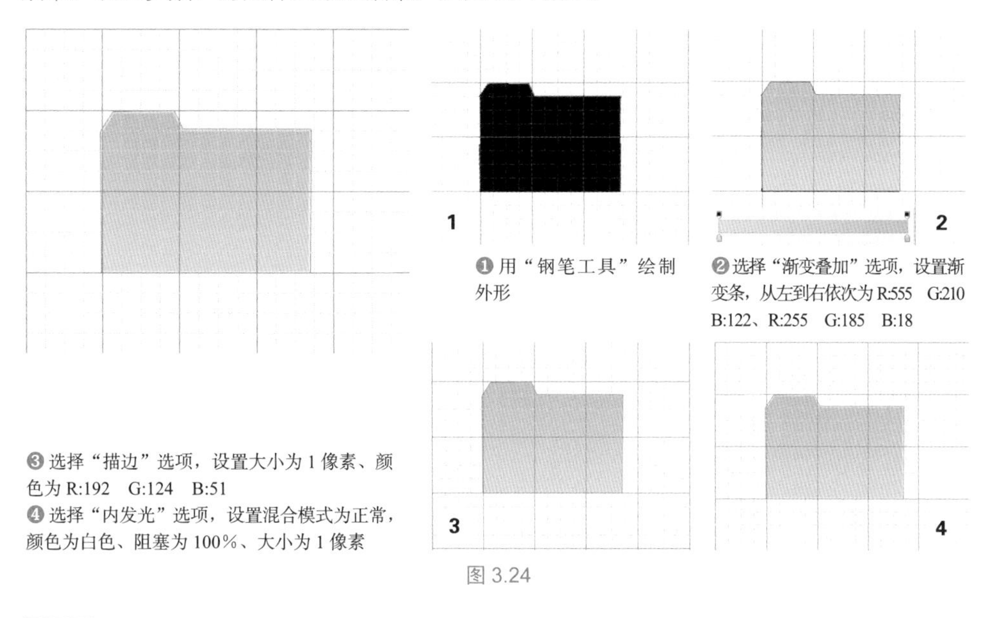

图 3.24

提示

你在使用钢笔工具绘制文件夹的时候，会不会遇到这样的问题呢？即在图像上单击绘制一个锚点的时候，这个锚点会自动吸附到网格上，导致想要绘制的形状出现偏差。

如果有这样的问题，不要着急，执行“视图”→“对齐”命令，将对齐命令前面的对钩去掉，这样就可以随心所欲地在画布上绘制形状了。

Step03 表现透视效果。将文件夹图层进行复制，选择复制后的图层，按下快捷键 Ctrl+T，自由变换，右击，在弹出的快捷菜单中选择“透视”选项，将光标确定在右上角的节点上，向右轻轻拖动节点，使文件夹外形向两边扩张，按下 Enter 键确认，如图 3.25 所示。

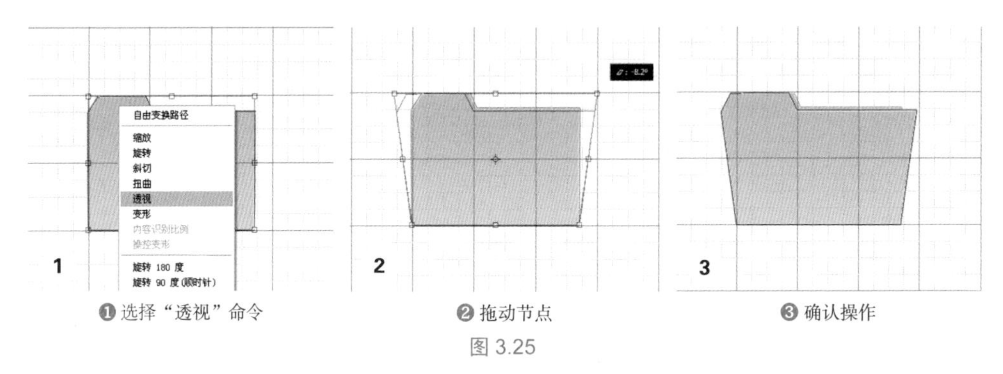

❶ 选择“透视”命令　❷ 拖动节点　❸ 确认操作

图 3.25

Step04 改变大小。再次按下快捷键 Ctrl+T，自由变换，选择控制框最上层中间的节点，向下拖动使其缩小一点，让它看起来像 3D 的打开文件夹，完成后，按下 Enter 键确认操作，如图 3.26 所示。

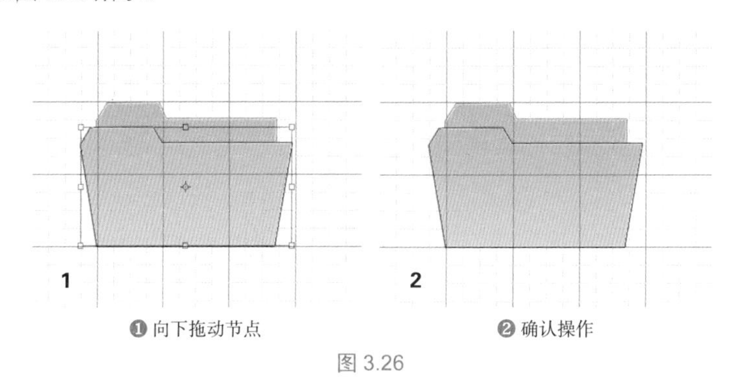

❶ 向下拖动节点　❷ 确认操作

图 3.26

Step05 制作一张纸。选择“矩形工具”，在文件夹上绘制一张纸，打开该图层“图层样式”对话框，选择“渐变叠加”“描边”选项，设置参数，为纸片添加质感，如图 3.27 所示。

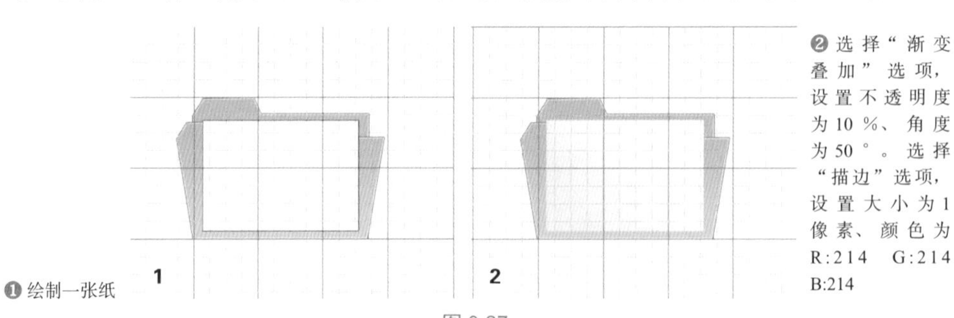

❶ 绘制一张纸

❷ 选择“渐变叠加”选项，设置不透明度为 10 %、角度为 50 °。选择“描边”选项，设置大小为 1 像素、颜色为 R:214 G:214 B:214

图 3.27

Step06 表现文件夹立体感。按下快捷键 Ctrl+T，自由变换，将纸张向左进行旋转，将纸张图层移动到“形状 1 副本”图层的下方，现在图标看起来漂亮多了。我们还可以使它更酷一些，只需要将“形状 1 副本”图层的不透明度降低到 50%～60%，如图 3.28 所示。

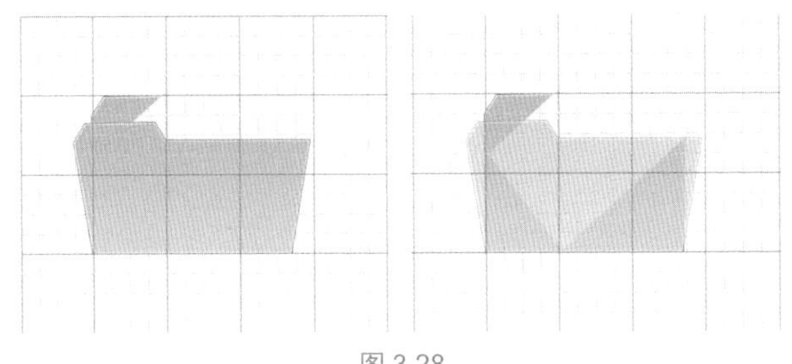

图 3.28

步骤拆解示意图如图 3.29 所示。

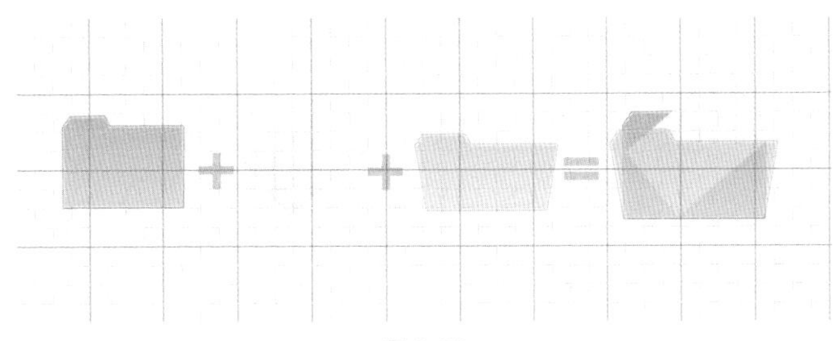

图 3.29

3.5 绘制基本形状

利用图形工具可以简单、轻松地制作各种形态的图像，并且还可以将基本形态的图像组合起来，制作出复杂的图形和任意的形态。接下来我们将学习如何使用图形工具进行制作。使用图形工具可以创建漂亮的图形形状，而不受分辨率的限制。为了方便用户绘制不同风格的图形形状，Photoshop 提供了一些基本的图形绘制工具。通过图形工具，我们可以在图像中绘制直线、矩形、椭圆、多边形和其他自定形状。执行“图层”→“新建填充图层”→“纯色、渐变、图案”菜单命令，可以将形状图层更改为相应的内容，如图 3.30 所示。

用于制作矩形或者圆角矩形。以及各种形态的图形工具

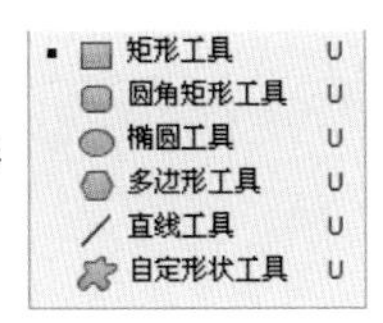

矩形工具：快捷键为 U
圆角矩形工具：快捷键为 U
椭圆工具：快捷键为 U
多边形工具：快捷键为 U
直线工具：快捷键为 U
自定形状工具：快捷键为 U

图 3.30

1. 矩形工具

矩形工具▭用来绘制矩形和正方形。选择该工具后，单击并拖动鼠标可以创建矩形；按住 Shift 键拖动则可以创建正方形；按住 Alt 键拖动会以单击点为中心向外创建矩形；按住 Shift+Alt 键会以单击点为中心向外创建正方形。单击选项栏中的几何选项按钮⚙，可以设置矩形的创建方法，如图 3.31 所示。

- 不受约束：可通过拖动鼠标创建任意大小的矩形和正方形，如图 3.32 所示。
- 方形：拖动鼠标时只能创建任意大小的正方形，如图 3.33 所示。

图 3.31

图 3.32

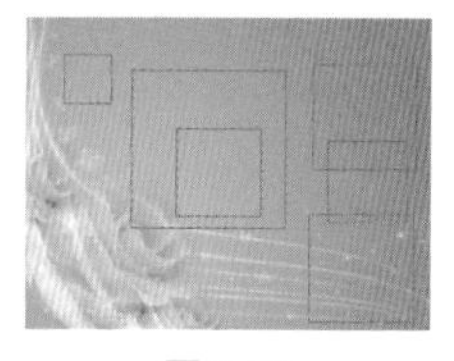

图 3.33

- 从中心：以任何方式创建矩形时，鼠标在画面中的单击点即为矩形的中心，拖动鼠标时矩形将由中心向外扩散。
- 固定大小：选中该项并在它右侧的文本框中输入数值（W 为宽，H 为高度），此后单击鼠标时，只创建预设大小的矩形，图 3.34 为宽度为 3 厘米，高度为 5 厘米的矩形。
- 比例：选中该项并在它右侧的文本框中输入数值（W 为宽度，H 为高度），此后拖动鼠标时，无论创建多大的矩形，矩形的宽度和高度都保持预设的比例，图 3.35 为 W：H=1：2时绘制的图形。
- 对齐边缘：勾选“对齐边缘”复选框时，矩形的边缘与像素的边缘重合，图形的边缘不会出现锯齿；取消勾选时，矩形边缘会出现模糊的像素，如图 3.36 所示。

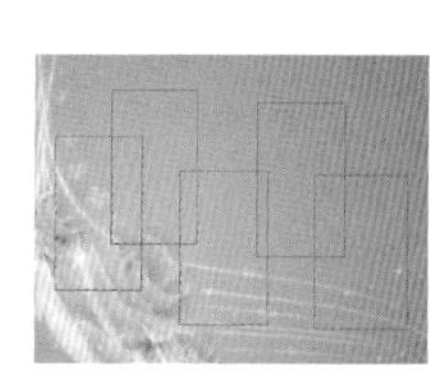

图 3.34

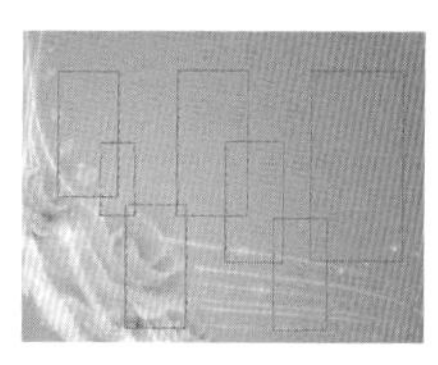

图 3.35

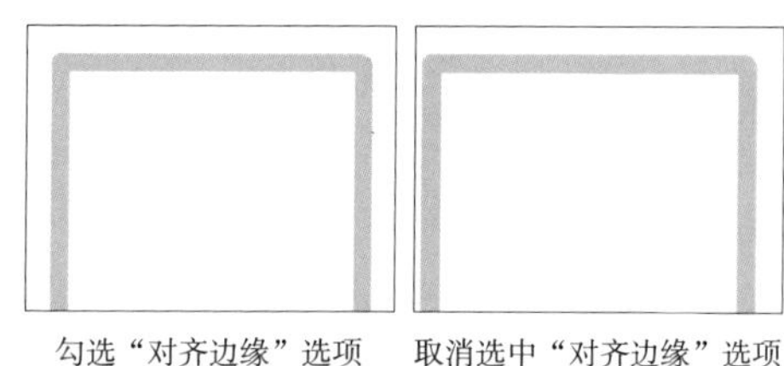

勾选“对齐边缘”选项　取消选中“对齐边缘”选项

图 3.36

2. 圆角矩形工具

圆角矩形工具▢用来创建圆角矩形。它的使用方法以及选项都与矩形工具相同，多了一个“半径”选项，“半径”用来设置圆角半径，该值越高，圆角越广，如图 3.37 所示。

半径为 10 像素的圆角矩形

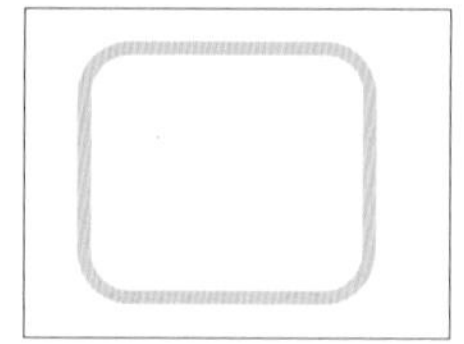

半径为 50 像素的圆角矩形

图 3.37

3. 椭圆工具

椭圆工具 用来创建椭圆和圆形，选择该工具后，单击并拖动鼠标可以创建椭圆，按住 Shift 键拖动则可创建圆形。椭圆工具的选项及创建方法与矩形工具基本相同，我们可以创建不受约束的椭圆和圆形，也可以创建固定大小固定比例的圆形，如图 3.38 所示。

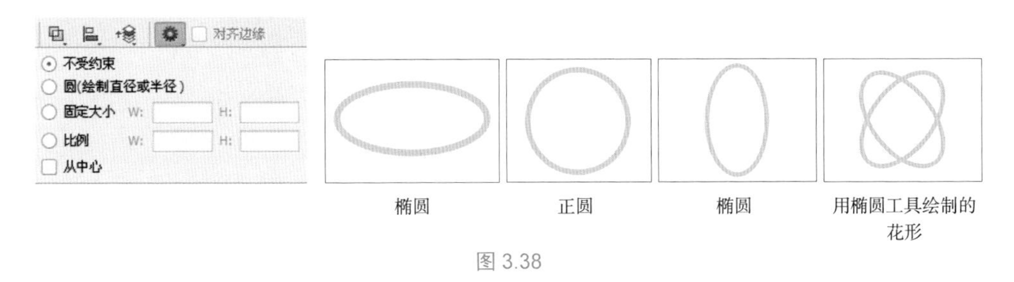

图 3.38

4. 多边形工具

多边形工具 用来创建多边形和星形。选择该工具后，首先要在工具选项栏中设置多边形或星形的边数，范围为 3 ～ 100。单击工具选项栏中的 按钮打开一个下拉面板，在面板中可以设置多边形的选项，如图 3.39 所示。

图 3.39

- 半径：设置多边形或星形的半径长度，此后单击并拖动鼠标时将创建指定半径值的多边形或星形。
- 平滑拐角：创建具有平滑拐角的多边形和星形，如图 3.40 所示。

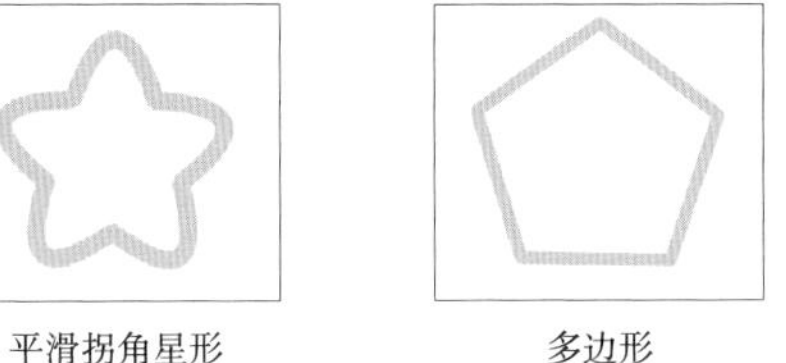

平滑拐角多边形　平滑拐角星形　多边形　星形

图 3.40

- 星形：勾选复选框可以创建星形。在“缩进边依据”选项中可以设置星形边缘向中心缩进的数量，该值越大，缩进量越大，如图 3.41 所示。选择工具后在图像窗口中单击，会打开“创建多边形”对话框，勾选“平滑缩进”复选框，可以使星形的边平滑地向中心缩进，如图 3.41 所示。

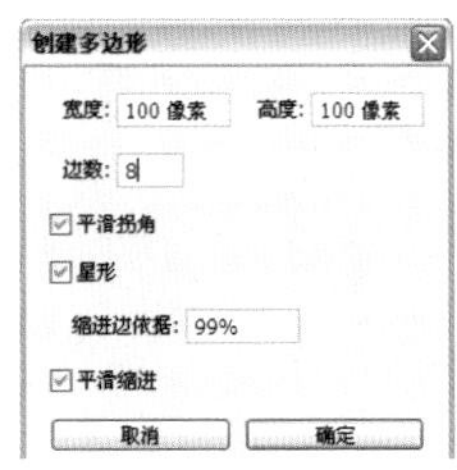

“创建多边形”对话框

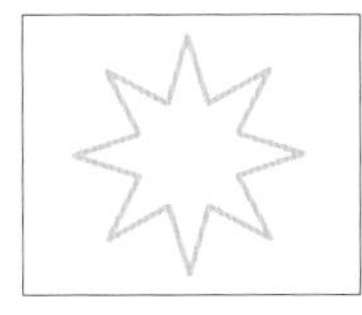

缩进边依据：50%

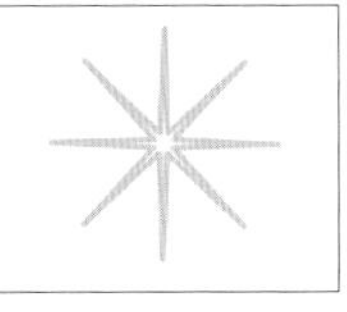

缩进边依据：90%

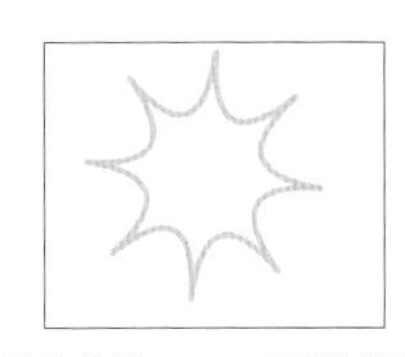

缩进边依据：90%（平滑缩进）

图 3.41

5. 直线工具

直线工具用来创建直线和带有箭头的线段，选择该工具后，单击并拖动鼠标可以创建直线或线段，按住 Shift 键可创建水平、垂直或以 45° 为增量的直线。“直线工具”的工具选项栏中包含了设置直线粗细的选项，此外，下拉面板中还包含了设置箭头的选项，如图 3.42 所示。

- 起点 / 终点：勾选“起点”复选框，可在直线的起点添加箭头；勾选“终点”复选框，可在直线的终点添加箭头；两项都勾选，则在直线的起点和终点都会添加箭头，如图 3.43 所示。

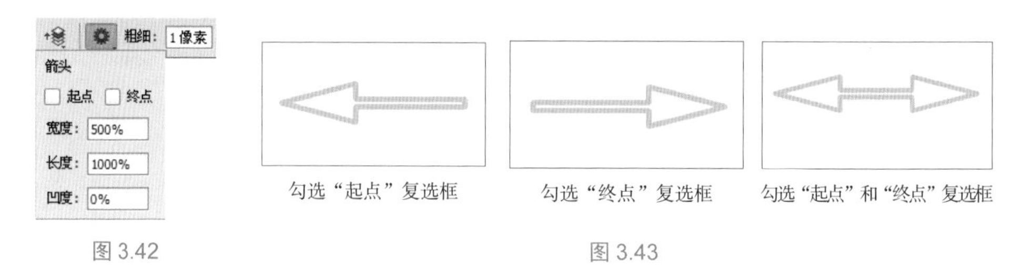

图 3.42

勾选“起点”复选框　勾选“终点”复选框　勾选“起点”和“终点”复选框

图 3.43

- 宽度：用来设置箭头宽度与直线宽度的百分比，范围为 10% ～ 100%。
- 长度：用来设置箭头的长度与直线的宽度的百分比，范围为 10% ～ 100%。
- 凹度：用来设置箭头的凹陷程度，范围为 -50% ～ 50%，该值为 0 时，箭头尾部平齐；该值大于 0 时，向内凹陷；该值小于 0 时，向外凸出。

6. 自定义形状工具

使用自定义形状工具可以创建 Photoshop 预设的形状、自定义的形状或者是外部提供的形状。选择该工具以后，需要单击工具选项栏中的按钮，在打开的形状下拉面板中选择一种形状，然后单击并拖动鼠标即可创建该图形。如果要保持形状的比例，可以按住 Shift 键绘制图形。如果要使用其他方法创建图形，可以在“自定义形状选项”下拉面板中设置，如图 3.44 所示。

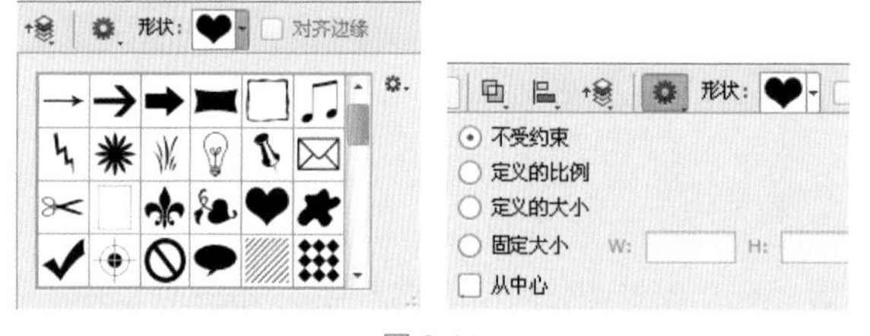

图 3.44

3.6 了解绘图模式

Photoshop 中的钢笔和形状等矢量图形可以创建不同类型的图形，包括形状图层、工作路径和像素图形。选择一个矢量工具后，需要先在工具选项栏中单击相应的按钮，指定一种绘制模式，然后才能绘图。如图 3.45 所示为钢笔工具的选项栏中包含的绘制模式按钮。

图 3.45

1. 形状图形

选择形状后，可以在形状图层中单独创建形状。形状图层由填充区域和形状两部分组成，填充区域定义了形状的颜色、图案和图层的不透明度；形状则是一个矢量蒙版，它定义了图像显示和隐藏区域。形状是路径，它出现在“路径”面板中，如图 3.46 所示。

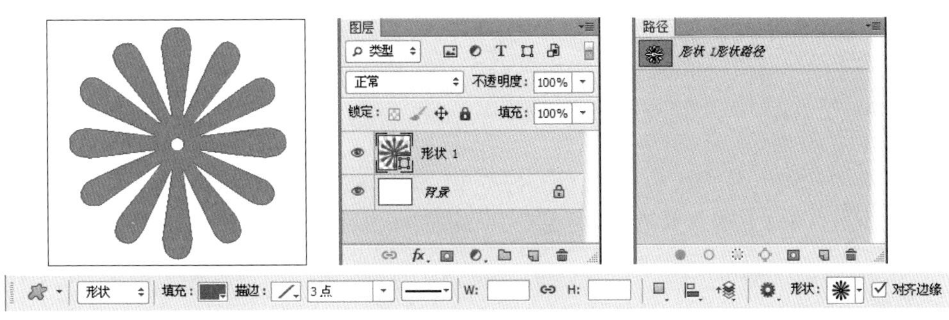

图 3.46

2. 工作路径

选择路径后，可以创建工作路径，它出现在“路径”面板中。工作路径可以转换为选区、创建矢量蒙版，也可以填充和描边从而得到光栅效果的图像，如图 3.47 所示。

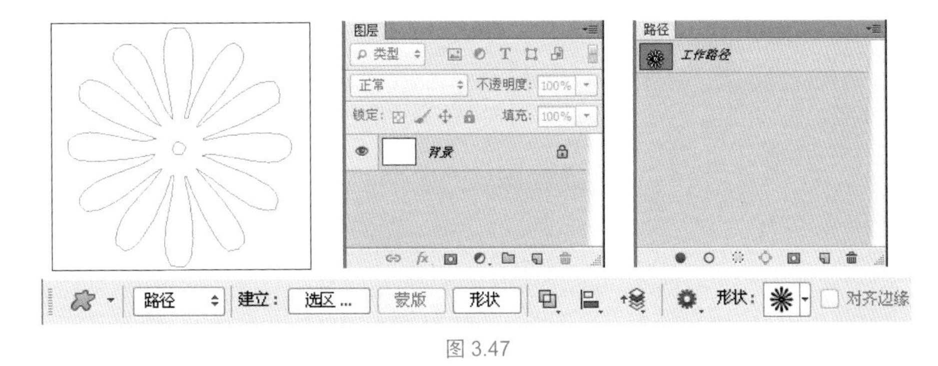

图 3.47

3. 填充区域

选择像素后，可以在当前图层上绘制栅格化的图像（图形的填充颜色为前景色）。由于不能创建矢量图形，因此，“路径”面板中也不会出现路径，如图 3.48 所示。

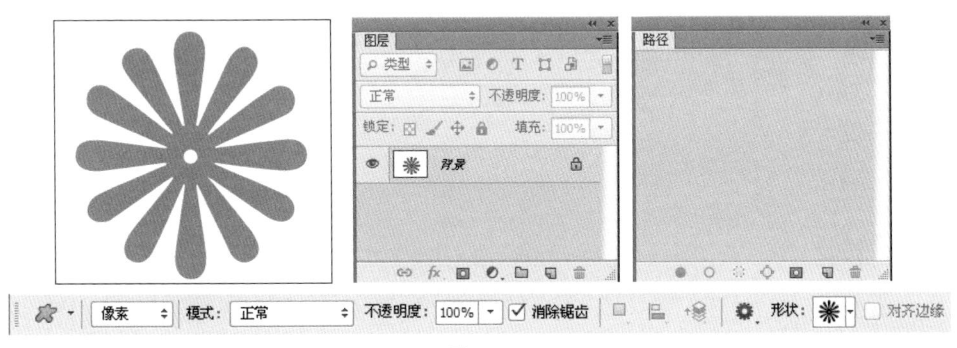

图 3.48

3.7 了解图层样式

图层样式也叫图层效果，它是用于制作纹理和质感的重要功能，可以为图层中的图像内容添加如投影、发光、浮雕、描边等效果，创建具有真实质感的水晶、高光、金属等特效。图层样式可以随时修改、隐藏或删除，具有非常强的灵活性。

如果要为图层添加样式，可以先选择这一图层，然后采用下面任意一种方法打开“图层样式”对话框，进行参数设置。

1. 利用菜单命令打开“图层样式”对话框

执行“图层”→“图层样式”的下级菜单，或者单击“添加图层样式”按钮 fx.，在弹出的下拉菜单中选择需要的命令，会打开“图层样式”对话框，如图 3.49 所示。

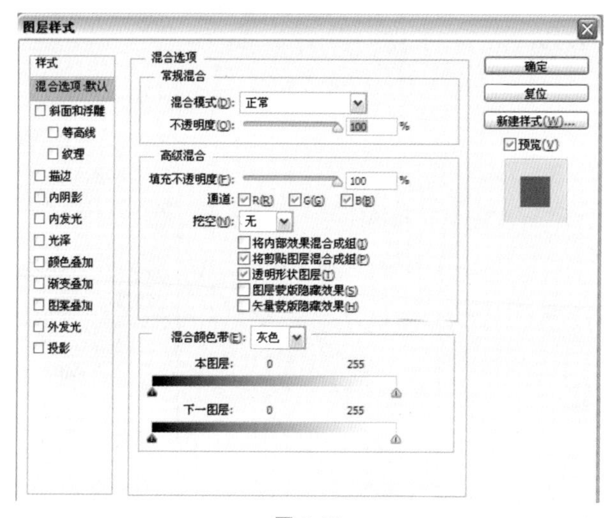

图 3.49

2. 利用“图层”面板按钮打开“图层样式”对话框

在“图层”面板中单击添加图层样式按钮 fx.，在打开的下拉菜单中选择一个效果命令，可以打开“图层样式”对话框进入相应效果的设置面板，如图 3.50 所示。

3. 利用鼠标打开“图层样式”对话框

双击要添加效果的图层，可以打开“图层样式”对话框，在对话框左侧选择要添加的效果，即可切换到该效果的设置面板，如图 3.51 所示。

图 3.50

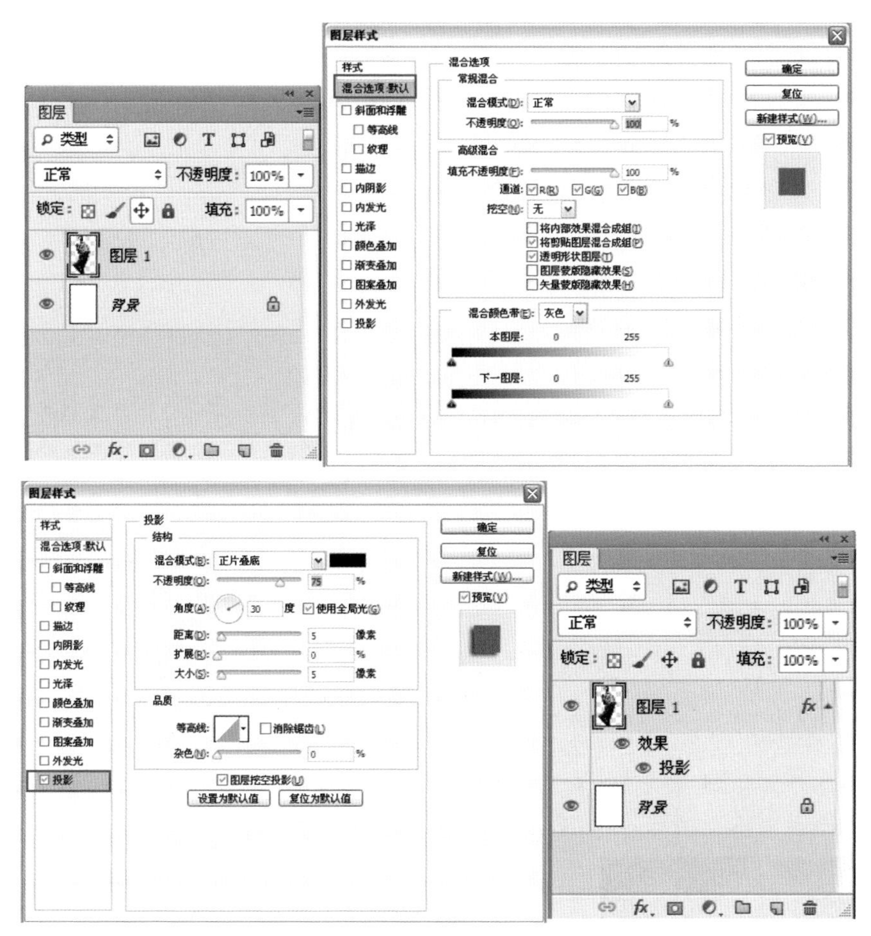
图层
类型
正常
不透明度：100%
锁定：
填充：100%
图层 1
背景
图层样式
样式
混合选项:默认
斜面和浮雕
等高线
纹理
描边
内阴影
内发光
光泽
颜色叠加
渐变叠加
图案叠加
外发光
投影
混合选项
常规混合
混合模式(D)：正常
不透明度(O)：100 %
高级混合
填充不透明度(F)：100 %
通道：R(R) G(G) B(B)
挖空(N)：无
将内部效果混合成组(I)
将剪贴图层混合成组(P)
透明形状图层(T)
图层蒙版隐藏效果(S)
矢量蒙版隐藏效果(H)
混合颜色带(E)：灰色
本图层：0 255
下一图层：0 255
确定
复位
新建样式(W)...
预览(V)
投影
结构
混合模式(B)：正片叠底
不透明度(O)：75 %
角度(A)：30 度 使用全局光(G)
距离(D)：5 像素
扩展(R)：0 %
大小(S)：5 像素
品质
等高线：消除锯齿(L)
杂色(N)：0 %
图层挖空投影(U)
设置为默认值
复位为默认值
效果
投影

图 3.51

第4章

App UI 设计的字效表现

在 App UI 设计中字体特效的表现非常重要，美观的字体和字效设计不仅能够让图标如虎添翼，还能够让界面更加吸引人。作为设计师，能够制作高质量的字体特效不失为一件非常快乐的事情。

4.1 车灯字体

案例综述

在本例中，我们将学会使用横排文字工具以及大量的图层样式工具制作车灯字体，为文字添加投影、立体且具有厚度感的效果，如图 4.1 所示。

图 4.1

设计规范

尺寸规范	21.17×17.13 厘米
主要工具	文字工具、图层样式
文件路径	Chapter04/4-1.psd
视频教学	4-1.avi

配色分析

黑色与灰色搭配，会令人产生警觉，本例的车灯质感就体现了这种警示作用。

操作步骤：

Step01 新建文档。执行“文件”→“新建”命令，或按下快捷键 Ctrl+N，打开“新建”对话框，设置宽度和高度分别为 21.17 厘米、17.13 厘米，分辨率为 300 像素 / 英寸，完成后单击“确定”按钮，新建一个空白文档，如图 4.2 所示。

Step02 导入素材。执行“文件”→“打开”命令，或按下快捷键 Ctrl+O，在打开的“打开”对话框中，选择“6-1-1.jpg”素材打开，将其拖至场景文件中，如图 4.3 所示。

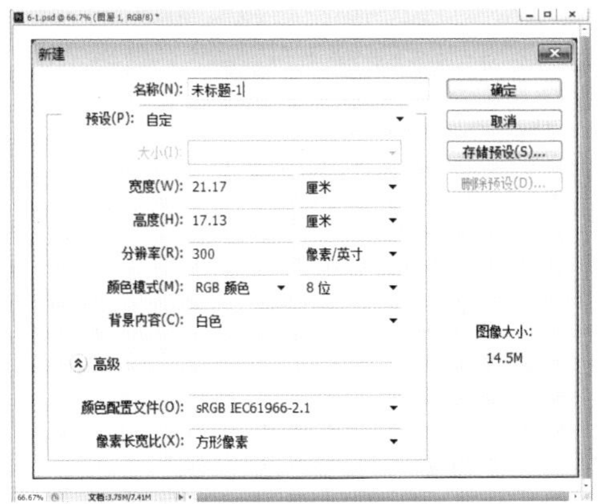

图 4.2

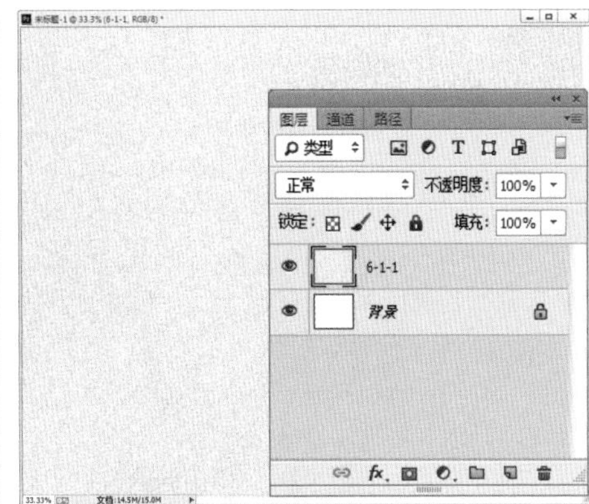

图 4.3

Step03 创建新的填充或调整图层。在图层面板中单击图层面板下方的“创建新的填充或调整图层”按钮，选择“色相 / 饱和度”“渐变”，调整参数，如图 4.4 所示。

❶ 在工具栏中选择矩形选框工具，在画面下方绘制选区

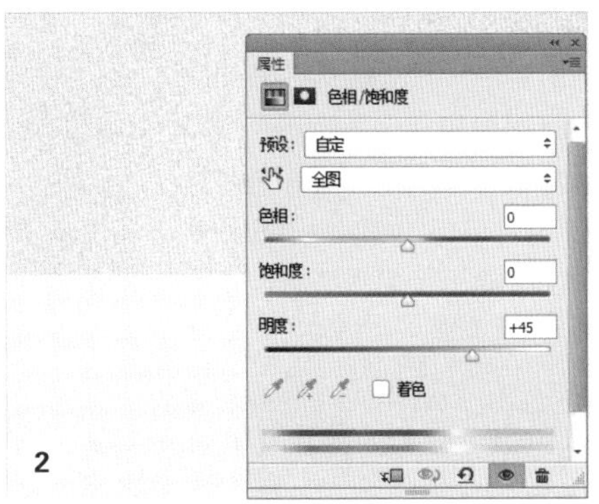

❷ 选择“色相 / 饱和度”选项，设置明度为 45°

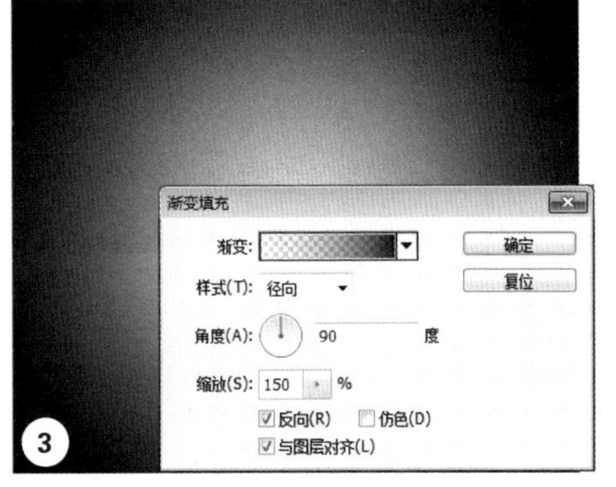

❸ 选择“渐变”选项，在打开的“渐变填充”对话框中，设置样式为径向，缩放为 150%，选中“反向”复选框，单击“确定”按钮结束

图 4.4

Step04 添加灯光效果。打开 6-1-2.png、6-1-3.png 素材，将其拖至场景文件中，设置图层的不透明度。新建图层，在工具栏中选择“椭圆工具”，在画面中绘制灯罩造型，如图 4.5 所示。

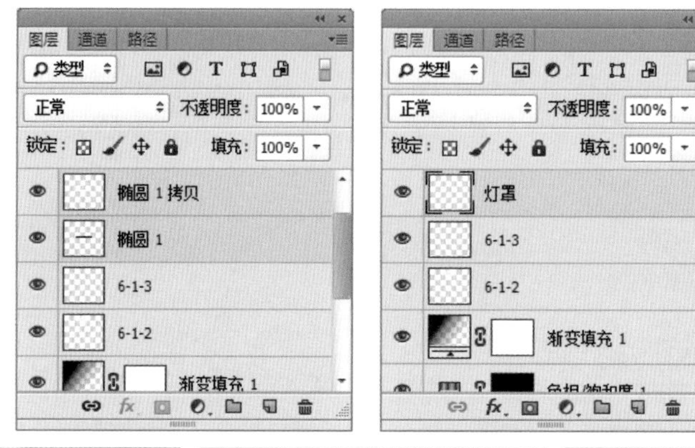

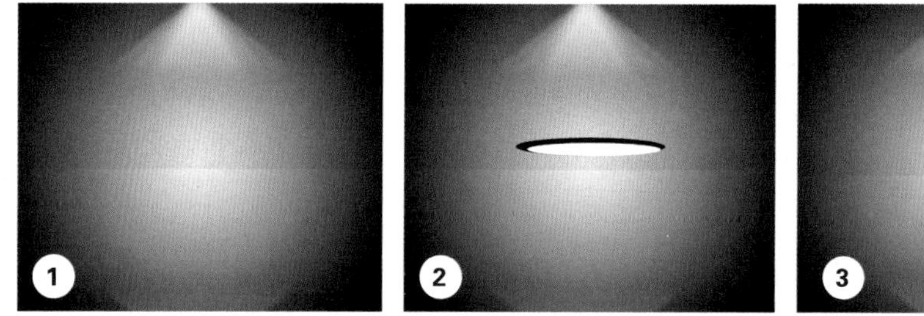
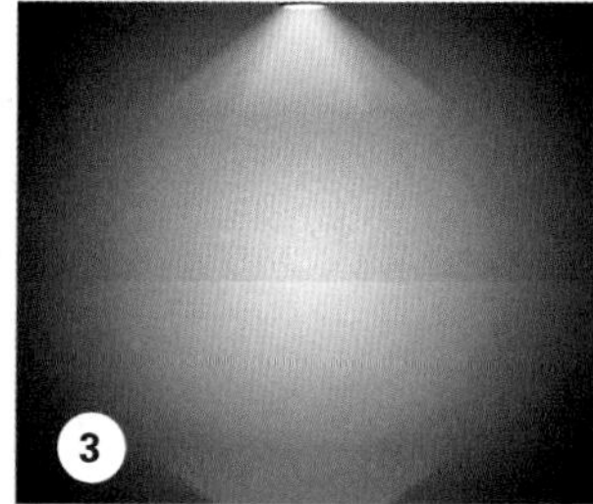

❶ 执行“文件”→“打开”命令，或按下快捷键 Ctrl+O，在打开的“打开”对话框中，选择 6-1-2.png、6-1-3.png 素材打开，将其拖至场景文件中，将“6-1-2”放在画面顶部中心位置，“6-1-3”放在画面底部中心位置，设置 6-1-3 图层不透明度为 30%

❷ 新建图层，设置前景色为黑色，在工具栏中选择“椭圆工具”，在状态中设置“状态模式”为形状，在画面中绘制椭圆，将椭圆图层复制一层，设置前景色为白色，选中复制椭圆，按下 Alt+Delete 组合键填充白色。按下 Ctrl+T 组合键将白色椭圆缩放到合适大小按 Enter 键结束

❸ 按下 Shift 键同时选中两个椭圆，右击图层，在弹出的快捷菜单中选择“栅格化图层”命令，再次右击图层，选择“合并图层”做出灯罩造型，按下 Ctrl+T 组合键，将灯罩缩放到合适大小按 Enter 键结束，将其放在顶部灯光上

图 4.5

Step05 输入文字。选择“横排文字工具”，在选项栏中设置文字的属性，然后在图像上单击绘制输入文字，打开该图层的“图层样式”对话框，分别选择“斜面和浮雕”“描边”“内阴影”“光泽”等选项，设置参数，为文字添加效果，如图 4.6 所示。

Step06 添加阴影。新建图层，按下 Ctrl 键的同时单击文字图层缩略图，调出文字选区，填充颜色，自由变换大小。打开图层样式，选择“渐变叠加”，设置参数，单击“确定”按钮结束，设置图层的“不透明度”为 70%，将阴影图层放在文字图层下方，如图 4.7 所示。

Step07 添加投影和倒影。新建图层，选择“画笔工具”，设置前景色在文字下方绘制投影，设置投影图层不透明度，将投影图层放到文字图层下方。将文字图层复制一层栅格化图层，按下 Ctrl+T 组合键垂直翻转，将其移动到文字下方，为文字拷贝层添加蒙版，选中蒙版实现由黑到透明的渐变，如图 4.8 所示。

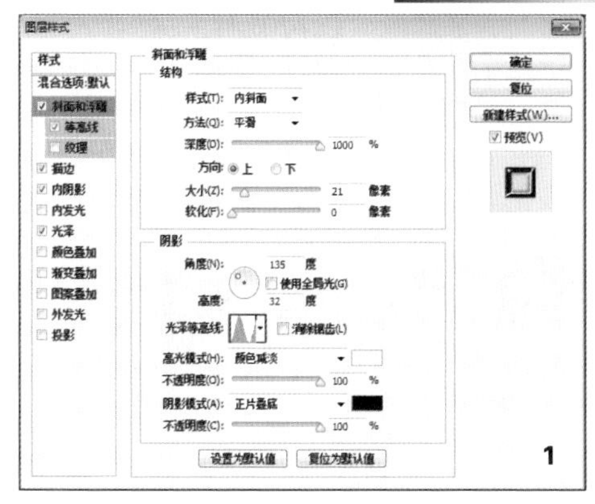

❶ 选择“斜面和浮雕”选项，设置深度为 1000%、大小为 21 像素，选择“等高线”，设置范围为 100%

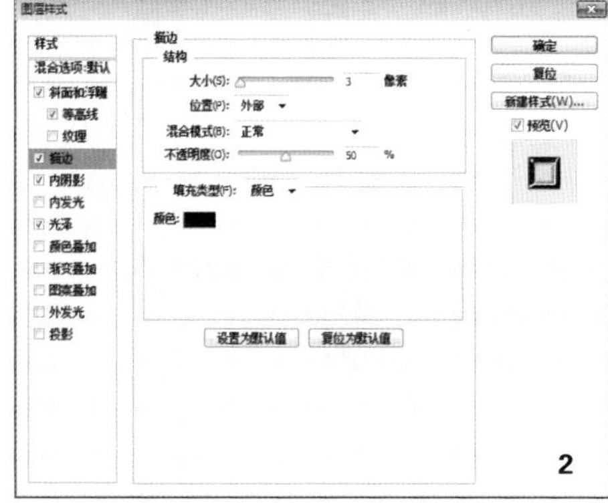

❷ 选择“描边”选项，设置大小为 3 像素、不透明度为 50%、颜色为黑色

❸ 选择“内阴影”选项，设置混合模式为正片叠底、不透明度为 100%、角度为 135° 、距离为 5 像素、大小为 5 像素

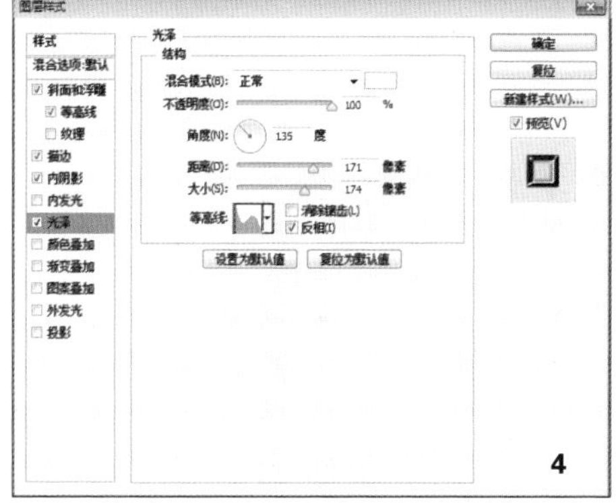

❹ 选择“光泽”选项，设置混合模式为正常、颜色为白色、不透明度为 100%、角度为 135° 、距离为 171 像素、大小为 174 像素

图 4.6

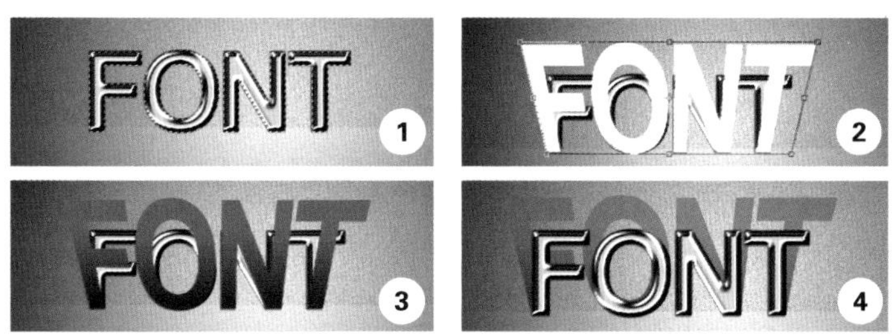

❶ 按下 Ctrl 键的同时单击文字图层缩略图，调出文字选区
❷ 为选区填充任意颜色，按下 Ctrl+T 组合键，自由变换大小，在画面中右击，在弹出的快捷菜单中选择“透视”命令，将文字顶部制作成透视效果，按 Enter 键结束
❸ 双击图层，打开“图层样式”，选择“渐变叠加”，设置混合模式为正常、不透明度为 100%、从黑色到 R:94　G:94　B:94 的渐变
❹ 设置图层的“不透明度”为 70%，将投影图层放在文字图层下方

图 4.7

❶ 在工具栏中选择“画笔工具”，设置前景色为黑色，在状态栏中设置画笔大小为 30 像素，按下 Shift 键的同时使用画笔在文字下方绘制投影

❷ 设置投影图层不透明度为 60%，将投影图层放到文字图层下方

❸ 将文字图层复制一层，右击图层，在弹出的快捷菜单中选择“栅格化文字”选项，再右击图层，在弹出的快捷菜单中选择“栅格化图层样式”选项，按 Ctrl+T 组合键，在画面中右击，在弹出的快捷菜单中选择“垂直翻转”选项，将其移动到文字下方

❹ 单击图层面板下方的“添加矢量蒙版”按钮，为文字拷贝层添加蒙版，选中蒙版，在工具栏中选择“渐变工具”，设置状态栏中的渐变为由黑到透明的渐变，在画面中拉渐变

图 4.8

图 4.9

Step 08 最终效果。用同样的方法制作更多文字，效果如图 4.9 所示。

4.2 星星字体

图 4.10

案例综述

在本例中，我们将学会使用横排文字工具和画笔描边路径制作星星字体，大量使用画笔面板中的选项，为文字添加星星效果，如图 4.10 所示。

设计规范

尺寸规范	800×400 像素
主要工具	圆角矩形工具、图层样式
文件路径	Chapter04/4-2.psd
视频教学	4-2.avi

配色分析

多彩的颜色，如蓝色、红色、绿色等配合星形笔刷给人一种热闹、欢乐的感觉。

操作步骤：

Step01 新建文档。执行“文件”→“新建”命令，或按下快捷键 Ctrl+N，打开“新建”对话框，设置宽度和高度分别为 800 像素和 400 像素，分辨率为 72 像素 / 英寸，完成后单击“确定”按钮，新建一个空白文档，如图 4.11 所示。

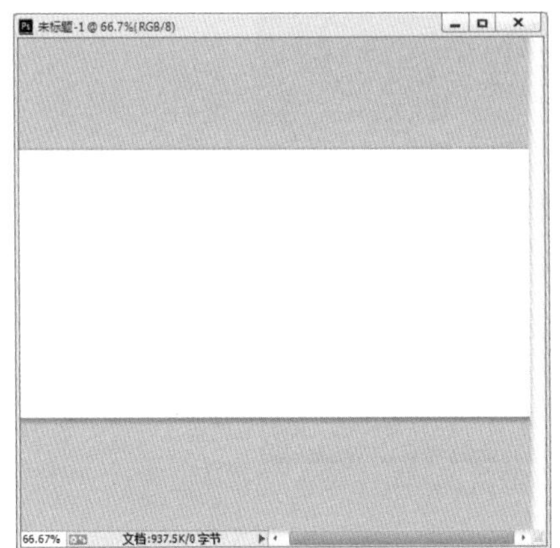

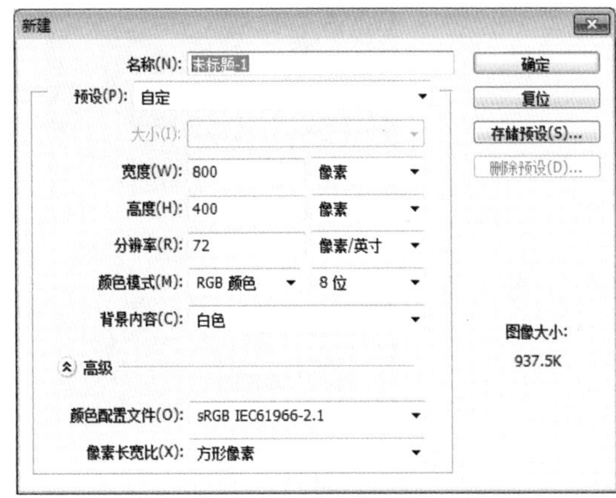

图 4.11

Step02 定义星星图案。新建图层，关闭背景图层前的眼睛，在工具栏中选择“多边形工具”，在画面上绘制一个五角星。执行“编辑”→“定义画笔预设”命令，将五角星定义为图案，如图 4.12 所示。

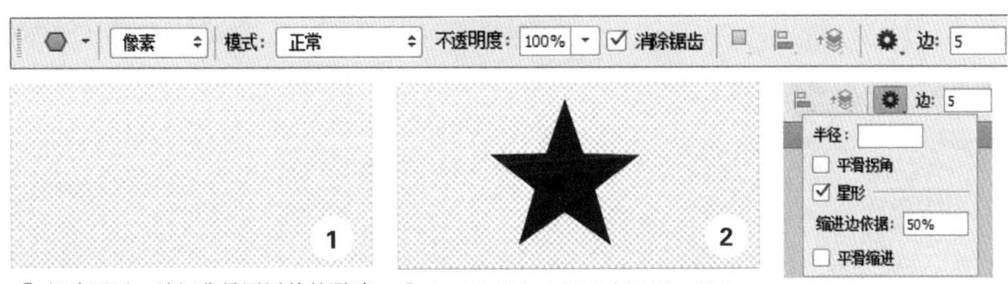

❶ 新建图层，关闭背景图层前的眼睛

❷ 在工具栏中选择“多边形工具”，在状态栏中设置状态属性为像素，边为 5，单击“设置”按钮下的下拉三角，在快捷菜单中勾选星形，在画面中绘制五角星

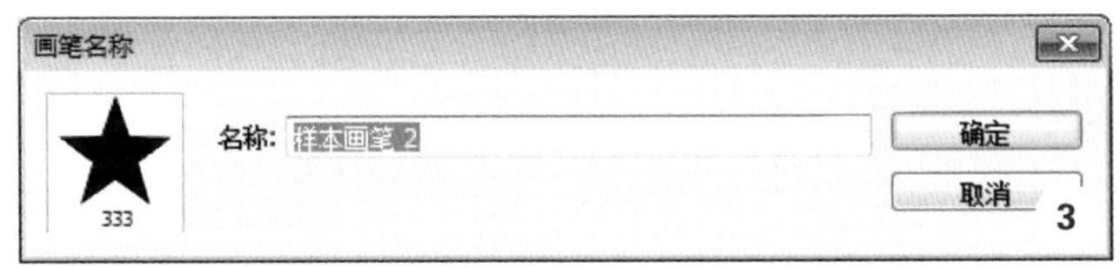

❸ 执行“编辑”→“定义画笔预设”命令，在打开的“画笔名称”对话框中单击“确定”按钮结束

图 4.12

Step 03 填充颜色。删除五角星图层，打开背景图层前的眼睛，在工具栏中设置前景色为 R:36　G:36　B:36，按 Alt+Delete 组合键为背景图层填充颜色，如图 4.13 所示。

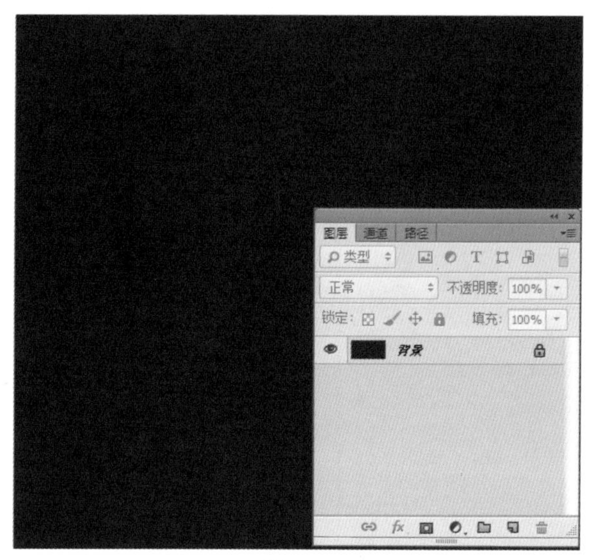

图 4.13

Step 04 输入文字并创建路径。选择“横排文字工具”，在画面上单击绘制输入文字，调出文字选区，新建图层，将选区转化为路径，如图 4.14 所示。

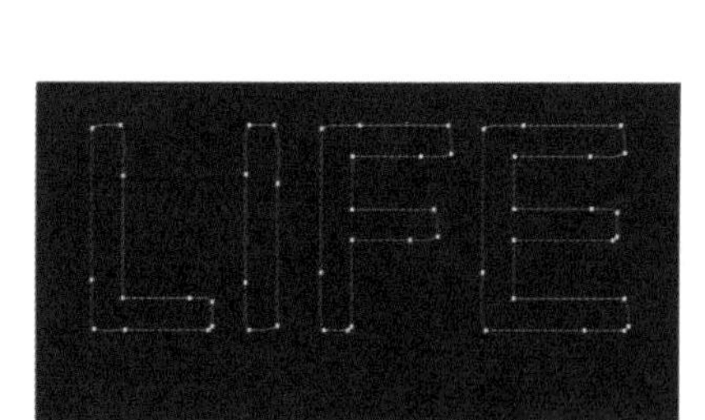

❶ 设置前景色为白色，在选项栏中设置文字的属性并输入文字

❷ 按下 Ctrl 键的同时单击文字图层缩略图，调出文字图层选区

❸ 在图层面板中单击“路径”按钮，单击路径面板下方的“从选区生成路径”按钮

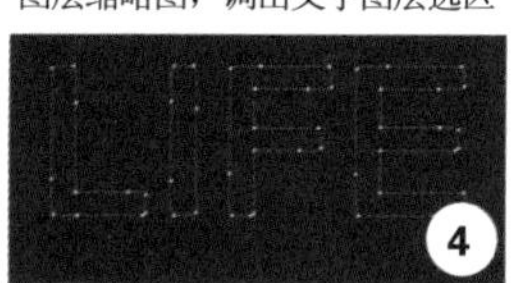

❹ 回到图层面板中关闭文字图层前面的眼睛

图 4.14

Step 05 画笔描边。新建图层，设置前景色。在工具栏中选择画笔工具，按下 F5 键，在弹出的“画笔”面板中选择画笔笔触，设置画笔参数，在图层面板中单击“路径”按钮，右击路径图层，在弹出的快捷菜单中选择“描边路径”选项，如图 4.15 所示。

Step 06 添加阴影。回到图层面板中，双击描边图层，在打开的“图层样式”对话框中，选择“投影”选项，设置混合模式为正常、不透明度为 100%、角度为 120°、距离为 5 像素、大小为 4 像素，单击“确定”按钮结束，如图 4.16 所示。

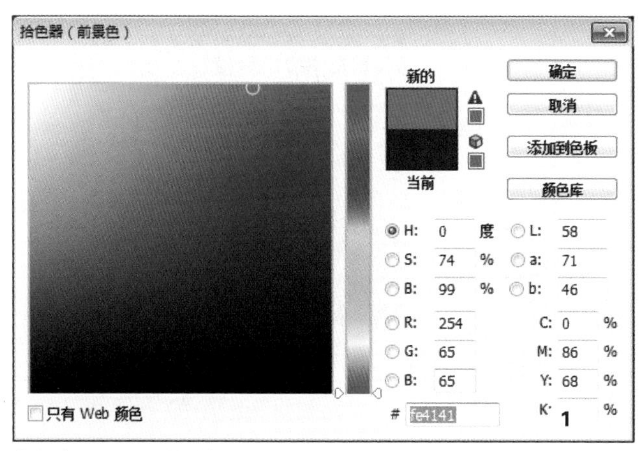

❶ 新建图层，设置前景色为 R:254　G:65　B:65

❷ 在“画笔”面板中选择自定义的星形笔触，设置大小为 40 像素、间距为 165%

❸ 选择“形状动态”选项，设置大小抖动为 50%、角度抖动为 15%、控制为“方向”

❹ 选择“散布”选项，设置散布为 40%，选中“平滑”复选框

❺ 右击路径图层，在弹出的快捷菜单中选择“描边路径”选项，在“描边路径”对话框中，设置工具为画笔，单击“确定”按钮结束

图 4.15

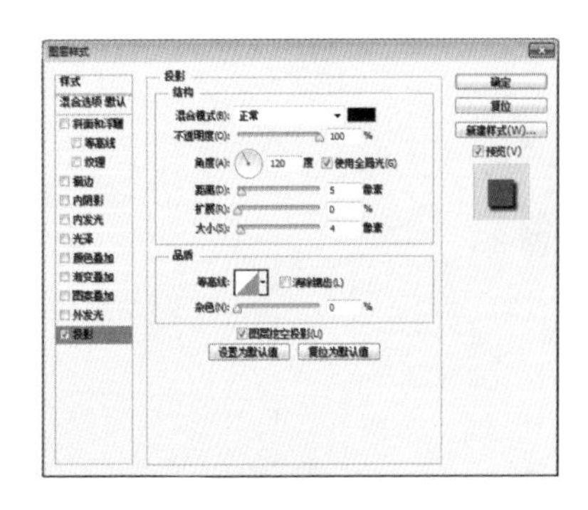

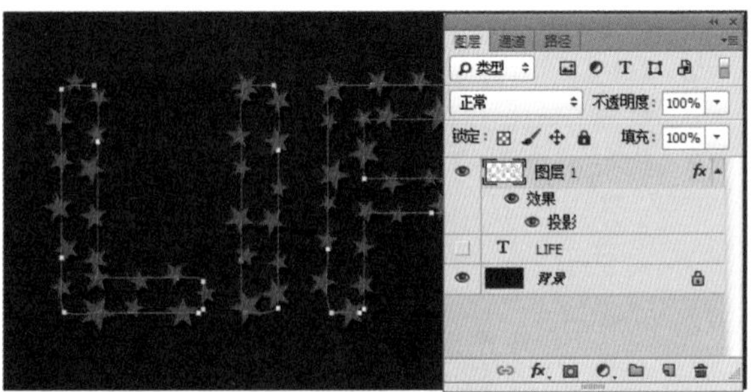

图 4.16

Step07 画笔描边。新建图层，设置前景色。在工具栏中选择画笔工具，按下 F5 键，在弹出的“画笔”面板中选择画笔笔触，设置画笔参数，在图层面板中单击“路径”按钮，右击路径图层，在弹出的快捷菜单中选择“描边路径”选项。复制上一描边图层的图层样式，如图 4.17 所示。

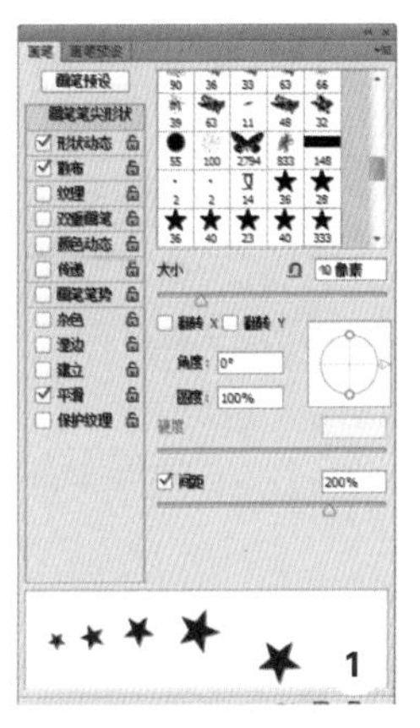

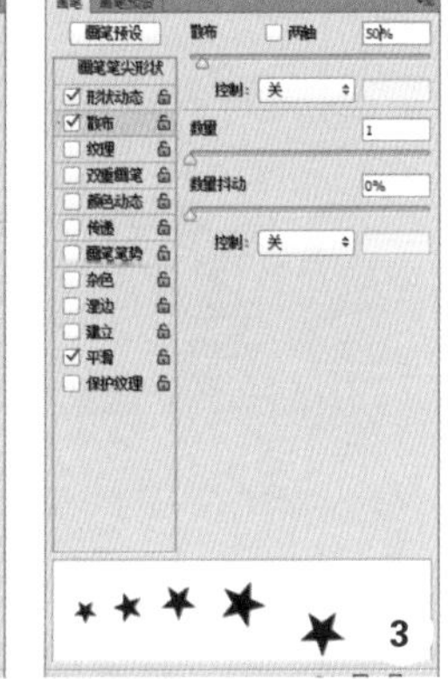

❶新建图层，设置前景色为白色，在“画笔”面板中选择自定义的星形笔触，设置大小为 40 像素、间距为 200%

❷选择“形状动态”选项，设置大小抖动为 60%、角度抖动为 15%、控制为“方向”

❸选择“散布”选项，设置散布为 50%，选中“平滑”复选框

❹右击路径图层，在弹出的快捷菜单中选择“描边路径”选项，在“描边路径”对话框中设置“工具”为画笔，单击“确定”按钮结束。按下 Alt 键复制上一描边图层的图层样式

图 4.17

Step08 画笔描边。新建图层，设置前景色。在工具栏中选择画笔工具，按下 F5 键，在弹出的“画笔”面板中选择画笔笔触，设置画笔参数，在图层面板中单击“路径”按钮，右击路径图层，在弹出的快捷菜单中选择“描边路径”选项。复制上一描边图层的图层样式，如图 4.18 所示。

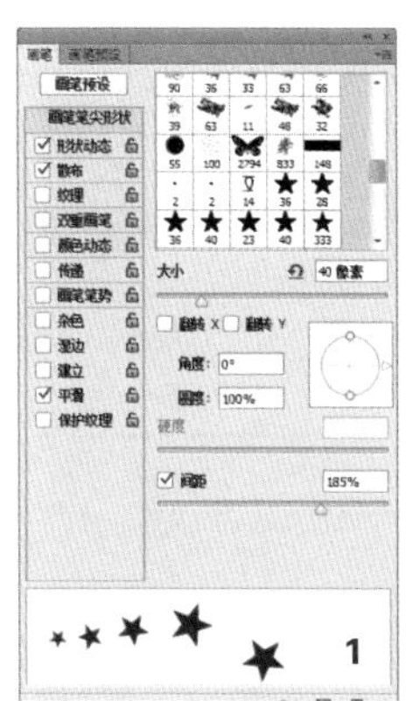

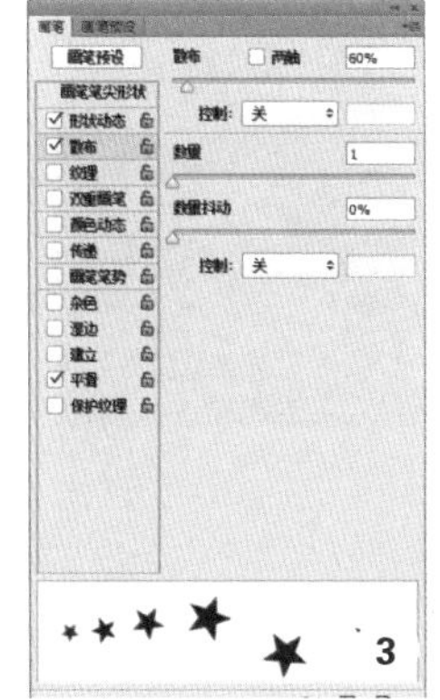

❶ 新建图层，设置前景色为 R:34　G:118　B:195，在“画笔”面板中选择自定义的星形笔触，设置大小为 40 像素、间距为 185%
❷ 选择“形状动态”选项，设置大小抖动为 60%、角度抖动为 15%、控制为“方向”
❸ 选择“散布”选项，设置散布为 60%，选中“平滑”复选框
❹ 右击路径图层，在弹出的快捷菜单中选择“描边路径”选项，在“描边路径”对话框中，设置“工具”为画笔，单击“确定”按钮结束。按下 Alt 键复制上一描边图层的图层样式

图 4.18

Step09 画笔描边。新建图层，设置前景色。在工具栏中选择画笔工具，按下 F5 键，在弹出的“画笔”面板中选择画笔笔触，设置画笔参数，在图层面板中单击“路径”按钮，右击路径图层，在弹出的快捷菜单中选择“描边路径”选项。复制上一描边图层的图层样式，如图 4.19 所示。

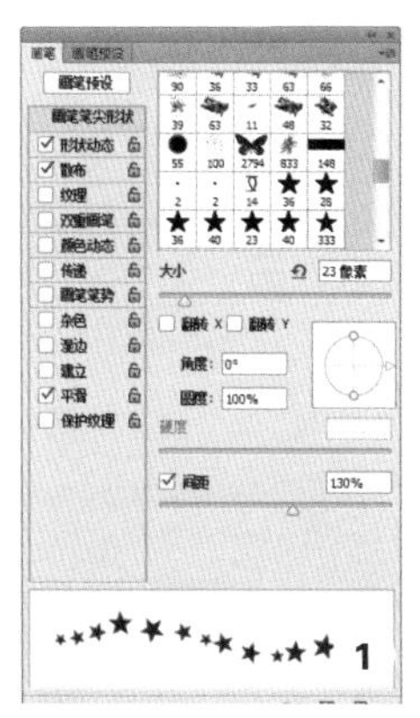

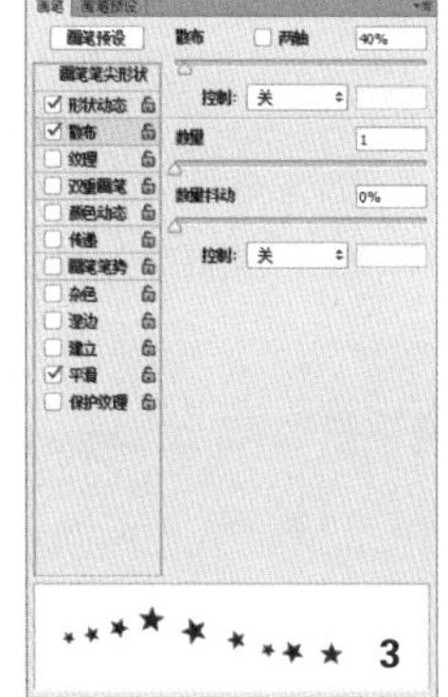

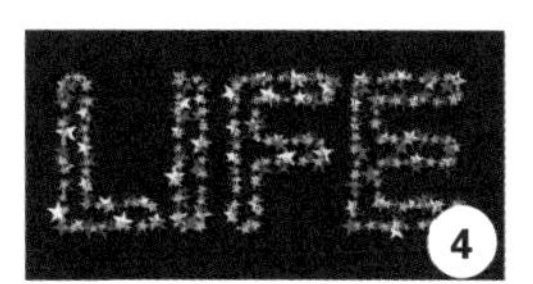

❶ 新建图层，设置前景色为 R:108　G:217　B:20，在“画笔”面板中选择自定义的星形笔触，设置大小为 23 像素、间距为 130%
❷ 选择“形状动态”选项，设置大小抖动为 50%、角度抖动为 15%、控制为“方向”
❸ 选择“散布”选项，设置散布为 40%，选中“平滑”复选框
❹ 右击路径图层，在弹出的快捷菜单中选择“描边路径”选项，在“描边路径”对话框中，设置“工具”为画笔，单击“确定”按钮结束。按下 Alt 键复制上一描边图层的图层样式

图 4.19

Step10 创建新路径。在图层面板中单击“路径”按钮，调出路径图层的选区。将选区收缩 10 像素，将路径图层复制一层，单击路径面板中下方的“从选区生成路径”按钮，生成新路径，如图 4.20 所示。

❶ 按下 Ctrl 键同时单击路径图层缩略图，调出路径图层的选区

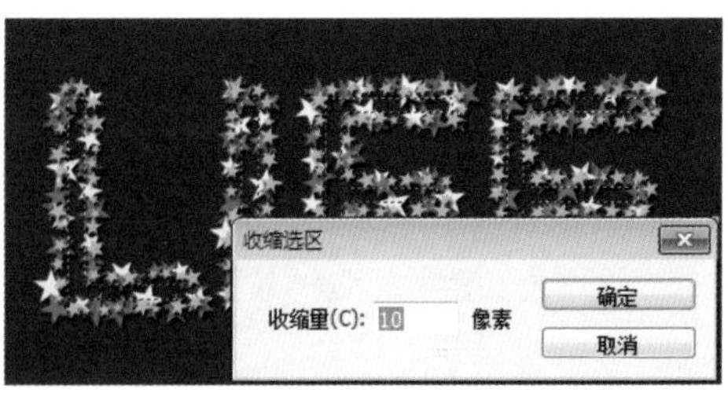

❷ 执行“选择”→“修改”→“收缩”命令，在打开的“收缩选区”对话框中，设置“收缩量”为 10 像素，单击“确定”按钮

❸ 将路径图层复制一层，单击路径面板中下方的“从选区生成路径”按钮

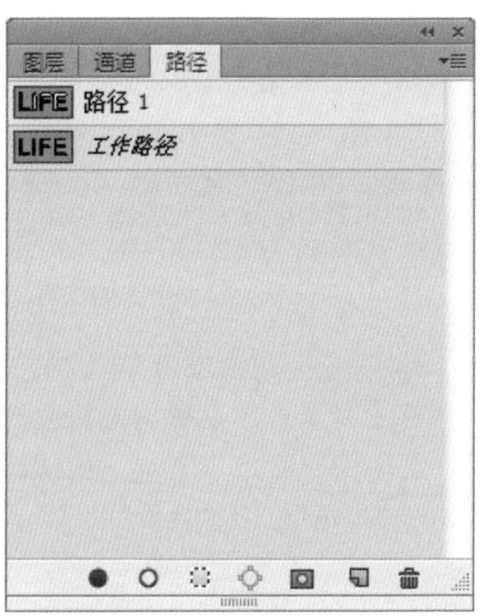

图 4.20

Step 11 画笔描边。结合两个大小不一样的路径，利用同样的画笔描边的方法，制作出更多的各种颜色、大小的星星叠加的效果，如图 4.21 所示。

图 4.21

4.3 牛仔布料字体

案例综述

在本例中我们将学习一种技术难度较大的字体描边和图案定义技巧，用来制作牛仔布锁边的特效，这种效果常用于 App 的 Logo 特效和 icon 特效中，如图 4.22 所示。

图 4.22

设计规范

尺寸规范	210×297 毫米
主要工具	路径描边、定义画笔
文件路径	Chapter04/4-3.psd
视频教学	4-3.avi

配色分析

蓝色牛仔布和粉色牛仔布的搭配让人非常轻松愉快，能让人联想到恋爱、情侣和休闲的感觉。

操作步骤：

Step 01 新建文档。执行“文件”→“新建”命令，在打开的“新建”对话框中，设置宽度为 210 毫米，高度为 297 毫米，分辨率为 300 像素 / 英寸，背景内容为白色，单击“确定”按钮结束。打开“4-3-1.jpg”素材，如图 4.23 所示。

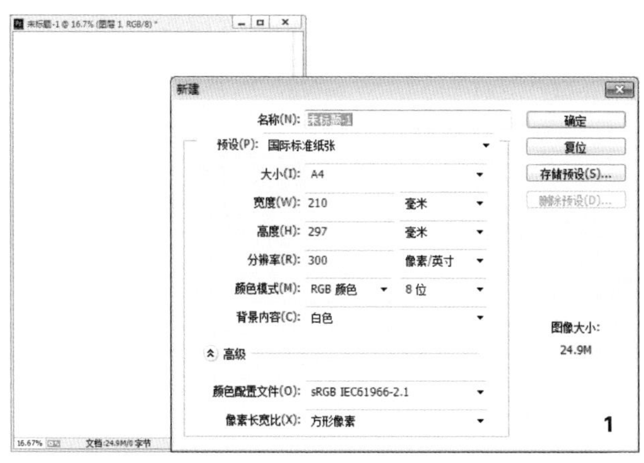

❶ 新建文档，设置宽度为 210 毫米，高度为 297 毫米，分辨率为 300 像素 / 英寸，背景为白色

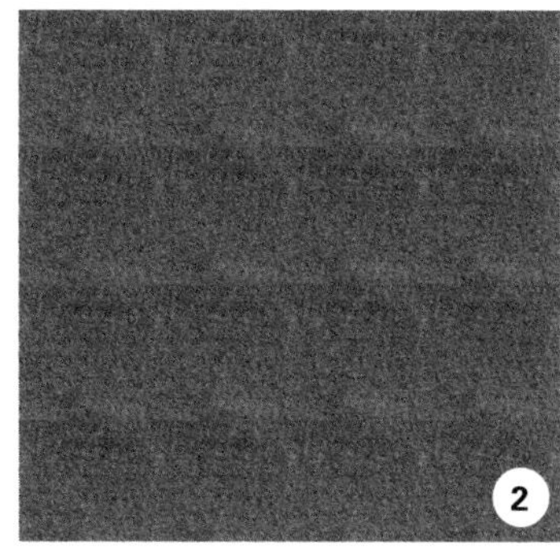

❷ 执行“文件”→“打开”命令，在打开的“打开”对话框中选择“4-3-1.jpg”素材打开

图 4.23

Step 02 定义牛仔图案。将牛仔图案设置为当前操作的文档，按下快捷键 Ctrl+A 将图

像全选，执行“编辑”→“定义图案”命令，打开“图案名称”对话框，如图 4.24 所示，单击“确定”按钮，将牛仔定义为图案，如图 4.24 所示。

图 4.24

Step03 填充背景。将新建文件设置为当前操作文档，单击图层面板中的“新建图层”按钮，将工具栏中的前景色设置为白色，按下 Alt+Delete 组合键填充颜色。双击图层打开图层样式，在打开的“图层样式”对话框中，选择“渐变叠加”和“图案叠加”，设置参数，单击“确定”按钮结束，如图 4.25 所示。

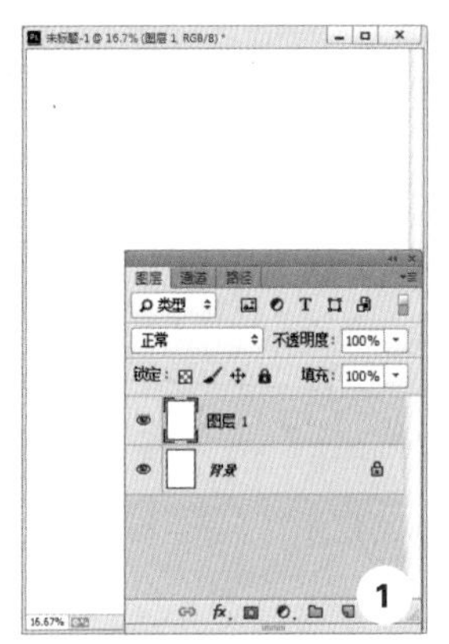
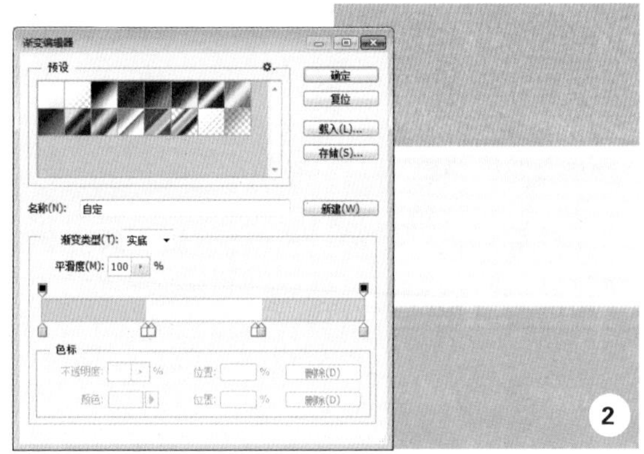

❶ 新建图层，将工具栏中的前景色设置为白色，按下 Alt+Delete 组合键填充颜色
❷ 选择“渐变叠加”选项，设置混合模式为强光、不透明度为 100%、角度为 90°。打开渐变编辑器，添加 2 个色标，左侧色标为 R:255　G:204　B:204，添加的两个色标一个设置为白色，一个为 R:255　G:255　B:153，右侧色标为 R:204　G:204　B:255。按下 Alt 键，分别将红、黄、紫三个色标复制一个，白色色标复制 3 个，两个红色色标的位置是 0、32%，4 个白色色标的位置为 32%、34%、66%、68%，两个黄色色标的位置为 34%、66%，两个紫色色标的位置为 68%、100%

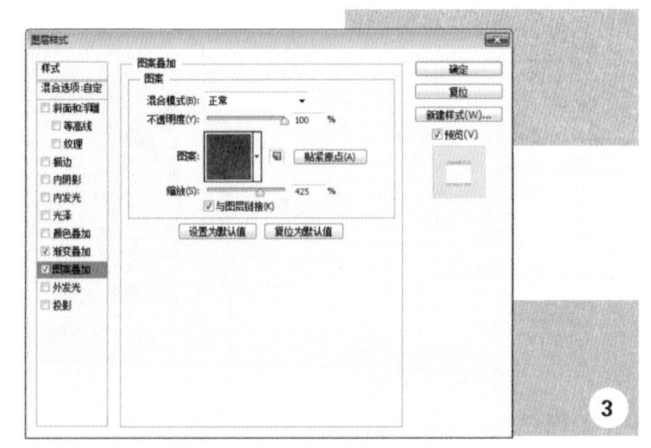

❸ 选择“图案叠加”选项，设置混合模式为正常、不透明度为 100%，在图案右侧的下拉三角中选择牛仔图案，缩放为 425%

图 4.25

Step04 制作文字。在工具栏中选择“横排文字工具”，在状态栏中设置喜欢的字体，然后输入想要的文字。按下 Ctrl+T 组合键对文字进行合适的自由变换和位置移动，按下 Enter 键结束。双击文字图层，在打开的“图层样式”对话框中，选择“投影”“内阴影”“斜面和浮雕”“图案叠加”“描边”选项，设置参数，单击“确定”按钮结束，如图 4.26 所示。

❶ 选择“横排文字工具”选项，输入文字，进行合适的自由变化

❷ 选择“斜面和浮雕”选项，设置深度为 260%、大小为 4 像素、“角度”为 -14°

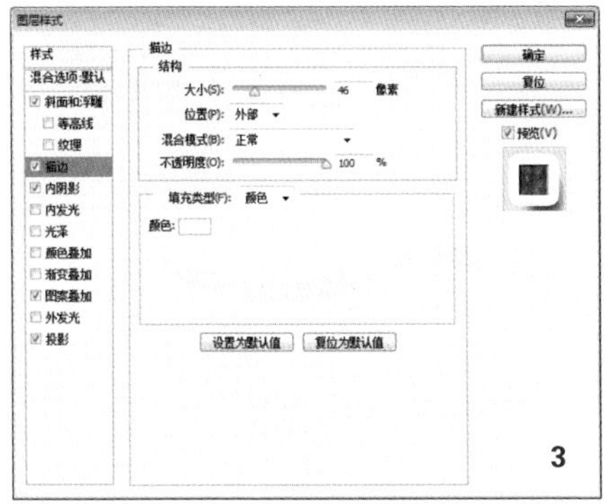

❸ 选择“描边”选项，设置大小为 46 像素、混合模式为正常、颜色为白色

❹ 选择“内阴影”选项，设置角度为 -14°、距离为 5 像素、大小为 1 像素

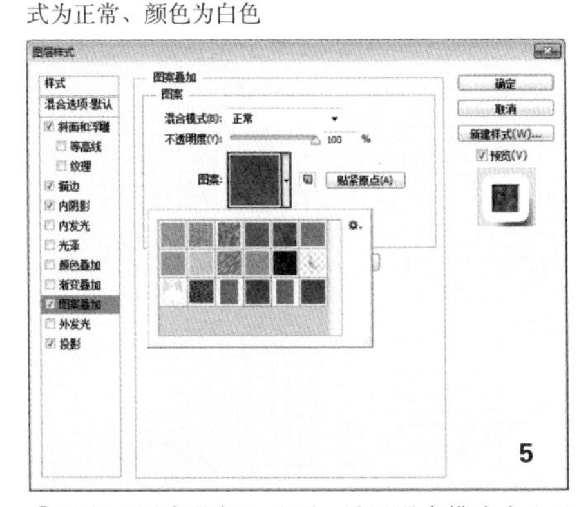

❺ 选择“图案叠加”选项，设置混合模式为“正常”、“不透明度”为 100%，单击图案右侧的下拉三角选择牛仔图案，设置缩放为 400%

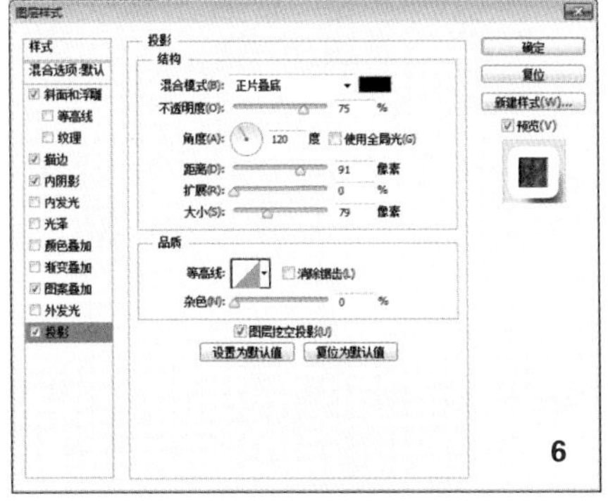

❻ 选择“阴影”选项，设置混合模式为“正片叠底”、距离为 91 像素、大小为 79 像素

图 4.26

Step 05 选区转换路径。调出文字图层选区，执行“选择”→“修改”→“扩展”命令，设置“扩展量”，单击“确定”按钮结束。在图层面板中，将选区转化成路径。在图层中新建图层，设置前景色，选择画笔工具，调出画笔面板，设置参数，在路径面板中右击路径图层，在弹出的快捷菜单中选择“描边路径”选项，如图 4.27 所示。

❶ 按下 Ctrl 键单击文字图层缩略图调出选区，执行“选择”→“修改”→“扩展”命令，设置“扩展量”为 23 像素，在图层面板中单击“路径”按钮
❷ 单击“建立路径”按钮，将选区转化成路径
❸ 回到图层中新建图层，设置前景色为白色。选择“画笔工具”，按下 F5 键，在弹出的画板面板中选择合适的笔触，设置大小为 15 像素、间距为 1%。勾选并单击“形状动态”，设置角度抖动的控制为“方向”
❹ 回到路径中，右击路径图层，在弹出的快捷菜单中选择“描边路径”选项，在打开的“描边路径”对话框中设置工具为画笔，取消选中“摸拟压力”复选框，单击“确定”按钮结束

图 4.27

Step 06 制作压线效果。双击描边路径图层，在打开的“图层样式”对话框中，选择“投影”“斜面和浮雕”选项，设置参数，单击“确定”按钮结束。新建图层，设置前景色为黑色，在图层面板中单击路径按钮，选择画笔工具，调出画板面板，设置参数，右击路径图层，在弹出的快捷菜单中选择“描边路径”选项，回到图层中，设置虚线描边图层的“不透明度”为 50%，如图 4.28 所示。

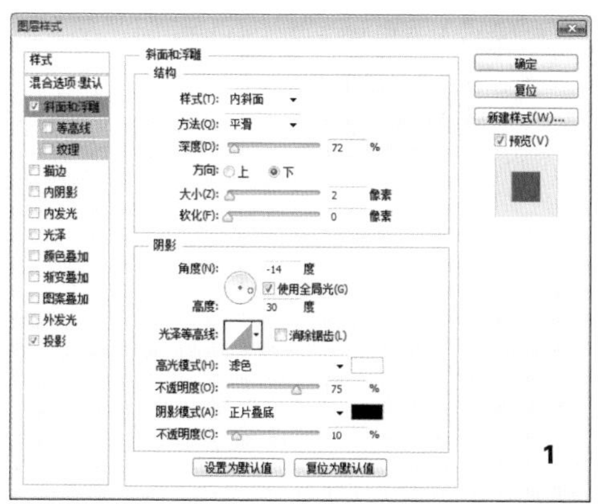

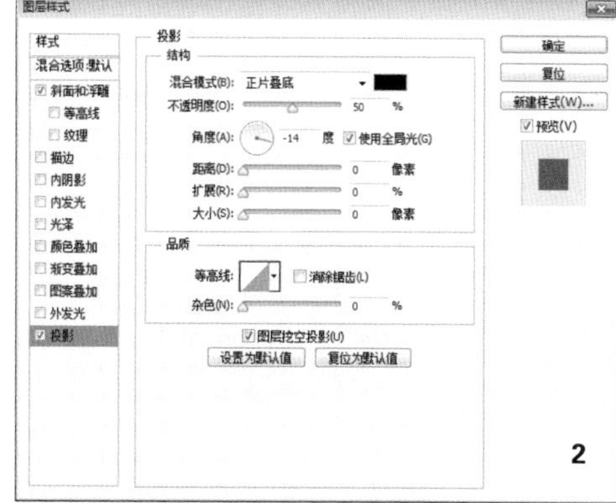

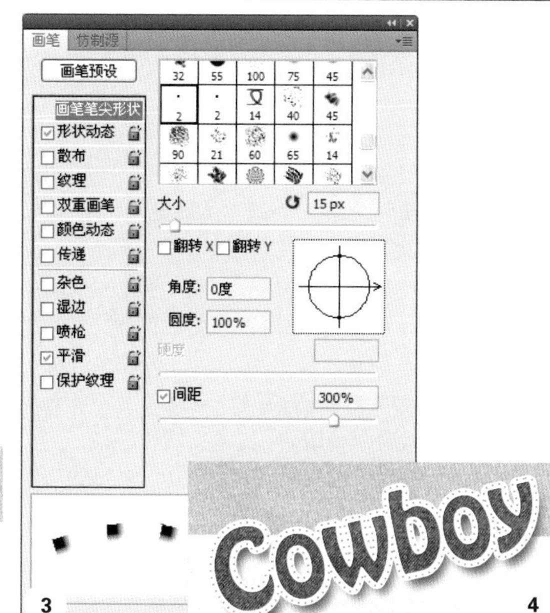

❶ 选择“斜面和浮雕”，设置深度为 72%、方向为下、大小为 2 像素、角度为 -14°、阴影模式的不透明度为 10%
❷ 选择“阴影”，设置混合模式为“正常”、不透明度为 50%、角度为 -14°、距离为 0、大小为 0
❸ 新建图层，设置前景色为黑色，在图层面板中单击路径，选择“画笔工具”，按下 F5 键，在画笔面板中单击画笔笔尖形状，选择同样的笔触，设置间距为 300%
❹ 右击路径图层，在弹出的快捷菜单中选择“描边路径”选项，在打开的“描边路径”对话框中，设置工具为画笔，取消选中“摸拟压力”复选框，单击“确定”按钮结束，回到图层中，在图层面板中设置虚线层不透明度为 50%

图 4.28

提示

选择画笔工具后，在选项栏中单击可打开画笔预设选取器按钮，在弹出的面板中单击按钮 ⚙.，在下拉列表中选择“载入画笔”选项，打工“载入”对话框，从中选择需要载入的画笔，单击“载入”按钮即可，被载入的画笔会在画笔面板中的最后，如图 4.29 所示为用本例的技术制作的其他特效。

图 4.29

4.4 在 App UI 中如何控制字号

在手机客户端的设计过程中，有时候一个设计师需要与多个开发人员协作，也有时是一个开发人员独立面对一个设计师和一个切图人员。由于每个开发人员的工作习惯不同，有些人需要点九图，而有些人则需要将字体与图标一起切割出来。安卓开发人员在适配屏幕时也需要与设计师紧密合作。同时，设计师的交互和视觉工作与程序员的开发工作是同步进行的。在切图资源的命名过程中，稍有不慎就可能发生冲突。此外，还有一些现实问题无法避免，比如资源库中堆积了大量无用的切图，如果不花费大量时间清理，就会导致安装文件变得臃肿。还有时候开发人员会忽视一些公共资源，这需要在后期多次向切图人员索要资源进行处理。另外，开发出来的 Demo 与实际效果图不符时，就需要不断地检查和修改，以实现预期效果。

在设计过程中，我们应该保持虚心学习的态度，随时将自己的困惑和疑问提出来并记录下来。及时沟通和请教他人是提升设计能力的关键。只有这样，我们才能不断进步并做出更好的设计作品。

1. 手机客户端字体大小设计的重要性

在手机客户端的每个页面中，字体、字体大小和字体颜色都是不可或缺的元素。由于手机屏幕的特殊性质，字体大小显得尤为重要。为了确保手机显示效果的易读性，同时不违背设计意图，我们必须了解在电脑绘图时所使用的字号以及开发过程中采用的字号。

首先，通过一个例子来说明字体大小对设计的影响。如图 4.30 所示，展示了电脑绘图与手机适配过程的对比。左图是电脑设计效果图，该页面呈现了一个旅游选项，其中包括了多个洲际旅游分类以及每个洲的分页面地名（国名或城市名）。在此示例中，我们选择了“亚洲”作为主题，因此应该突出展示“亚洲”页面的视觉效果。在适配手机图形用户界面（GUI）时，为了达到良好的易读性，主标题（亚洲）和副标题（地名）的字号必须有所区别。然而，左图中两者的字号完全相同，导致问题出现。当内容页后者份量与分类标题相同时，用户无法一眼理解内容是在各个洲际之下的，无法达到设计的预期效果，用户体验不佳。

为解决这个问题，我们需要通过增加洲际的字号和底色的颜色来增强其视觉分量，使地名能够包含在洲际之中。这样可以更好地满足设计意图，提升用户体验效果，如图 4.30 所示。

在 Photoshop 中设计的文字　　在手机中适配的效果　　调整后的效果

图 4.30

2. 让设计与开发顺利接轨的字体规范

我们都知道，在用 Photoshop 绘制效果图时，通常使用“点”作为字体大小的单位。然而，在开发过程中，一般使用“sp”作为字体大小的单位。为了确保画图时的字号选择与手机适配效果保持一致，下面将以几个常用的字体效果为例，说明在 Photoshop 中和开发中字号的选择。

1）列表的主标题

通常情况下，列表的副标题的字号没有过多的要求，只要字体颜色和字号小于主标题即可。例如，腾讯新闻和 QQ 通讯录首页的列表主标题在 Photoshop 中的字号应采用 24 ～ 26 号左右，一行大概容纳 16 个字。而在开发过程中，对应的字号是 18sp，如图 4.31 所示。

腾讯新闻

QQ 通讯录

图 4.31

需要强调的是不同的字体，相同的字号，显示的大小也会不一样。比如，同样是 16 号字的楷体和黑体，楷体就显得比黑体小得多。

2）列表的副标题

一般情况下，列表的副标题的字号并没有太多的要求，只要字体颜色和字号小于主标题就可以了。

3）正文

正文字号的大小要求是每行必须要少于 22 个字。因为字数太多，字号就小，阅读起来就比较吃力。在计算机设计中正文字号要大于 16 号字体，在开发程序中，字号设置要大于 12 号字，如图 4.32 所示。

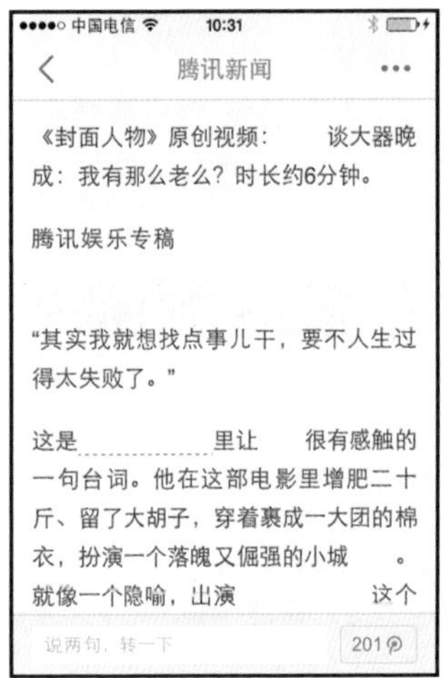

腾讯新闻 App 正文

大众点评 App 正文

去哪儿旅游 App 正文

图 4.32

4.5 字体配色的那点事

1. 配色不宜超过三种

在 App UI 设计中，我们应该避免使用超过三种颜色的配色方案。常见的色相包括赤橙黄绿青蓝紫等，这些色相之间的差异比较明显，因此选择主要色彩相对容易。我们可以采用对比色、临近色、冷暖色调互补等方式进行配色，或者直接从成功的作品中借鉴主辅色的调配方案，例如朱红点缀深蓝和明黄点缀深绿等。然而，我们在面对设计需求时可能会遇到许多复杂的色彩分配问题，如图 4.33 所示。

如上所述，根据网页信息的丰富程度，我们需要进一步划分色彩区域和文字信息的层次。然而，在遵循“网页颜色不超过三种”的原则下，我们只能寻找更多相同色系的配色方案来完善设计，这涉及调整颜色的饱和度和明度。

2. 只需要明白三个关键词：叠加、柔光和透明度

在设计中，要掌握叠加、柔光和透明度这三个关键词。然而，必须注意透明度与填充之间的区别，因为透明度作用于整个图层，而填充则不会影响“混合选项”的效果，如图 4.34 所示。

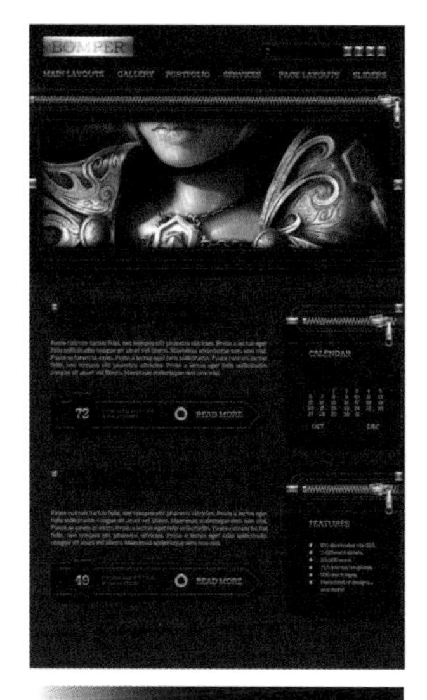

图 4.33

在进行叠加和柔光处理之前，我们首先需要了解配色的原理。通过使用纯白色和纯黑色进行叠加和柔光的混合模式，再从中选择一个颜色，可以获得最匹配的颜色。这与调整饱和度和明度，并通过透明度选择适合的辅助颜色的方法类似。

如图 4.35 所示，我们只需调整叠加 / 柔光模式的黑白色块的 10% 至 100% 的透明度，即可获得 40 种差异明显的配色方案。通过这种技巧，每种颜色都能轻松获得接近完美的“天然配色”。由于叠加和柔光模式不对图像的最高亮部分和最阴影部分进行调整，因此这种配色方法对纯黑色和纯白色没有影响。

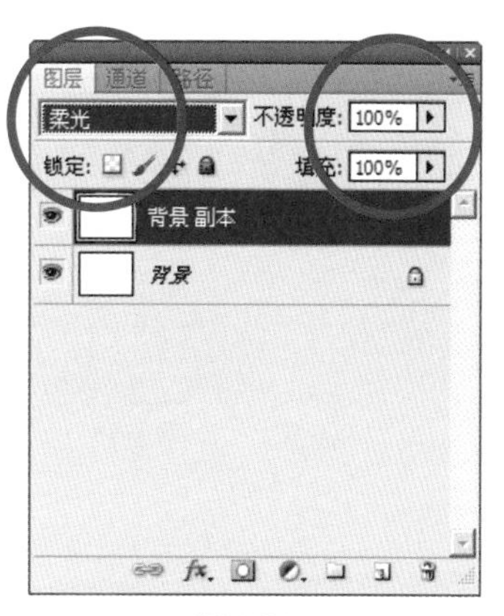

图 4.34

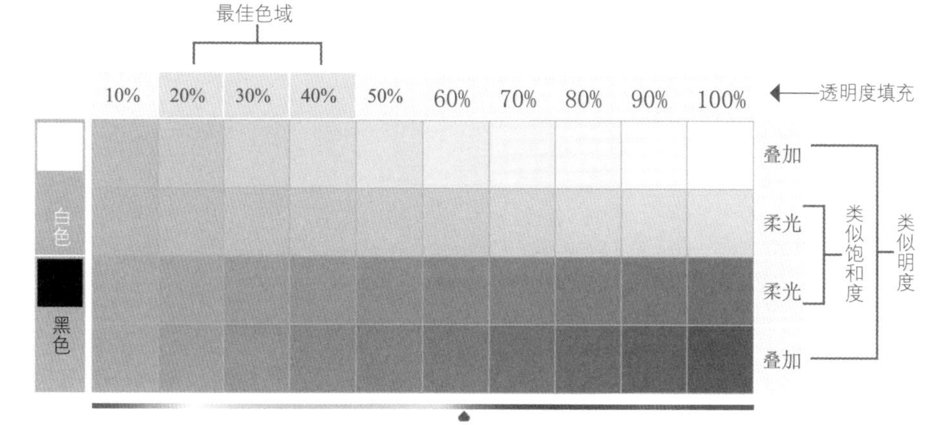

图 4.35

3. 实战演示

有了之前的讲解，我们也来尝试一下！相信只要你们理解了上述方法，就能够在设计工作中灵活运用。

步骤如下所示。

（1）首先选择一个黑色或白色或黑白渐变点、线、面或者字体。

（2）再通过混合模式选择叠加或柔光。

（3）最后调整不透明度，从 1% ～ 100% 随意调试，也可以直接输入一个整数值。轻质感类页面我们可以选择 20% ～ 40% 的不透明度，重质感类可以选择 60% 以上，如图 4.36 所示。

方法延伸：依照前面的方法，再运用到一个按钮上。通过混合选项中的“阴影”“外发光”“描边”“内阴影”“内发光”等选项自由的调试，如图 4.37 所示。

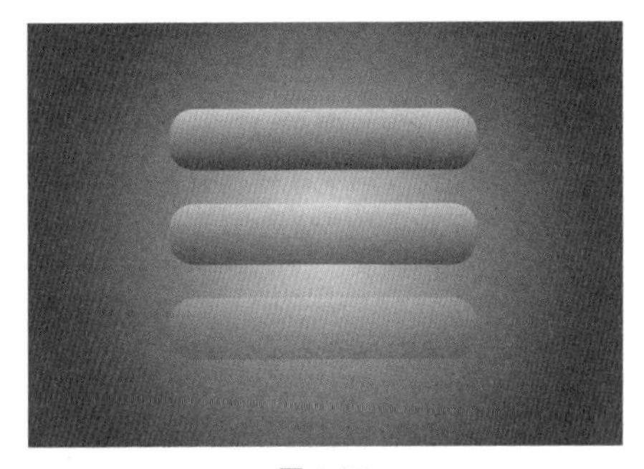
图 4.36

图 4.37

第 5 章

UI 的质感表现

在本章中，我们将学习如何使用 Photoshop 来呈现不同的质感，例如金属、玻璃、木质、纸质、皮革、陶瓷和塑料光滑表面等。熟练掌握这些技巧将为今后的 UI 设计带来极大的便利。

5.1 胶布质感

案例综述

在本例中，我们将学习如何使用钢笔工具绘制创可贴的形状，利用画笔工具进行涂抹，以突出创可贴中间部分的立体感。同时，通过椭圆工具和图层样式的应用，添加圆点，为创可贴增添透气的效果，如图 5.1 所示。

图 5.1

设计规范

尺寸规范	1280×1024 像素
主要工具	钢笔 / 画笔图层样式
文件路径	Chapter05/5-1.psd
视频教学	5-1.avi

配色分析

黄褐色的胶布可以给人一种温暖、温馨的感觉。这种颜色通常被认为是具有温暖、沉稳和大方的特性。因此，在本例中选择黄褐色作为胶布的颜色，可以进一步突出这种感觉。

操作步骤：

Step 01 新建文档。执行“文件”→“新建”命令，或按下快捷键 Ctrl+N，打开“新建”对话框，设置宽度和高度分别为 1280 像素和 1024 像素，分辨率为 72 像素 / 英寸，完成后单击“确定”按钮，新建一个空白文档，如图 5.2 所示。

Step02 填充背景色。单击前景色图标，在打开的“拾色器（前景色）”对话框中设置参数，改变前景色，按下快捷键 Alt+Delete 为背景填充前景色，在“背景”图层上右击，在弹出的下拉列表中选择“转换为智能滤镜”命令，得到“图层 0”图层，如图 5.3 所示。

图 5.2

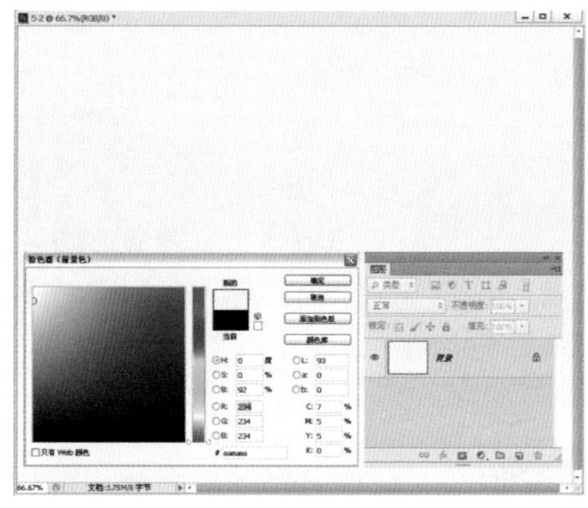

图 5.3

Step03 绘制外形。选择“钢笔工具”，在图像上绘制创可贴外形，按下快捷键 Ctrl+Enter，将路径转换为选区，新建“图层 1”图层，为其填充与创可贴接近的颜色，如图 5.4 所示。

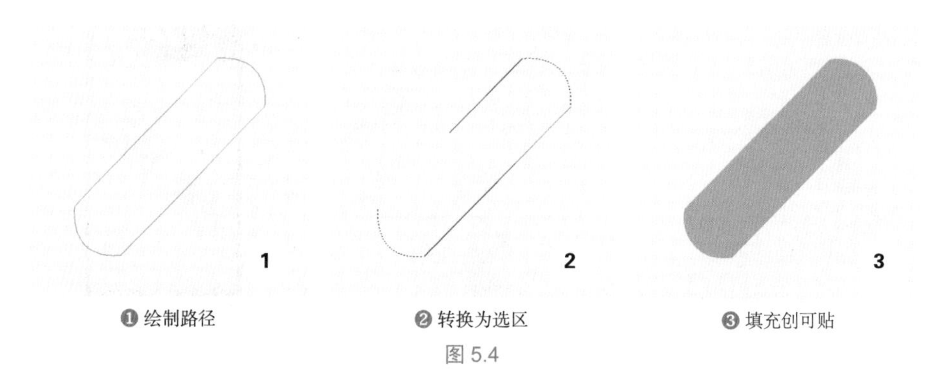

图 5.4

Step04 画笔绘制。选择“画笔工具”，在选项栏中选择柔角的笔尖，通过不断地改变前景色的颜色在图像上涂抹，绘制出创可贴的立体感，如图 5.5 所示。

提示

在使用画笔工具绘制的过程，可以通过按住键盘上 { 或 } 键来调整画笔笔头的大小。在制作的时候我们还可以通过吸管工具来吸取原文件中的颜色，快速改变前景色的颜色，然后进行涂抹。

Step05 绘制厚度感。再次选择“钢笔工具”，在图像上绘制矩形框，将其转换为路径，新建“图层 3”图层，填充比刚才淡一点的颜色，表现创可贴的厚度，如图 5.6 所示。

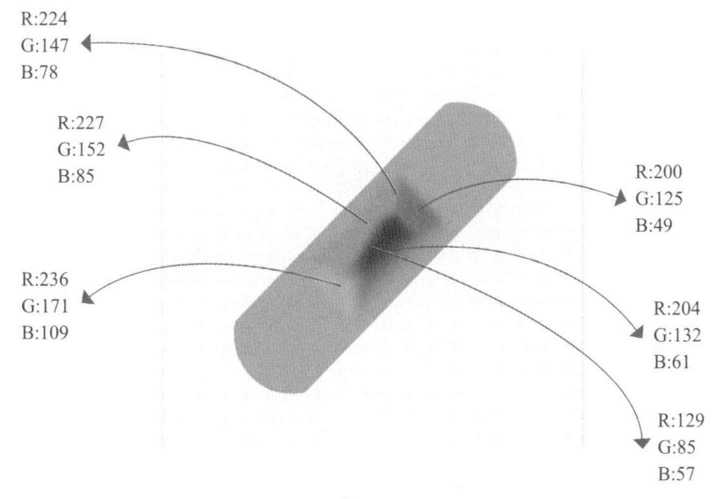

图 5.5

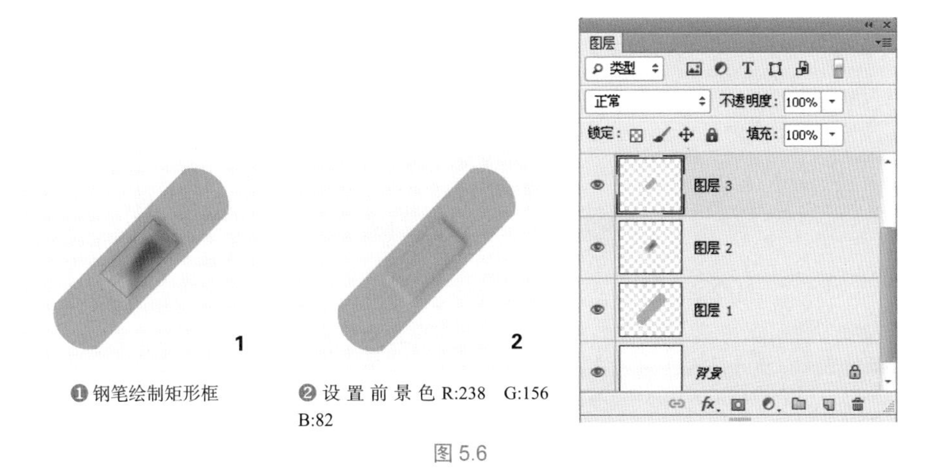

图 5.6

Step06 定义图案。按下快捷键 Ctrl+O，在打开的“打开”对话框中，选择“质感 - 布料 .jpg”文件，将其打开，执行“编辑”→“定义图案”命令，在打开的“图案名称”对话框中，单击“确定”按钮，即可将其定义为图案，如图 5.7 所示。

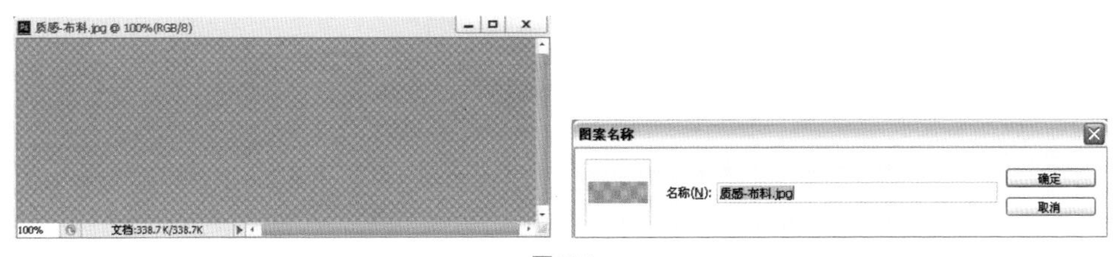

图 5.7

Step07 添加纹理。将“图层 1”进行复制，将复制后的图层移动到“图层”面板的上方，打开“图层样式”对话框，选择“图案叠加”选项，选择刚才定义的图案，单击“确定”按钮，将该图层不透明度降低，为其添加纹理效果，如图 5.8 所示。

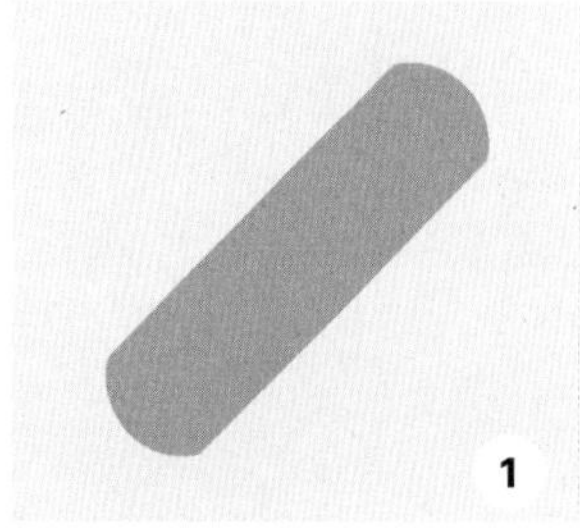

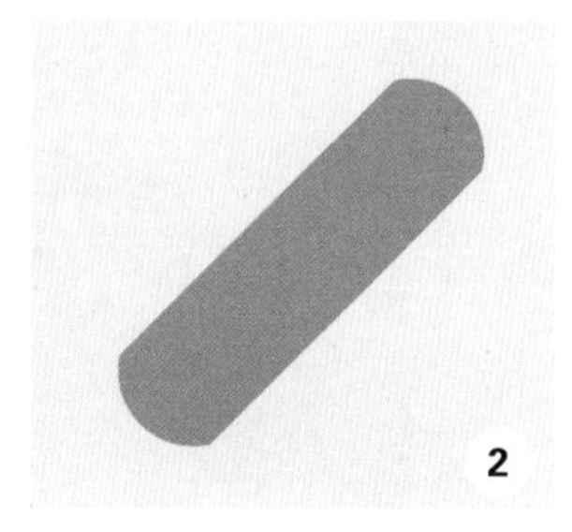

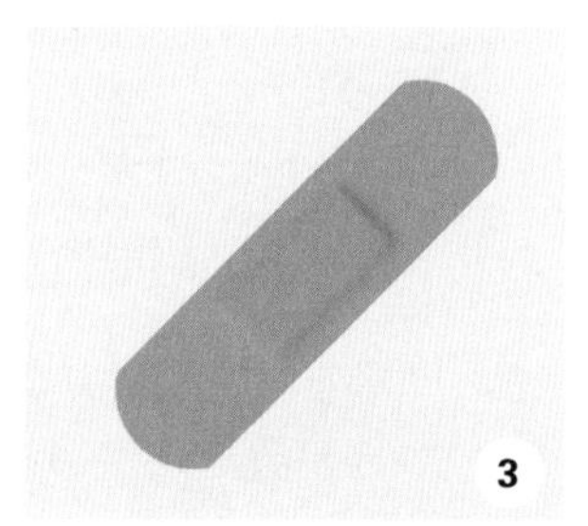

❶ 复制图层，移动位置到最上方
❷ 选择“图案叠加”选项，选择刚才定义的图案
❸ 降低图层不透明度为 30%

图 5.8

Step08 绘制小圆点。选择“椭圆工具”绘制小圆点，添加“图层样式”效果，然后按住 Alt 键移动位置进行复制，通过不断地复制和移动位置，完成效果，最后将小圆点进行合并形状，如图 5.9 所示。

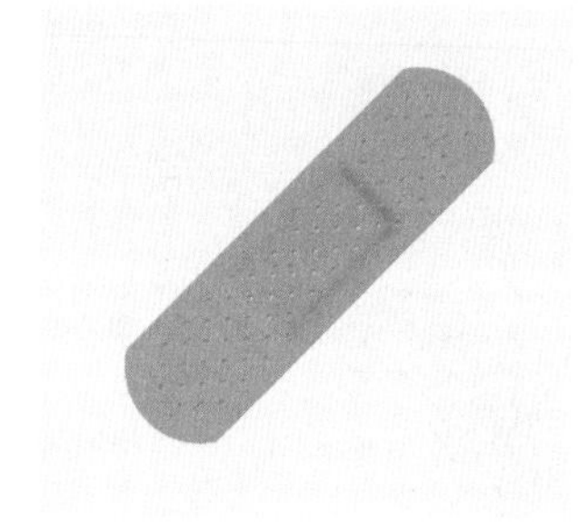
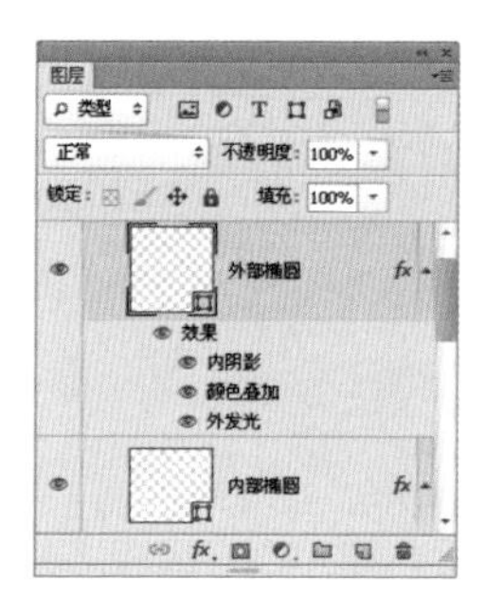

选择“内阴影”选项，设置颜色为 R:196 G:123 B:55，不透明度为 100%、距离为 3 像素、阻塞为 19%、大小为 4 像素

选择“颜色叠加”选项，设置混合模式为“线性加深”、颜色为 R:251 G:203 B:164，不透明度为 58%

选择“外发光”选项，设置混合模式为“正常”、不透明度为 82%、颜色为 R:242 G:180 B:114，大小为 6 像素

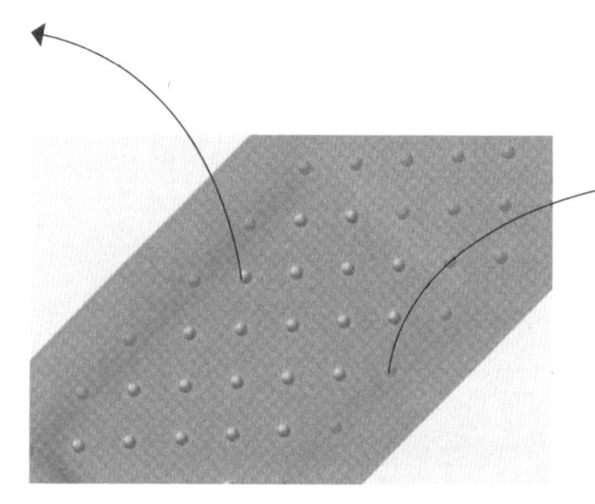

选择“内阴影”选项，设置混合模式为“正常”、颜色为 R:170 G:103 B:25，设置大小 29、距离 3 像素、阻塞 19%、大小 4 像素

选择“颜色叠加”选项，设置混合模式为“线性加深”、颜色为 R:231 G:178 B:135

选择“外发光”选项，设置混合模式为“正常”、不透明度为 36%、颜色为 R:242 G:180 B:114，设置大小为 5 像素

图 5.9

5.2 玻璃质感

案例综述

在本例中，我们将学习如何运用圆角矩形工具来创建电池的基本形状。接着，通过应用“图层样式”来增添其外观效果。最后，利用钢笔工具、矩形选框工具和渐变工具，绘制电池的容量部分，从而使得整体效果更加出色，如图 5.10 所示。

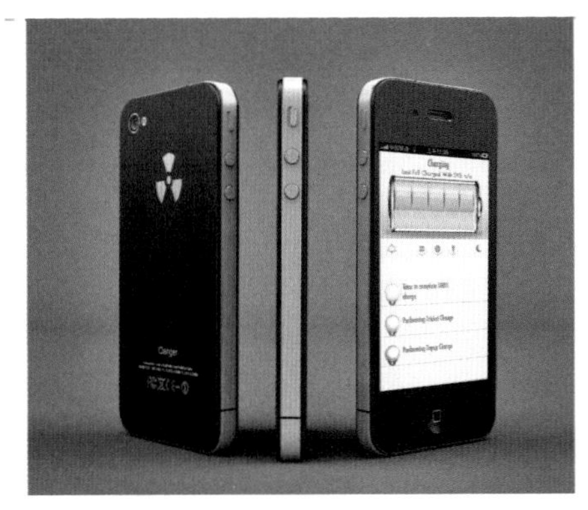

图 5.10

设计规范

尺寸规范	1280×1024 像素
主要工具	圆角矩形工具、图层样式
文件路径	Chapter05/5-2.psd
视频教学	5-2.avi

配色分析

玻璃材料给人一种晶莹剔透的视觉感受。在本例中，我们选用绿色来表达电池能源的安全性、可靠性以及生命力和活力。

操作步骤：

Step 01 新建文档。执行“文件”→“新建”命令，或按下快捷键 Ctrl+N，打开“新建”对话框，设置宽度和高度分别为 1280 像素和 1024 像素，分辨率为 72 像素 / 英寸，完成后单击“确定”按钮，新建一个空白文档，如图 5.11 所示。

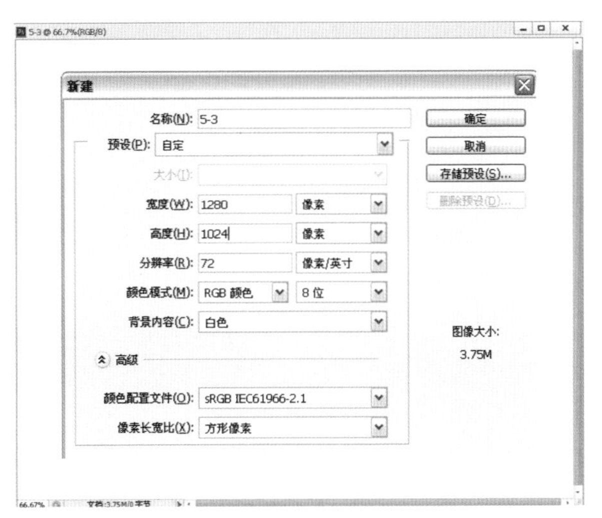

图 5.11

Step 02 填充背景色。单击前景色图标，在打开的“拾色器（前景色）”对话框中设置参数，改变前景色，按下快捷键 Alt+Delete 为背景填充前景色，在“背景”图层上右击，在弹出的快捷菜单中选择“转换为智能滤镜”选项，得到“图层 0”图层，如图 5.12 所示。

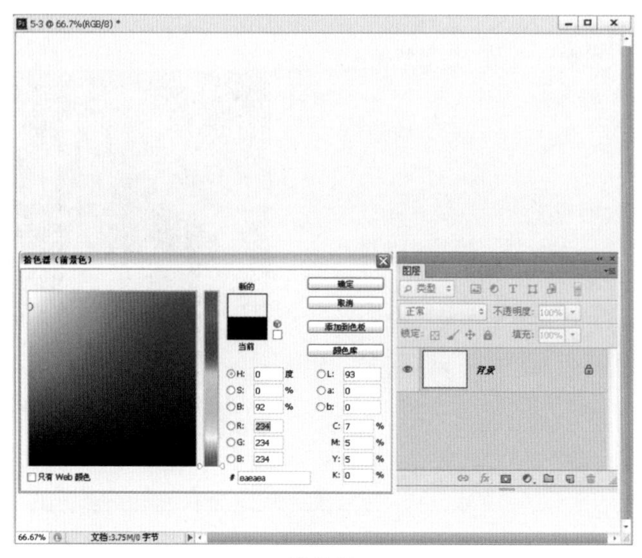

图 5.12

Step03 绘制基本形。选择“钢笔工具”，在选项栏中选择“路径”选项，在画布上绘制基本形，按下快捷键 Ctrl+Enter，将路径转换为选区，设置前景色为 R:116 G:116 B:116，新建“图层 1”图层，为选区填充灰色，按下快捷键 Ctrl+D，取消选区，如图 5.13 所示。

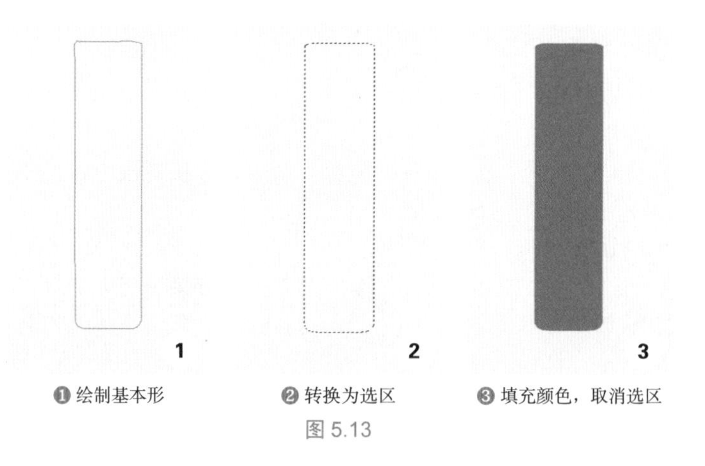

图 5.13

提示

为选区填充颜色有两种方法：一是按下快捷键 Alt+Delete，可为选区填充前景色。二是选择“油漆桶工具”，在选区内单击，也可为选区填充前景色。

Step04 添加效果。将“图层 1”图层的“图层样式”对话框打开，选择“内阴影”“渐变叠加”选项，设置参数，添加效果，如图 5.14 所示。

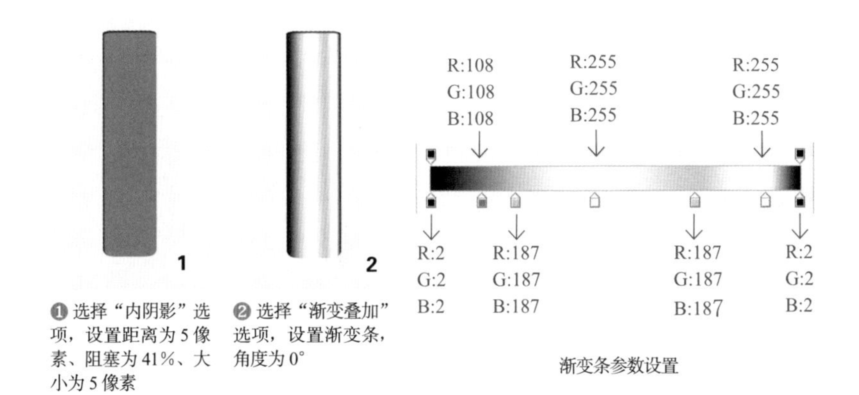

图 5.14

Step05 绘制电池外形。选择“矩形工具”，在选项栏中选择“形状”选项，在画布上绘制矩形，在“图层”面板生成“形状 1 ”图层，打开该图层的“图层样式”对话框，选择“斜面和浮雕”“渐变叠加”选项，设置参数，为外形添加效果，如图 5.15 所示。

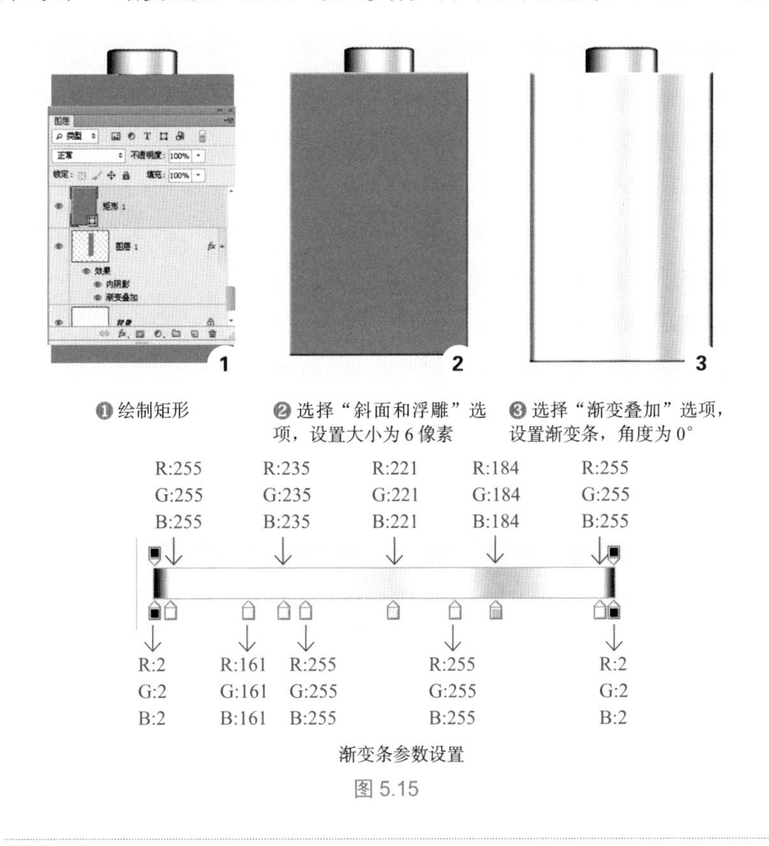

图 5.15

提示

“渐变叠加”“颜色叠加”“图案叠加”效果类似于“渐变”“纯色”“图案”填充图层，只不过它是通过图层样式的形式进行内容叠加的。

Step06 绘制圆角矩形。选择“圆角矩形工具”，在选项栏中设置半径为 25 像素，在图像上绘制形状，将该图层的不透明度降低为 7%、填充度降低为 95%，使其呈半透明效果，如图 5.16 所示。

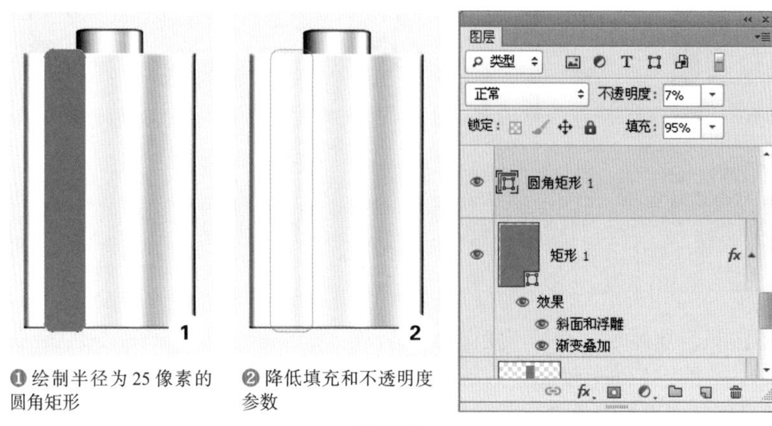

❶绘制半径为 25 像素的圆角矩形　❷降低填充和不透明度参数

图 5.16

Step07 改变大小。将“圆角矩形 1”图层进行复制，得到“圆角矩形 1 副本”图层，将该图层的不透明度提高到 70%，填充提高到 100%，按下快捷键 Ctrl+T，执行“自由变换”命令，将形状缩小，按下 Enter 键确认操作，如图 5.17 所示。

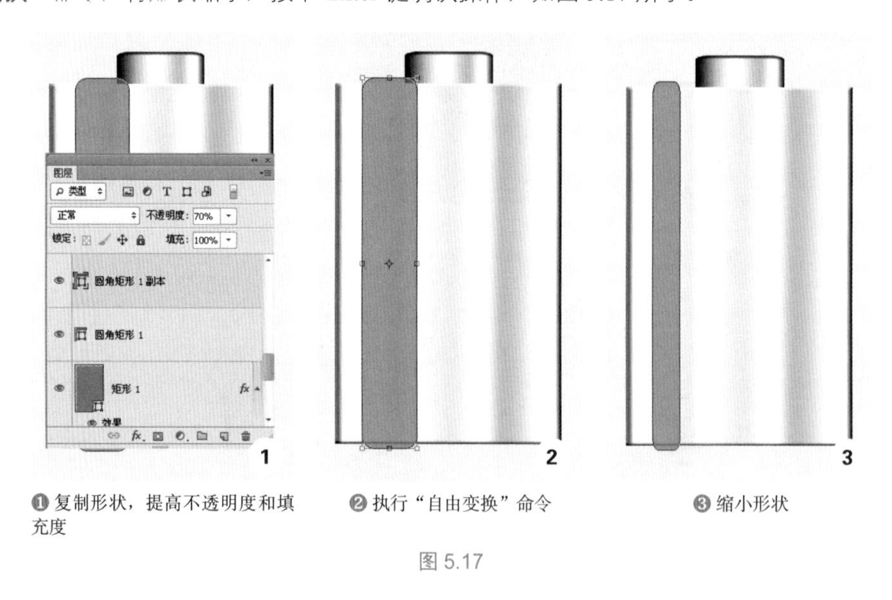

❶复制形状，提高不透明度和填充度　❷执行“自由变换”命令　❸缩小形状

图 5.17

提示

执行“自由变换”命令后，在图像周围出现控制点，选择右边中间的节点，向左拖动即可将图像变小。

Step08 绘制电池外围。选择“钢笔工具”，绘制形状，新建图层，填充黑色，打开该图层的“图层样式”对话框，选择“渐变叠加”“内阴影”选项，设置参数，为其添加效果，如图 5.18 所示。

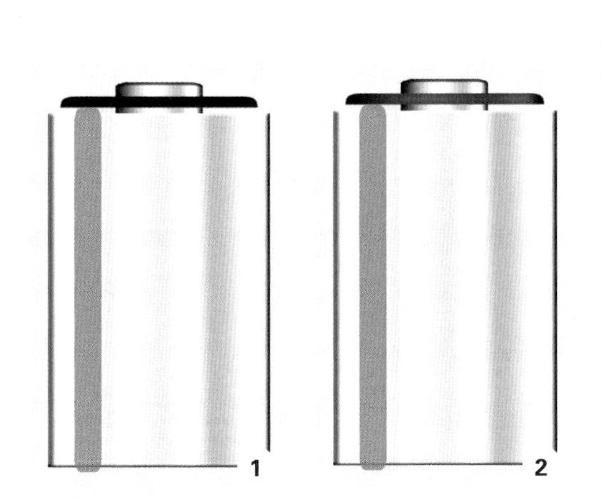

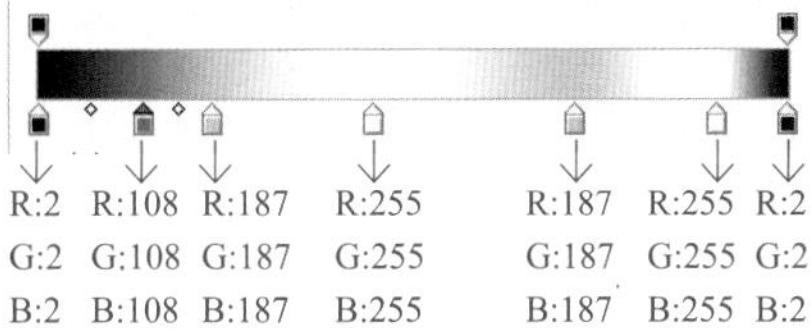

渐变条参数设置

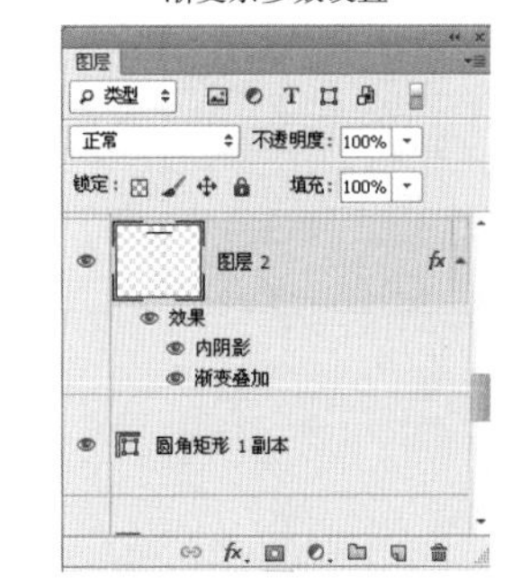

❶ 钢笔绘制形状
❷ 添加“图层样式”效果，选择“斜面和浮雕”选项，设置大小为 6 像素，选择“渐变叠加”选项，设置渐变条，角度为 0°

图 5.18

Step 09 复制形状，改变大小。将“图层 2”图层进行复制，得到“图层 2 副本”图层，改变大小和位置，打开“图层样式”对话框，去掉“斜面和浮雕”效果，选择“内阴影”选项，设置参数，“渐变叠加”选项参数不变，如图 5.19 所示。

Step 10 复制形状，垂直翻转。将“图层 2”图层和“图层 2 副本”图层选中，按住 Alt 键移动到电池的最下方，可将其进行复制，按下快捷键 Ctrl+T，执行“垂直翻转”命令，按下 Enter 键确认，如图 5.20 所示。

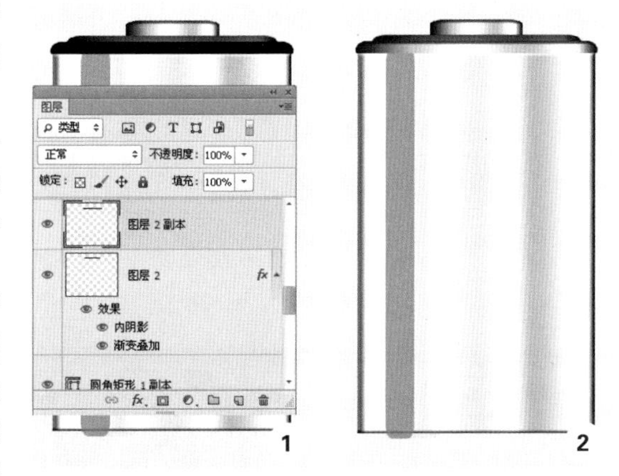

❶ 复制形状，改变大小和位置
❷ 去掉“斜面和浮雕”效果，选择“内阴影”选项，设置阻塞为 41%、大小为 24 像素

图 5.19

Step 11 绘制电池容量。选择“矩形选框工具”，绘制矩形选区，新建图层，选择“渐变工具”绘制渐变条，在选区内拖曳，为选区添加渐变色，如图 5.21 所示。

Step 12 继续绘制电池容量。选择“钢笔工具”，绘制电池容量下方棱角，将其转换为选区，新建“图层”，选择“渐变工具”绘制渐变条，为选区填充渐变色，如图 5.22 所示。

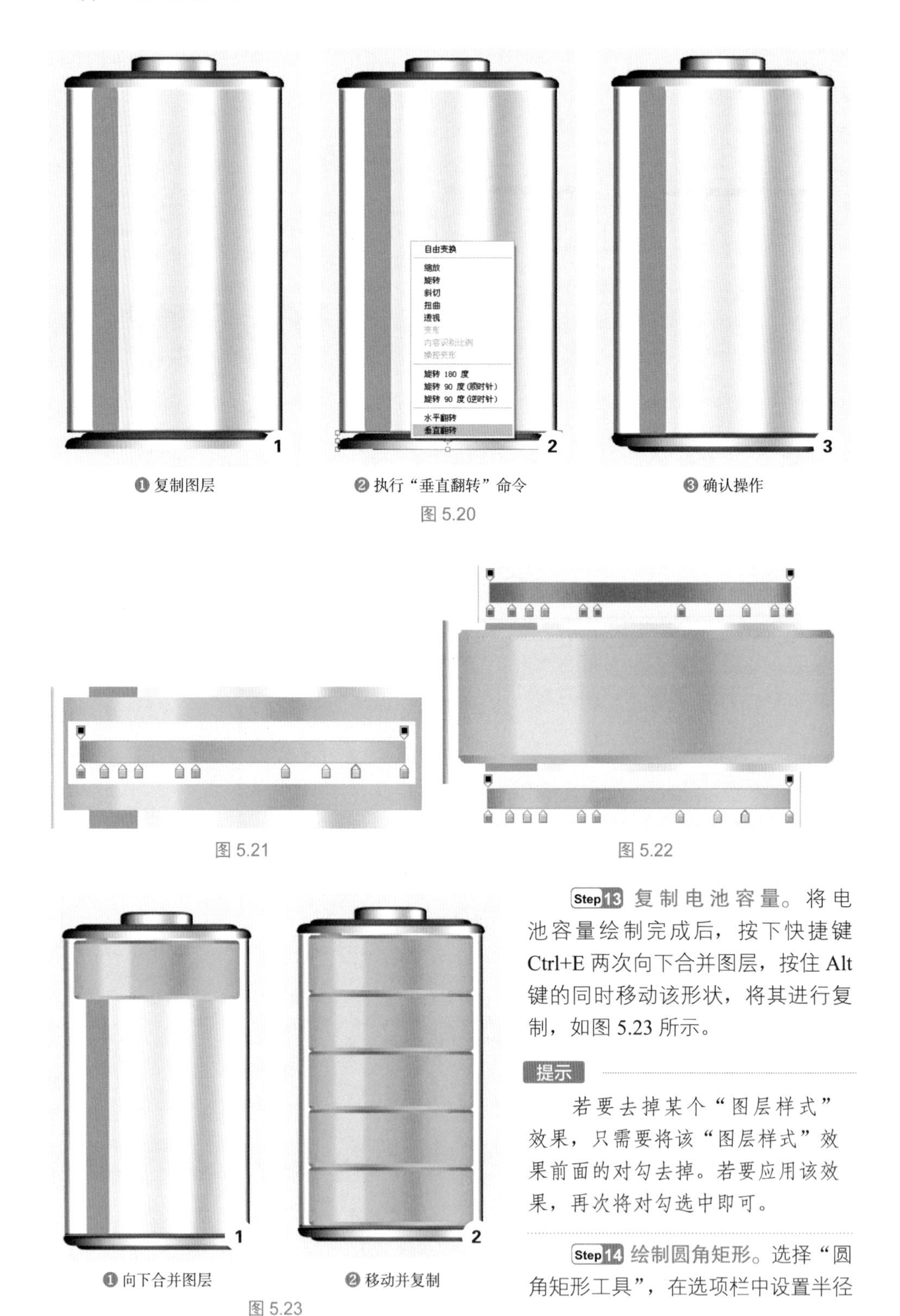

❶ 复制图层　❷ 执行“垂直翻转”命令　❸ 确认操作

图 5.20

图 5.21

图 5.22

❶ 向下合并图层　❷ 移动并复制

图 5.23

Step13 复制电池容量。将电池容量绘制完成后，按下快捷键 Ctrl+E 两次向下合并图层，按住 Alt 键的同时移动该形状，将其进行复制，如图 5.23 所示。

提示

若要去掉某个“图层样式”效果，只需要将该“图层样式”效果前面的对勾去掉。若要应用该效果，再次将对勾选中即可。

Step14 绘制圆角矩形。选择“圆角矩形工具”，在选项栏中设置半径为 25 像素，设置前景色为白色，在图像上绘制形状，分别改变这个形状的不透明度和填充参数，完成效果，如图 5.24 所示。

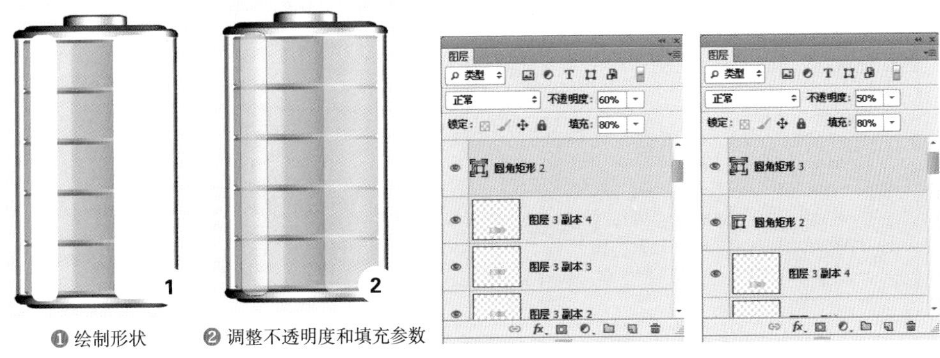

图 5.24

5.3 木纹质感

案例综述

木纹效果通常应用于按钮或其他物体的材料上。在本例中，我们将学习如何使用素材文件，结合阴影、斜面和浮雕等图层样式来制作出逼真的木纹效果，如图 5.25 所示。

图 5.25

设计规范

尺寸规范	1280×1024 像素
主要工具	圆角矩形工具、图层样式
文件路径	Chapter05/5-3.psd
视频教学	5-3.avi

配色分析

在本例中，我们将制作木纹效果。黄色能够传达光辉、庄重、高贵以及忠诚的情感和感受。

操作步骤：

Step01 新建文档。执行“文件”→“新建”命令，或按下快捷键 Ctrl+N，打开“新建”对话框，设置宽度和高度分别为 1280 像素和 1024 像素，分辨率为 72 像素 / 英寸，完成后单击“确定”按钮，新建一个空白文档，如图 5.26 所示。

Step 02 打开素材。按下快捷键 Ctrl+O，在打开的“打开”对话框中选择“质感 - 木纹 .jpg”素材，将其打开，如图 5.27 所示。

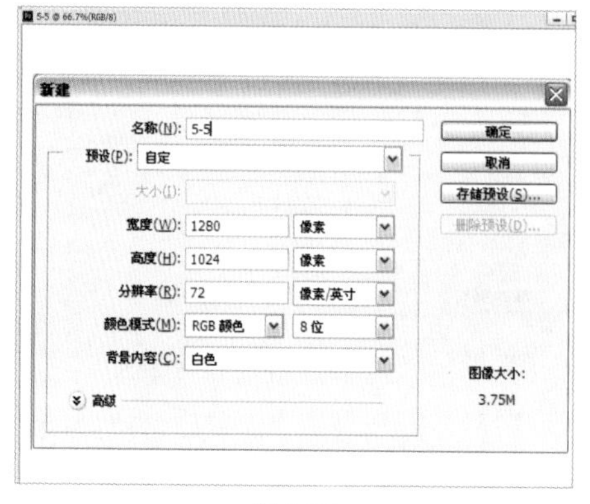

图 5.26

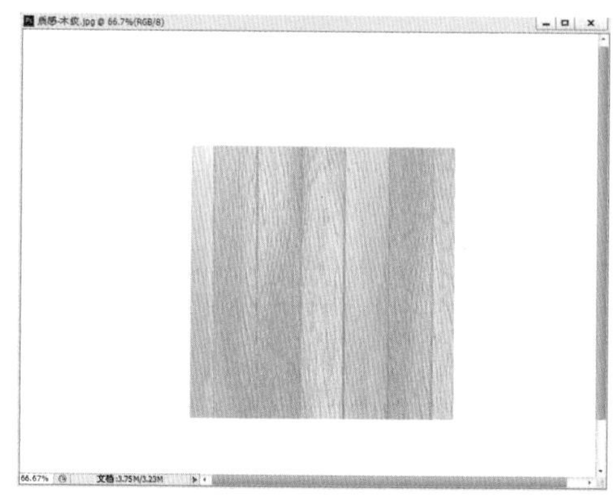

图 5.27

Step 03 移动素材。选择“魔棒工具”，在图像中白色的背景上单击，将白色背景建立为选区，按下快捷键 Ctrl+Shift+I，将选区反选，将木纹建立为选区。使用“移动工具”，将木纹移动到刚才新建的文档中，为其添加“内阴影”图层样式效果，如图 5.28 所示。

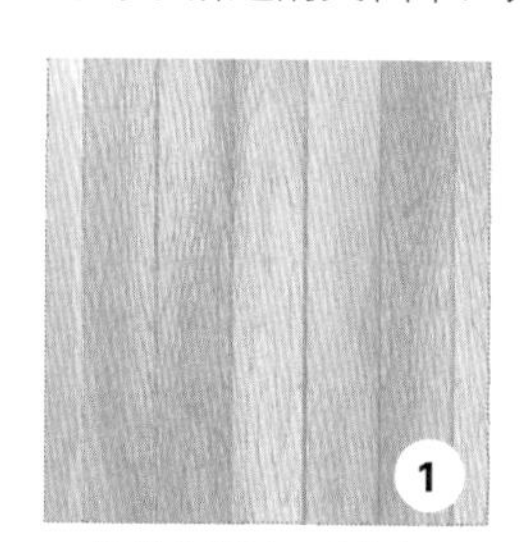

❶ 建立选区，反选选区

❷ 移动素材

❸ 选择“内阴影”选项，设置颜色为 R:68 G:28 B:0，不透明度为 53%、距离为 13 像素、阻塞为 39%、大小为 46 像素

图 5.28

提示

使用魔棒工具时，按住 Shift 键单击可添加选区；按住 Alt 键单击可在当前选区中减去选区；按住 Alt+Shift 键单击可得到与当前选区相交的选区。

Step 04 为素材添加效果。打开“质感 - 木纹 2.jpg”素材，使用同样的方法将其移动到文档中，为其添加“内阴影”“颜色叠加”效果，如图 5.29 所示。

Step 05 建立选区。在两张木纹素材中，使用“钢笔工具”建立选区，按下快捷键 Ctrl+J，将选区复制，然后按下快捷键 Ctrl+T，改变选区的大小、角度和位置，取消选区，如图 5.30 所示。

Step 06 添加效果。打开“图层 3”图层的“图层样式”对话框，选择“斜面和浮雕”“投影”选项，设置参数，为其添加效果，如图 5.31 所示。

❶ 选择“内阴影”选项，设置颜色为 R:68　G:28　B:0，不透明度为 81%、距离为 7 像素、阻塞为 21%、大小为 43 像素

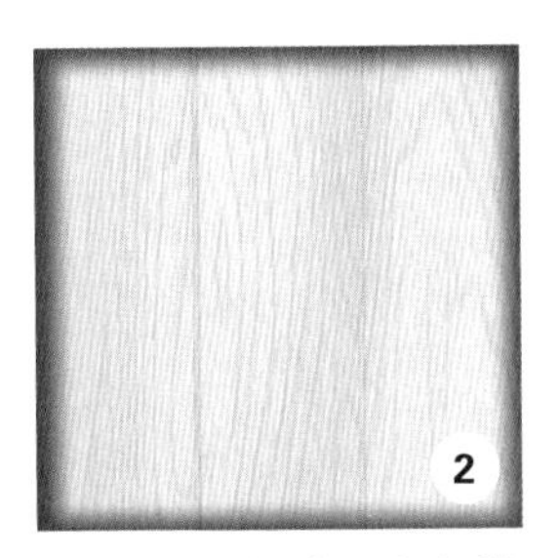

❷ 选择“颜色叠加”选项，设置混合模式为“滤色”、颜色为 R:255　G:220　B:171，不透明度为 46%

图 5.29

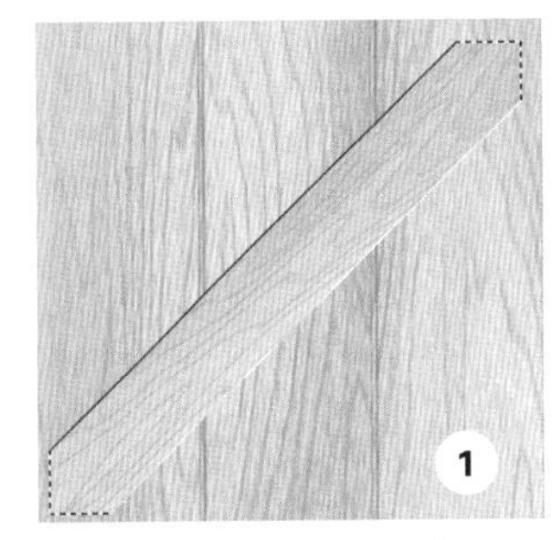

❶ 复制选区，自由变换

❷ 取消选区

图 5.30

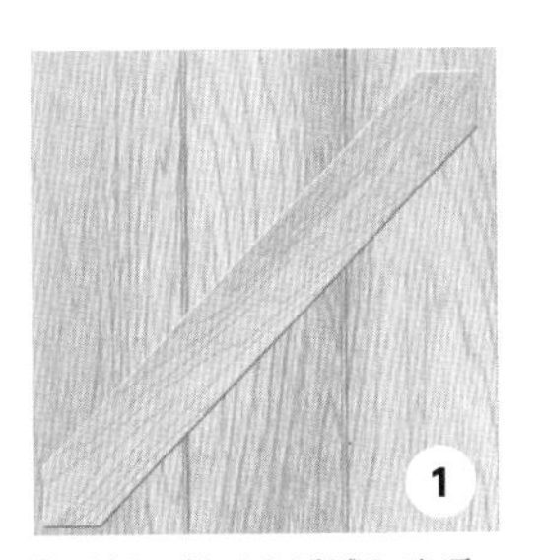

❶ 选择“斜面和浮雕”选项，设置大小为 2 像素、高光模式颜色为 R:255　G:220　B:169，不透明度为 100%、阴影模式颜色为 R:90　G:50　B:31

❷ 选择“投影”选项，设置颜色为 R:85　G:60　B:38，距离为 5 像素、大小为 24 像素

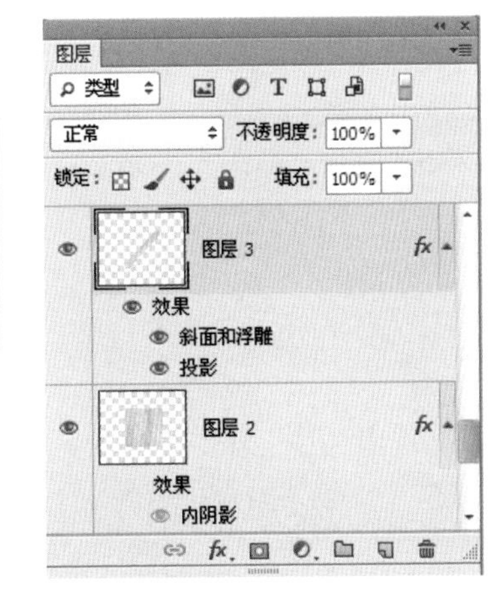

图 5.31

Step07 绘制木框右侧。使用同样的方法在木纹素材中建立选区，将选区复制，得到“图层 4”图层，为该图层添加“斜面和浮雕”图层样式效果，如图 5.32 所示。

❶建立选区，复制选区

❷选择“斜面和浮雕”选项，设置大小为 1 像素、高光模式为“划分”，颜色为 R:255 G:201 B:125，不透明度为 100%、阴影模式颜色为 R:90 G:50 B:31

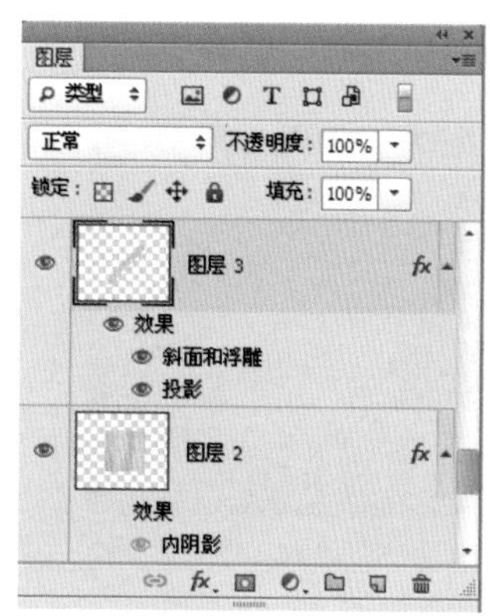

图 5.32

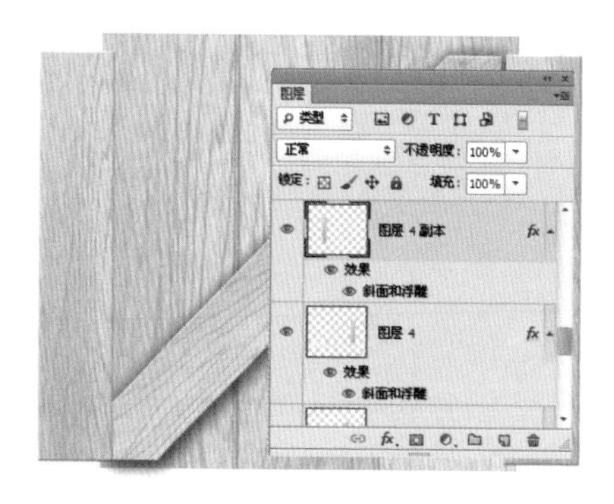

图 5.33

Step 08 绘制木框左侧。将“图层 4”图层进行复制，得到“图层 4 副本”图层，按下快捷键 Ctrl+T，在控制框内右击，在弹出的快捷菜单中选择“水平翻转”选项，将右侧框进行翻转，移动位置，如图 5.33 所示。

提示

在制作木纹效果的过程中，我们需要在木纹素材上建立一个选区。需要注意的是，你建立的选区不一定与文中描述的一模一样，只要能够准确地选取出木纹的基础部分即可。重要的是要掌握木纹的颜色和选取的角度。

Step 09 绘制木框上下侧。使用同样的方法在木纹素材中建立选区，将选区复制，选择“图层 4”图层，右击，在弹出的快捷菜单中选择“拷贝图层样式”选项，然后选择复制后得到的图层，右击，在弹出的快捷菜单中选择“粘贴图层样式”选项，将图层样式效果进行复制，如图 5.34 所示。

❶复制选区，得到木框上侧

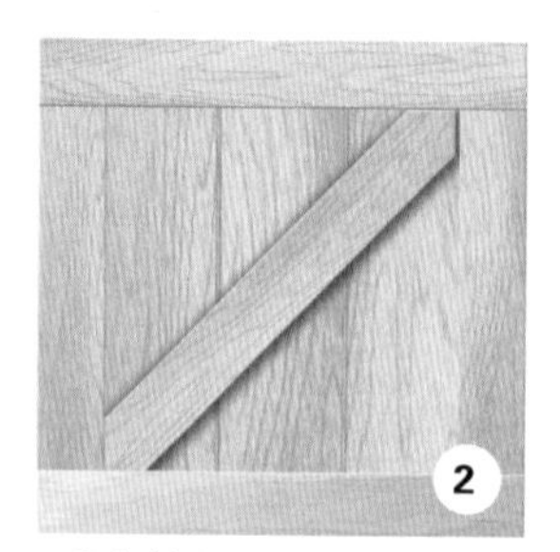

❷复制选区，得到木框下侧

❸复制选区，得到木框上侧

图 5.34

Step 10 制作钉子。使用“椭圆选框工具”在木纹素材中建立一个正圆选区，复制选区，得到“图层 8”图层，为其添加“内阴影”“颜色叠加”效果，如图 5.35 所示。

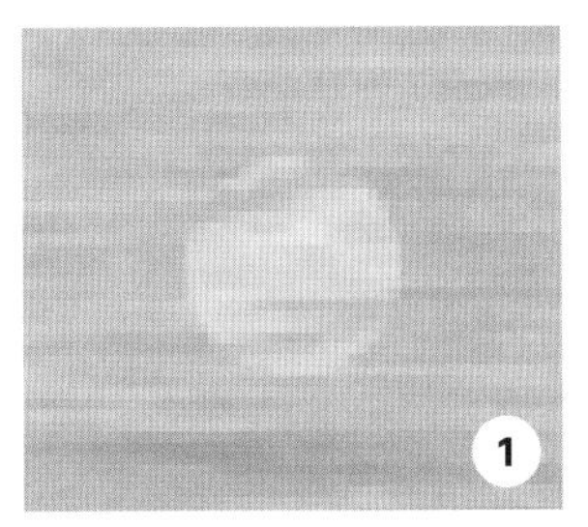

❶ 复制选区，得到钉子

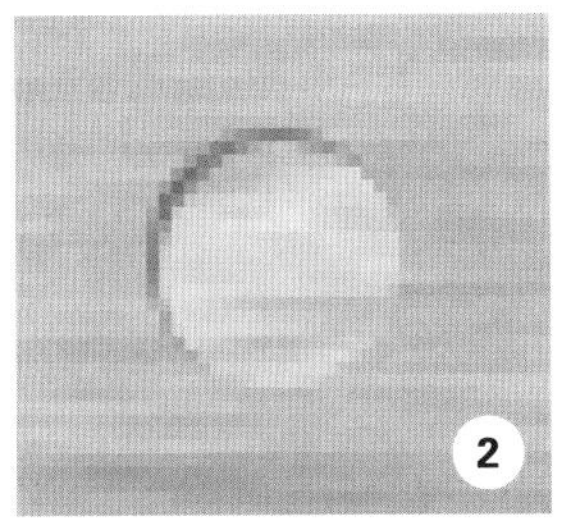

❷ 选择“内阴影”选项，设置不透明度为 38%、距离为 1 像素

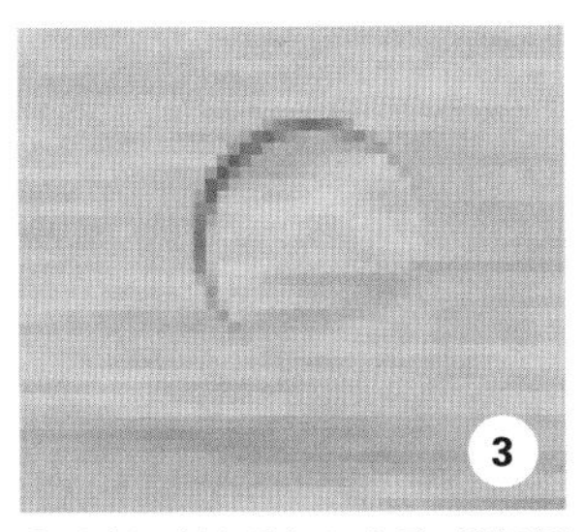

❸ 选择“颜色叠加”选项，设置颜色为 R:144　G:107　B:74，不透明度为 18%

图 5.35

Step 11 复制钉子。将“图层 8”图层进行多次复制，移动到木框的上下左右位置，如图 5.36 所示。

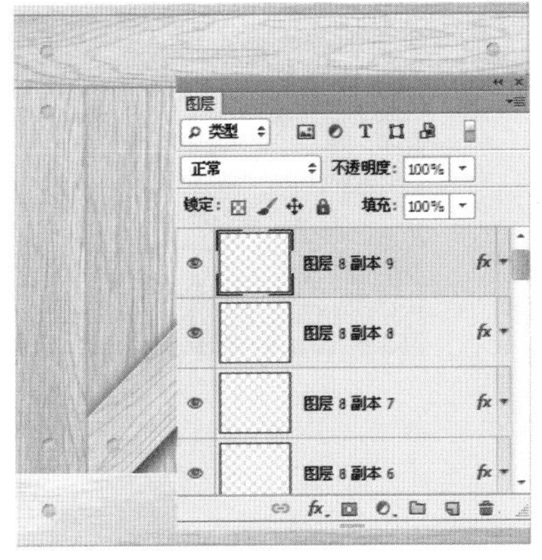

图 5.36

提示

在最后一步中，我采取了一种简便的方法，只为钉子设置了一种效果，并将它复制到木框的各个部位。如果想要增加更多的细节，可以对某些钉子效果的角度进行调整，以获得更加完美的效果。

5.4 纸张质感

案例综述

在本例中，我们将学会使用套索工具绘制任意形状，形成纸片的效果，通过复制图层，改变颜色来为纸片添加阴影，使其产生立体的厚度感，如图 5.37 所示。

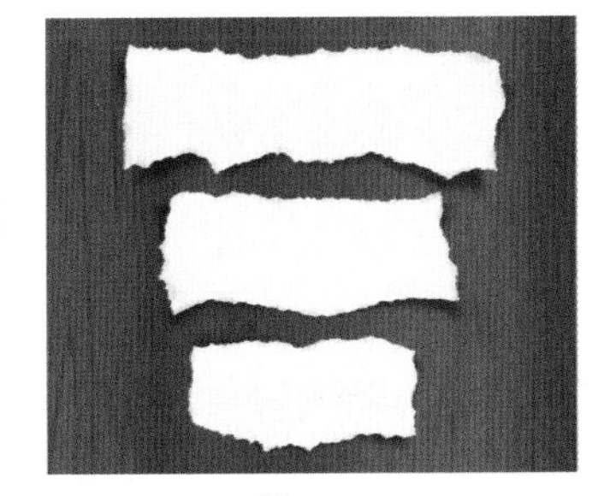
图 5.37

设计规范

尺寸规范	1280×960 像素
主要工具	圆角矩形工具、图层样式
文件路径	Chapter05/5-4.psd
视频教学	5-4.avi

配色分析

白色带给人单调、朴素、坦率、纯洁的心理感受。

操作步骤：

Step 01 打开素材。执行“文件”→“打开”命令，或按下快捷键 Ctrl+O，打开“打开”对话框，选择“5-4.jpg”素材文件，单击“打开”按钮，将其打开，如图 5.38 所示。

Step 02 绘制选区。选择“套索工具”，在图像上绘制选区，新建“图层 1”图层，为选区填充白色，按下快捷键 Ctrl+D，取消选区，如图 5.39 所示。

图 5.38

图 5.39

Step 03 绘制阴影。将该图层进行复制，得到“图层 1 副本”图层，按下快捷键 Ctrl+T，改变图像的旋转角度，选择该图层的选区，如图 5.40 所示。

Step 04 取消选区。新建“图层 2”图层，填充黑色，按下快捷键 Ctrl+D，取消选区，如图 5.41 所示。

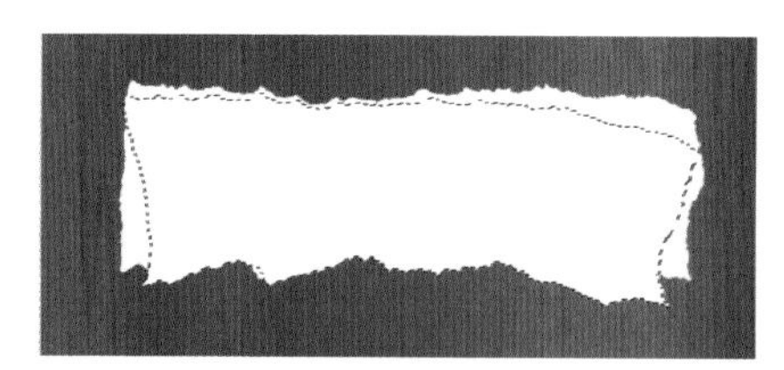

图 5.40

图 5.41

Step 05 降低不透明度。选择该图层，将不透明度降低为 15%，使效果更加自然，如图 5.42 所示。

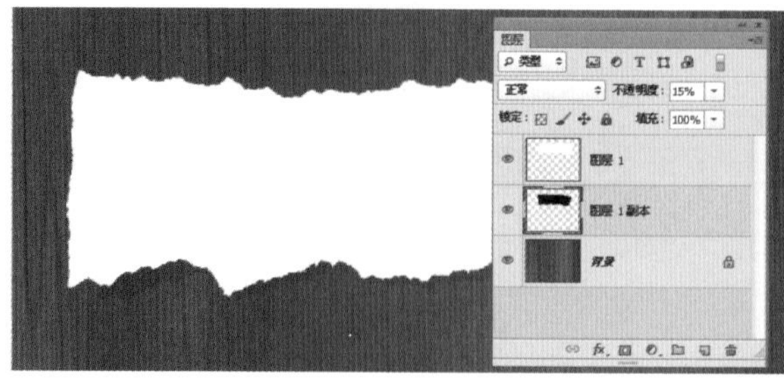

图 5.42

Step 06 羽化选区。选择副本图层的选区，执行“选择”→“修改”→“羽化”命令，在打开的“羽化选区”对话框中，设置羽化半径为 10 像素，如图 5.43 所示。

Step 07 填充颜色。选择“背景”图层，单击“图层”面板下方创建新图层按钮，新建“图层3”图层，填充黑色，如图 5.44 所示。

Step08 降低不透明度。选择该图层，将不透明度降低为 50%，使虚边更加柔和，如图 5.45 所示。

Step09 绘制其他纸片。使用同样的方法，绘制其他不规则形状的纸片，为其添加阴影，完成效果，如图 5.46 所示。

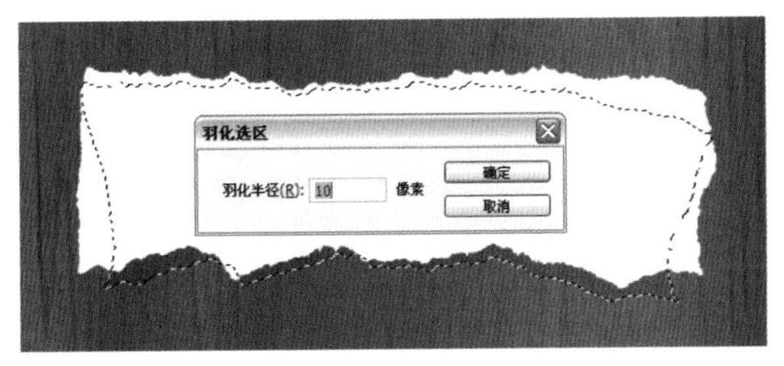

图 5.43

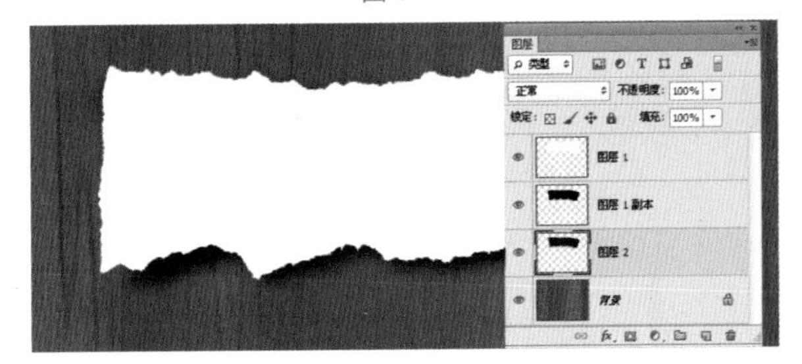

图 5.44

图 5.45

图 5.46

提示

通过按住 Ctrl 键并同时单击某个图层的缩略图，我们可以选择一个该图层的选区。然后，我们可以对该选区应用 " 羽化 " 命令，这将使选区的边缘呈现柔和的模糊效果。

5.5 陶瓷质感

案例综述

在本例中，我们将学习如何使用钢笔工具来绘制杯子的外形和手柄部分。接着，通过运用画笔工具来添加更多的细节，使杯子更加逼真。最后，利用自定义形状工具和文字工具，为杯子增添艺术感，提升其视觉吸引力，如图 5.47 所示。

图 5.47

设计规范

尺寸规范	1280×1024 像素
主要工具	圆角矩形工具、图层样式
文件路径	Chapter05/5-5.psd
视频教学	5-5.avi

配色分析

白色给人一种纯洁、天真、公正、神圣和典雅的高贵感受。因此，在本例中选用白色作为陶瓷的主色调，以突显其高雅和贵气的特点。

操作步骤：

Step 01 新建文档。执行“文件”→“新建”命令，或按下快捷键 Ctrl+N，打开“新建”对话框，设置宽度和高度分别为 1280 像素和 1024 像素，分辨率为 72 像素 / 英寸，完成后单击“确定”按钮，新建一个空白文档，如图 5.48 所示。

Step 02 填充背景色。设置前景色为浅灰色，按下快捷键 Alt+Delete 键为背景填充前景色，如图 5.49 所示。

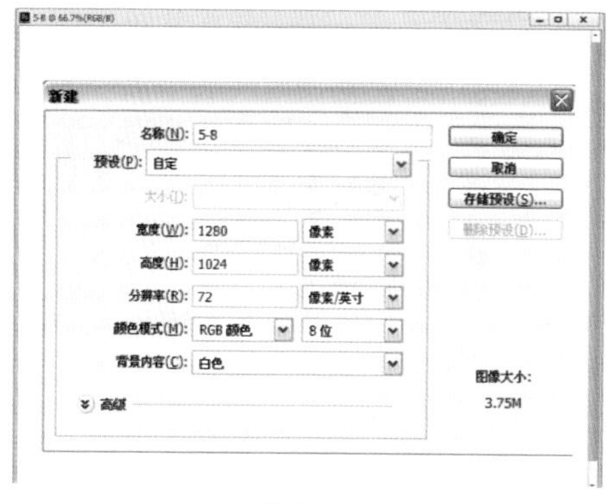

图 5.48

图 5.49

Step 03 绘制杯子外形。选择“钢笔工具”，在画布上绘制杯子的外形轮廓，路径绘制完成后，将其转换为选区，新建“图层 1”图层，填充颜色，为其添加“渐变叠加”图层样式效果，如图 5.50 所示。

Step 04 复制图层。将“图层 1”图层进行复制，得到“图层 1 副本”图层，按住 Alt+Shift 键，将杯子外形放大，向上移动复制后的图像，打开“图层样式”对话框，添加“内发光”效果，如图 5.51 所示。

Step 05 绘制杯子端手。选择“背景”图层，新建“图层 2”图层，选择“钢笔工具”，绘制杯子端手处轮廓，为其填充与杯子外形相近的颜色，如图 5.52 所示。

Step 06 复制图层。取消选区，复制“图层 2”图层，在这里为了区分，将颜色填充为黑色，并没有实际的意义。打开该图层的“图层样式”对话框，选择“颜色叠加”“内阴影”选项，设置参数，添加立体效果，如图 5.53 所示。

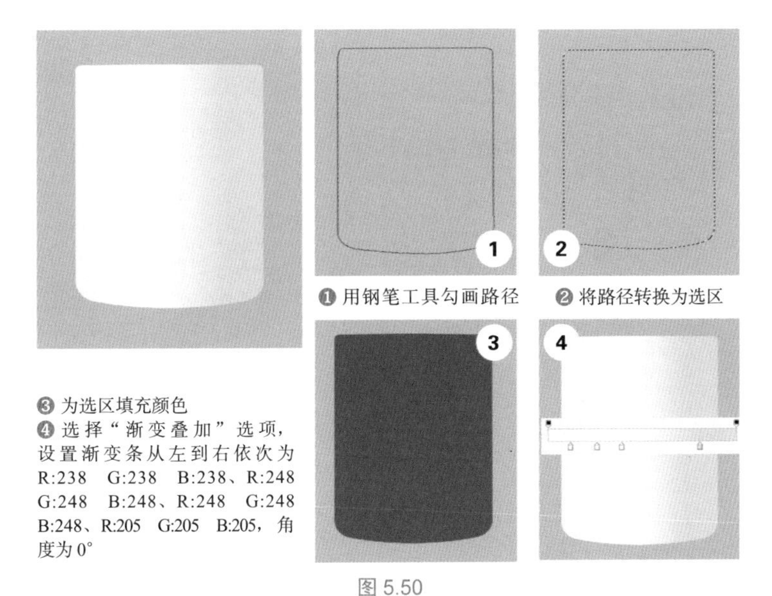

❶ 用钢笔工具勾画路径
❷ 将路径转换为选区
❸ 为选区填充颜色
❹ 选择“渐变叠加”选项，设置渐变条从左到右依次为 R:238　G:238　B:238、R:248　G:248　B:248、R:248　G:248　B:248、R:205　G:205　B:205，角度为 0°

图 5.50

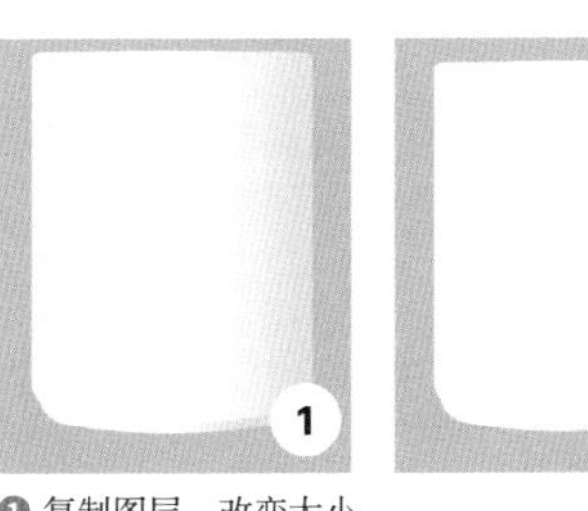

❶ 复制图层，改变大小
❷ 选择“内发光”选项，设置不透明度为 27%、颜色为白色、源边缘、大小为 18 像素

图 5.51

图 5.52

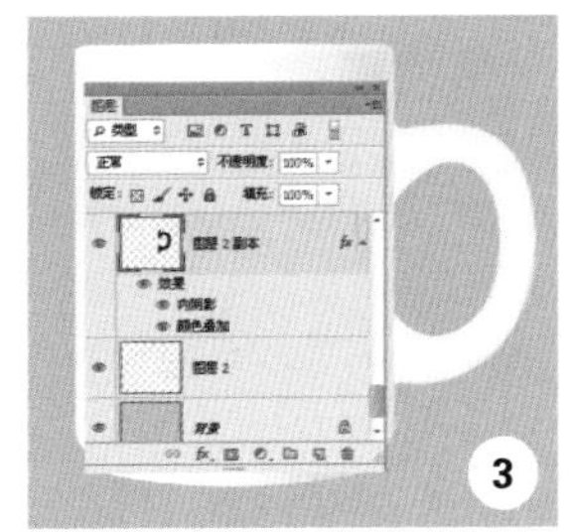

❶ 复制图层
❷ 选择“颜色叠加”选项，设置颜色为 R:244　G:244　B:244
❸ 选择“内阴影”选项，设置不透明度为 10%、大小为 35 像素

图 5.53

Step07 增加杯子细节。现在需要处理一些细节，不断改变前景色的颜色，在杯子图像上进行涂抹，增加细节。在这一步值得注意的是，每改变一种前景色的颜色就需要新建一个图层，然后进行涂抹，如图 5.54 所示。

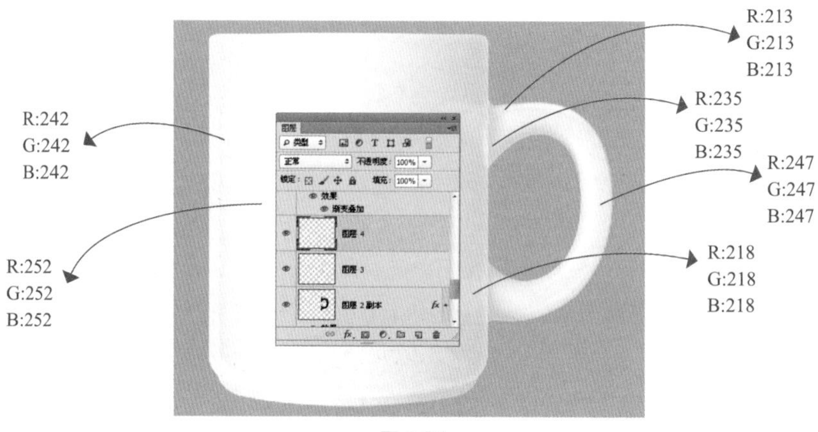

图 5.54

提示

当你尝试使用所展示的前景色进行涂抹时，也许结果并不如预期。此时，可以尝试降低该图层的不透明度参数，或许会获得出乎意料的效果。这个过程中，不断新建图层的好处就显现出来了，因为你可以单独对某种颜色进行涂抹，而不会影响其他图层的效果。

Step 08 添加形状和文字。选择"自定义形状工具"，在选项栏中选择"心形"形状，在图像上绘制形状，选择"横排文字工具"输入文字，为文字添加"渐变叠加"图层样式，完成效果，如图 5.55 所示。

❶ 绘制心形形状
❷ 输入文字
❸ 选择"渐变叠加"选项，设置渐变条，从左到右依次为 R:63 G:63 B:63、R:111 G:111 B:111，角度为 174°

图 5.55

5.6 光滑漆皮质感

案例综述

在本例中，我们将设计一个红色漆皮手提袋图形。该图形采用了渐变红色，并添加了高光和阴影效果，以展现购物和女性的主题。这种设计常常用于时尚购物网站和女性手机应用程序，如图 5.56 所示。

设计规范

尺寸规范	1280×1024 像素
主要工具	钢笔工具、图层样式
文件路径	Chapter05/5-6psd
视频教学	5-6.avi

图 5.56

配色分析

红色给人一种热情奔放的感觉，这个手提袋是为女性购物而设计的，采用了高光滑度的皮革材质，展现出时尚的风格。

操作步骤：

Step01 新建文档。执行“文件”→“新建”命令，或按下快捷键 Ctrl+N，打开“新建”对话框，设置宽度和高度分别为 1280 像素和 1024 像素，分辨率为 72 像素 / 英寸，完成后单击“确定”按钮，新建一个空白文档，如图 5.57 所示。

Step02 绘制手提袋基本形。选择“钢笔工具”，在选项栏中选择“形状”选项，在图像上绘制手提袋基本形，如图 5.58 所示。

图 5.57

图 5.58

Step03 添加外形渐变效果。打开该图层的“图层样式”对话框，选择“渐变叠加”选项，设置渐变条，从左到右依次为 R:133　G:31　B:31、R:248　G:34　B:34、R:133　G:31　B:31，角度为 180°，单击“确定”按钮，可为外形添加渐变效果，如图 5.59 所示。

Step04 绘制阴影。选择“背景”图层，单击“图层”面板下方的创建新图层按钮，新建“图层 1”图层，选择画笔工具，设置前景色为黑色，在外形底部进行涂抹，绘制阴影，将该图层不透明度降低为 80%，使效果自然，如图 5.60 所示。

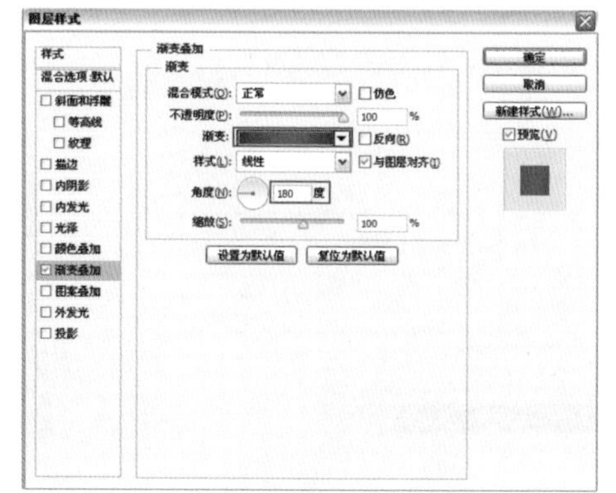

图 5.59

❶ 使用画笔工具绘制阴影

❷ 将该图层不透明度降低为 80%

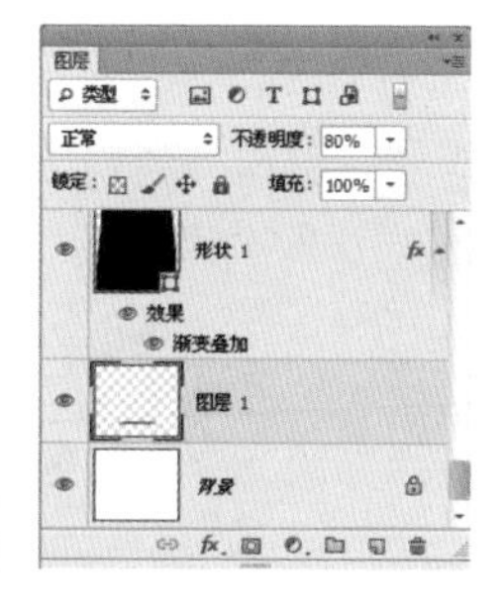

图 5.60

Step 05 制作手提袋正面。将“形状 1”图层进行复制，得到“形状 1 副本”图层，按下快捷键 Ctrl+T，自由变换，选择最上方中间的控制点，按住鼠标左键向下拉，可将该形状缩小，按下 Enter 键确认，打开“图层样式”对话框，选择“渐变叠加”选项，设置渐变条，从左到右依次为 R:128　G:28　B:28、R:232　G:40　B:40，单击“确定”按钮，添加效果，如图 5.61 所示。

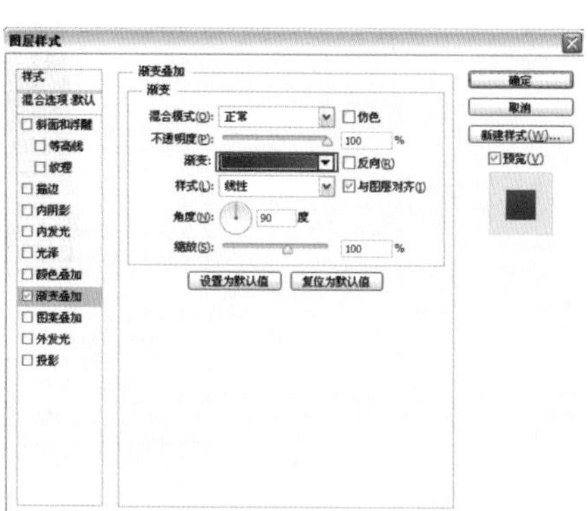

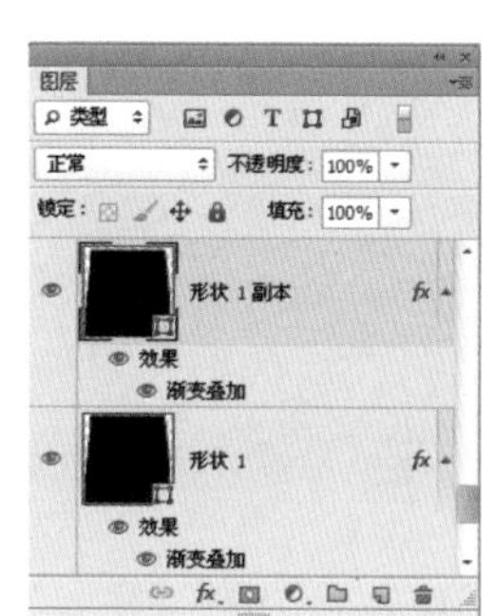

图 5.61

Step 06 添加明暗效果。单击工具箱中的前景色图标，打开“拾色器（前景色）”对话框，设置参数，单击“确定”按钮，改变前景色的颜色，新建“图层 2”图层，选择“画笔工具”，在选项栏中调整不透明度以及流量参数，在手提袋左右两边以及下方进行涂抹，为手提袋添加明暗效果，如图 5.62 所示。

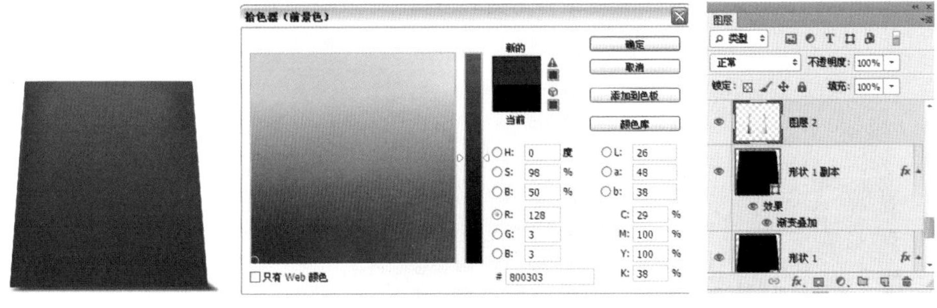

图 5.62

Step07 添加高光。再次复制“形状 1”图层，得到“形状 1 副本 2”图层，清除该图层的图层样式效果，改变该形状为白色，降低不透明度为 20%，如图 5.63 所示。

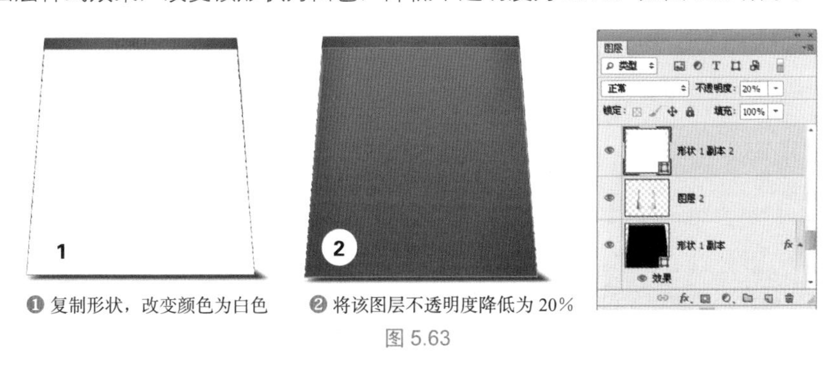

图 5.63

Step08 使用蒙版涂抹。为该图层添加蒙版，选择渐变工具，设置渐变条，在图像上拉动，使高光效果表现得自然，如图 5.64 所示。

图 5.64

提示

在蒙版上拖渐变时，拖得越长，过渡越自然，拖得越短，过渡越硬。

Step 09 绘制折角。选择“矩形选框工具”，在图像上绘制矩形选区，新建“图层 3”图层，选择“渐变工具”，在选项栏中单击可编辑渐变按钮，打开“渐变编辑器”对话框，设置渐变条，从左到右依次为 R:132 G:0 B:0、R:132 G:0 B:0，单击“确定”按钮，在选区上拉动绘制渐变，取消选区，如图 5.65 所示。

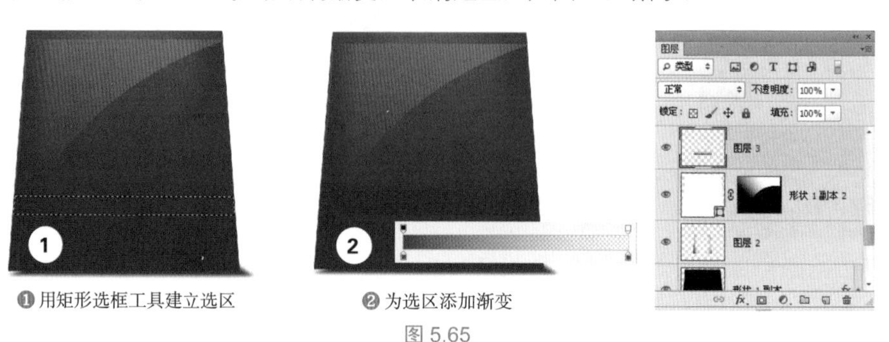

❶ 用矩形选框工具建立选区　❷ 为选区添加渐变

图 5.65

Step 10 绘制折角处阴影。再次选择“矩形选框工具”，在图像上绘制矩形选区，新建“图层 4”图层，选择渐变工具，绘制渐变条 R:206 G:6 B:6 为选区添加渐变，取消选区，为该图层添加蒙版，使用黑色画笔工具涂抹渐变两侧，使不需要的部分隐藏起来，如图 5.66 所示。

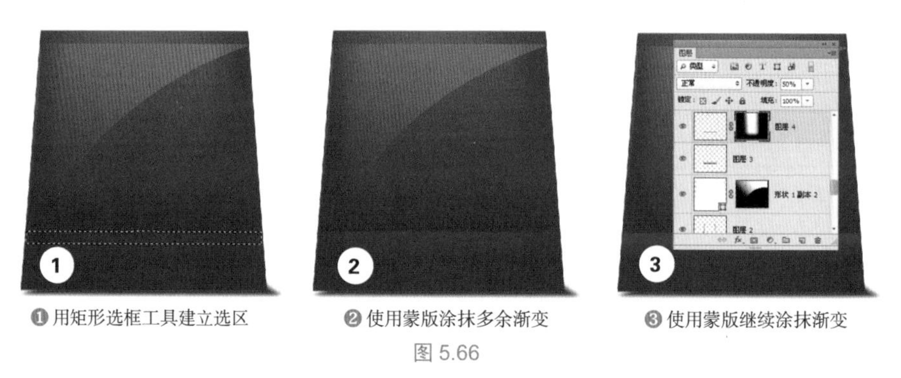

❶ 用矩形选框工具建立选区　❷ 使用蒙版涂抹多余渐变　❸ 使用蒙版继续涂抹渐变

图 5.66

Step 11 绘制内部。选择“钢笔工具”，在手提袋顶部绘制形状，得到“形状 1”图层，如图 5.67 所示。

图 5.67

提示

使用钢笔工具在图像上单击以创建锚点（实心方块表示）。然后，通过鼠标拖动来创建曲线。曲线的上下方向线仅用于控制弧度，并非曲线本身的一部分。

Step 12 添加效果。打开“图层样式”对话框，选择“渐变叠加”“描边”选项，设置参数，单击“确定”按钮，为手提袋添加空间感，如图 5.68 所示。

Step 13 绘制绳孔。选择“椭圆工具”，按住 Ctrl 键绘制正圆，得到“椭圆 1”图层，打开“图层样式”对话框，选择“描边”“渐变叠加”“投影”选项，设置参数，单击“确定”按钮，使绳孔效果更加逼真，如图 5.69 所示。

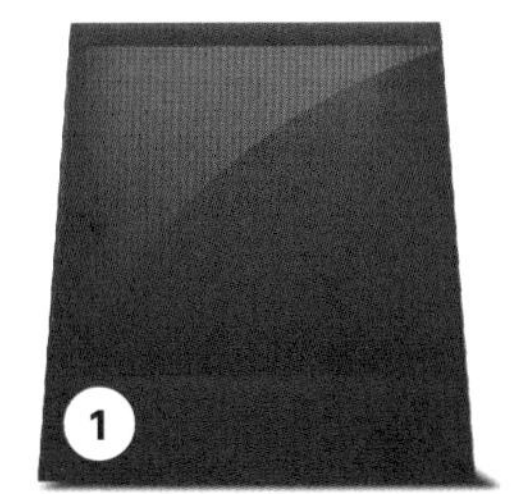

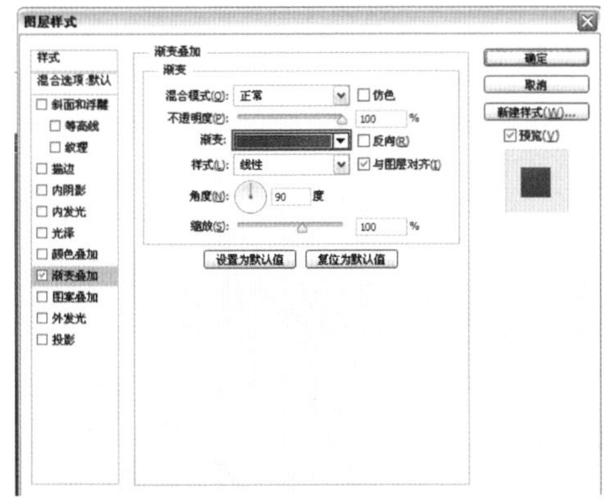

❶ 选择“颜色叠加”选项，设置渐变条，从左到右依次为 R:158　G:38　B:38、R:255　G:3　B:39

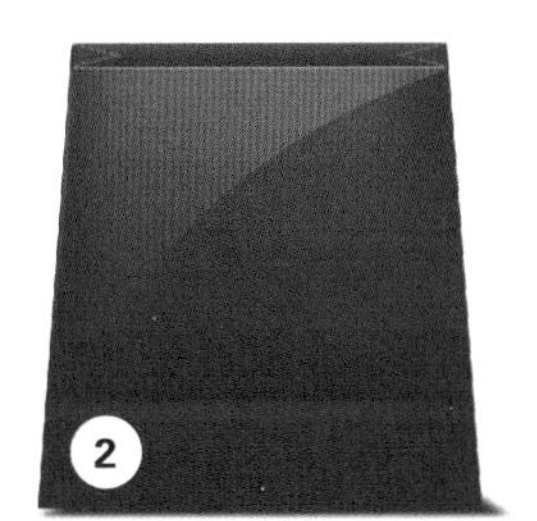

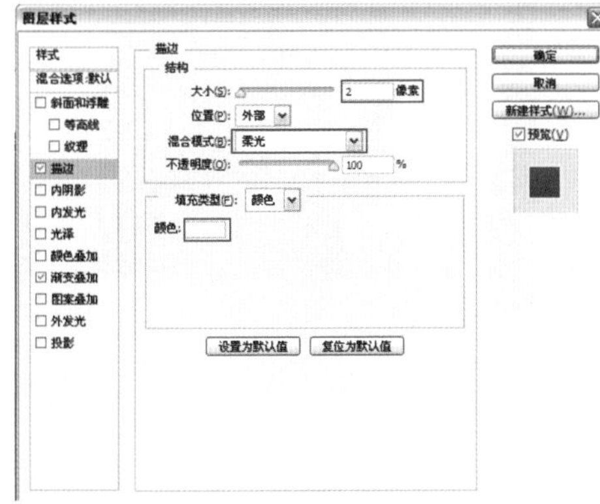

❷ 选择“描边”选项，设置大小为 2 像素、混合模式为柔光、颜色为白色

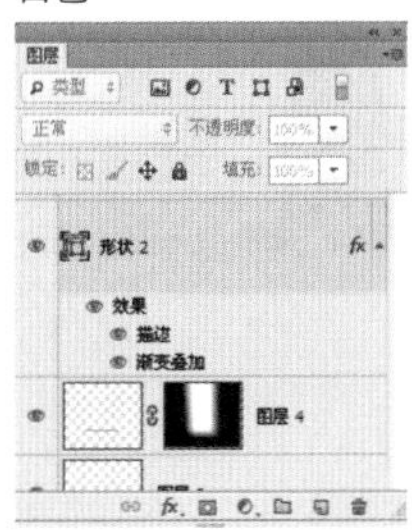

图 5.68

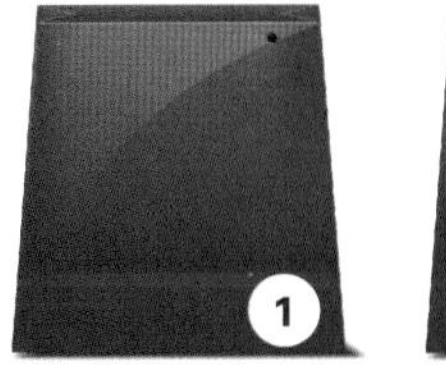

❶ 用椭圆工具绘制正圆

❷ 选择“描边”选项，设置大小为 3 像素、填充类型为“渐变”、设置渐变条，从左到右依次为 R:175　G:176　B:187、R:255　G:255　B:25

❸ 选择“颜色叠加”选项，设置渐变条，从左到右依次为 R:21　G:23　B:26、R:85　G:86　B:93

❹ 选择“投影”选项，设置不透明度为 41%、距离为 2 像素、扩展为 76%、大小为 4 像素

图 5.69

Step 14 复制绳孔。将刚才绘制的绳孔选中，按住 Alt 键的同时移动到手提袋的左边，将其进行复制，得到“椭圆 1 副本”图层，如图 5.70 所示。

提示

使用椭圆工具单击并拖动鼠标，可以创建椭圆选区；按住 Alt 键，会以单击点为中心向外创建椭圆；按住 Alt+Shift 键，会以单击点为中心向外创建正圆。

Step 15 拖入绳子素材。打开“绳子 .psd”素材，将其拖动到当前绘制的文档中，移动到合适的位置，为该图层添加图层蒙版按钮，使用黑色画笔工具涂抹多余的图像，完成效果，如图 5.71 所示。

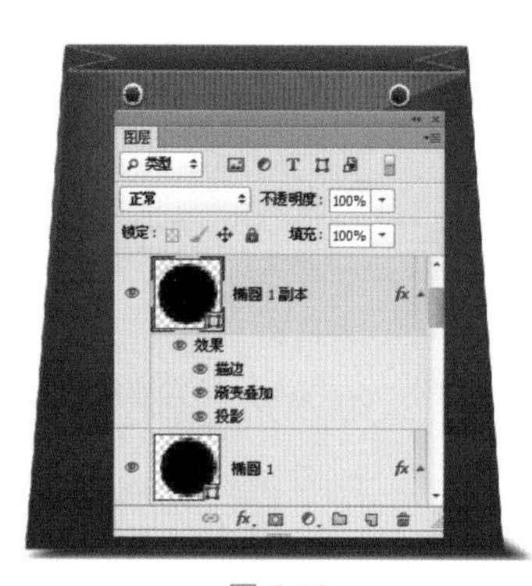

图 5.70

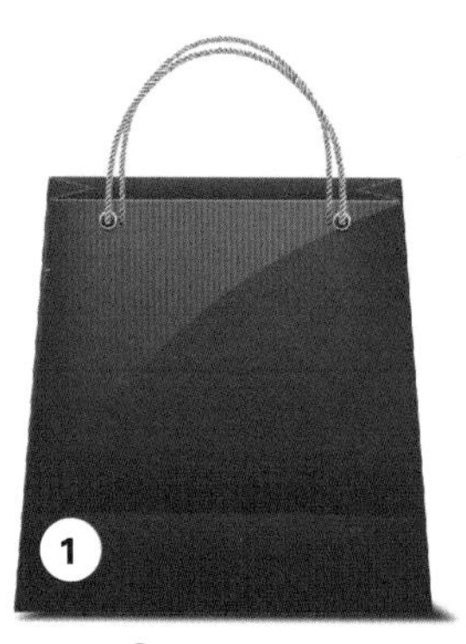

❶ 拖入绳子素材

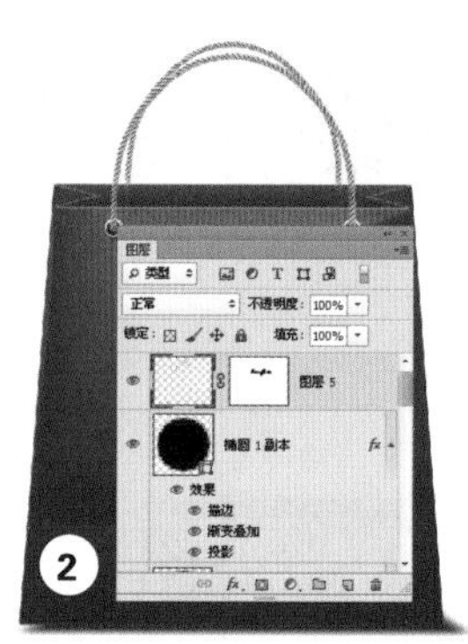

❷ 使用蒙版涂抹，隐藏多余绳子

图 5.71

5.7 塑料、金属和玻璃综合质感

案例综述

在本例中，我们将制作一个放大镜图形，通常用于查询功能。为了突出玻璃的质感以及金属和塑料的质感，我们大量运用了渐变色和图层叠加的功能，如图 5.72 所示。

图 5.72

设计规范

尺寸规范	1280×1024 像素
主要工具	各种矢量工具、图层样式
文件路径	Chapter05/5-7psd
视频教学	5-7.avi

配色分析

通常，黑白灰的搭配给人一种简洁和简约的感觉。在本例中，我们选用了淡蓝色作为放大镜玻璃的色调，灰色作为金属部分的颜色，而黑色则被用于手柄的设计。这样的色彩选择预示着能够快速方便地进行查找操作。

操作步骤：

Step 01 新建文档。执行“文件”→“新建”命令，或按下快捷键 Ctrl+N，打开“新建”对话框，设置宽度和高度分别为 1280 像素和 1024 像素，分辨率为 72 像素 / 英寸，完成后单击“确定”按钮，新建一个空白文档，如图 5.73 所示。

Step 02 填充背景色。单击前景色图标，在打开的“拾色器（前景色）”对话框中设置参数，改变前景色，按下快捷键 Alt+Delete 为背景填充前景色，如图 5.74 所示。

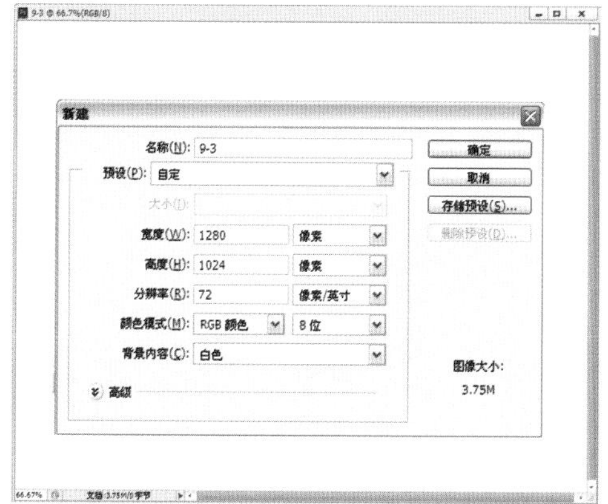

图 5.73

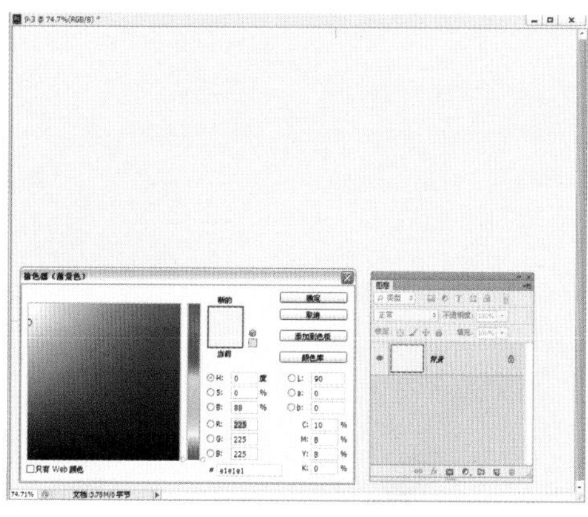

图 5.74

Step 03 绘制圆角矩形。选择“圆角矩形工具”，在选项栏中设置半径为 10 像素，在图像上绘制圆角矩形，执行“自由变换”命令，旋转形状角度，按下 Enter 键确认，如图 5.75 所示。

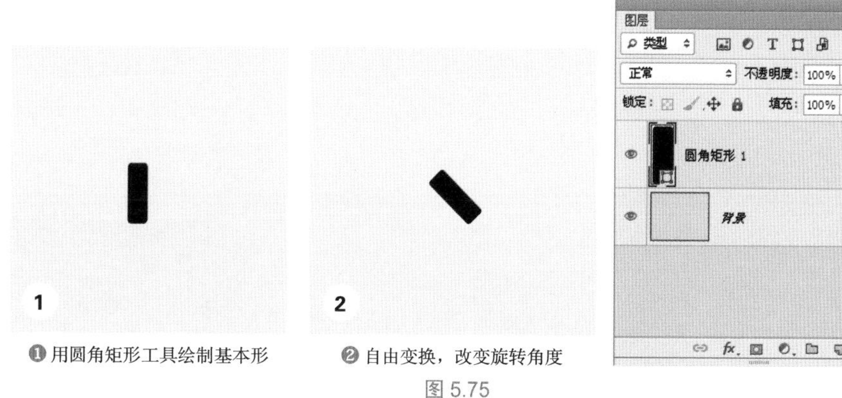

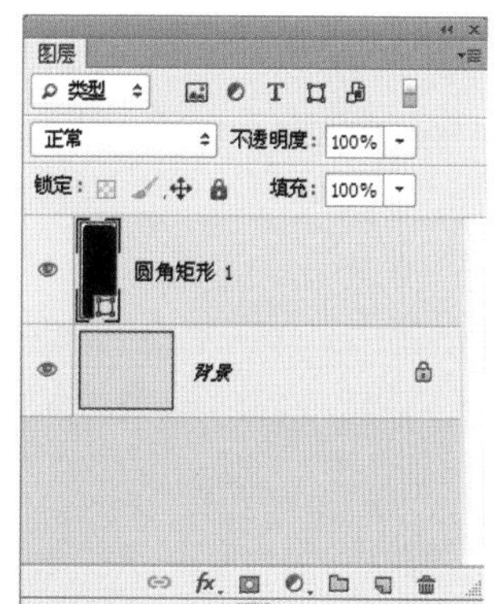

❶ 用圆角矩形工具绘制基本形　❷ 自由变换，改变旋转角度

图 5.75

Step 04 添加金属效果。打开“圆角矩形 1”图层的“图层样式”对话框，选择“渐变叠加”选项，设置渐变条，从左到右依次为 R:84　G:84　B:84、R:255　G:255　B:255、R:242　G:242　B:242、R:255　G:255　B:255、R:179　G:179　B:179，角度为 45°，单击“确定”按钮，为形状添加金属效果，如图 5.76 所示。

Step 05 绘制放大镜手柄。选择“钢笔工具”绘制放大镜手柄，得到“形状 1”图层，打开“图层样式”对话框，选择“渐变叠加”选项，设置参数，单击“确定”按钮，为手柄添加效果，如图 5.77 所示。

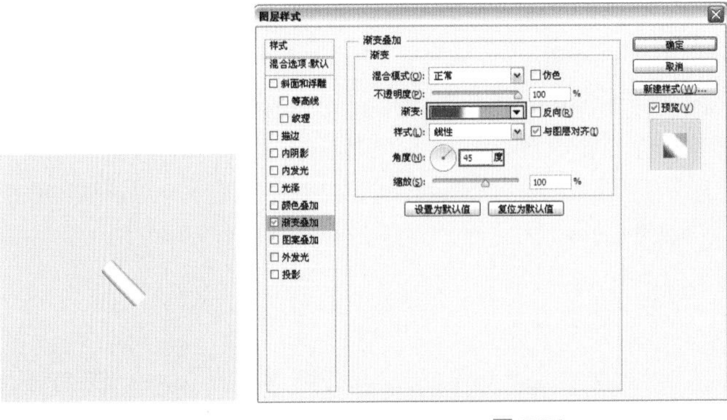
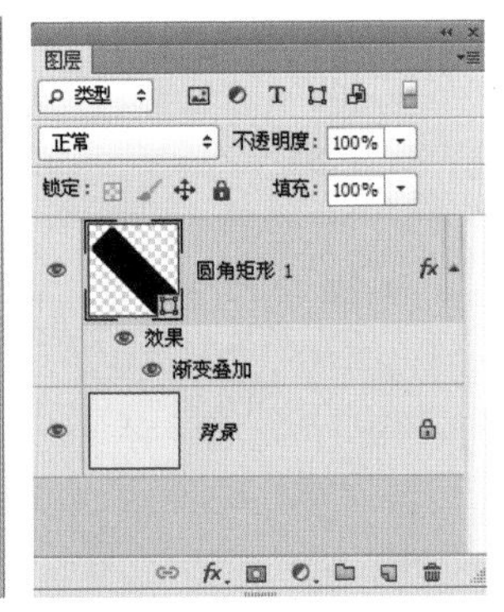

图 5.76

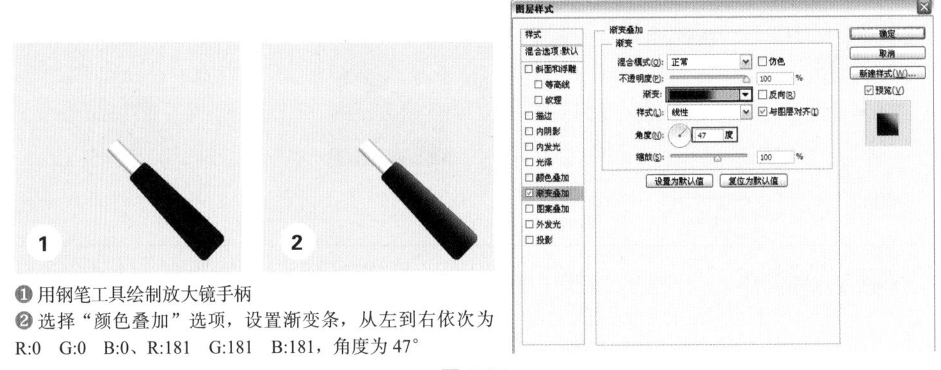

图 5.77

Step 06 画笔添加明暗效果。单击工具箱中的前景色图标，打开“拾色器（前景色）”对话框，设置参数，单击“确定”按钮，改变前景色的颜色，新建“图层 1”图层，选择“画笔工具”，在选项栏中调整不透明度以及流量参数，在手柄上左右进行涂抹，为手柄添加明暗效果，如图 5.78 所示。

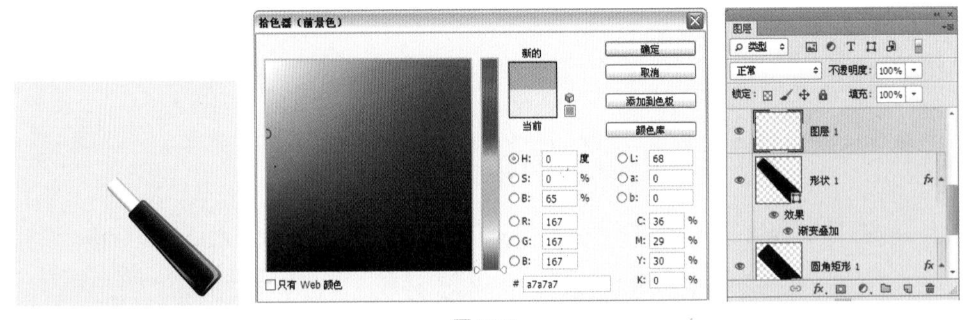

图 5.78

Step 07 再次绘制圆角矩形。选择“圆角矩形工具”，在图像上绘制形状，自由变换，改变角度，打开“图层样式”对话框，选择“内阴影”“渐变叠加”选项，设置参数，单击“确定”按钮，为形状添加金属效果，如图 5.79 所示。

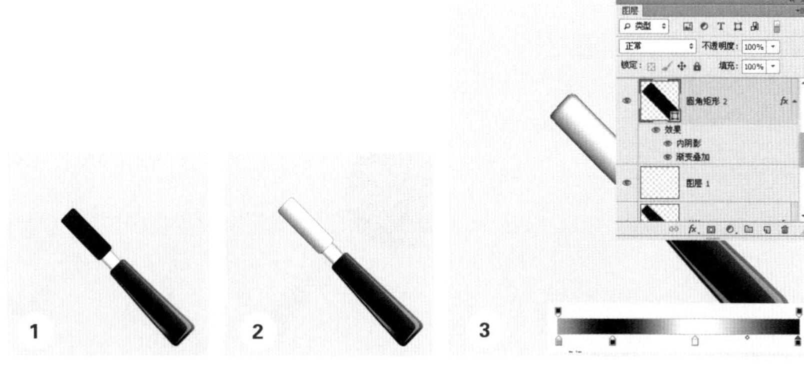

❶ 用圆角矩形工具绘制形状
❷ 选择“内阴影”选项，设置距离为 5 像素、大小为 16 像素
❸ 选择“颜色叠加”选项，设置渐变条，从左到右依次为 R:162　G:162　B:162、R:0　G:0　B:0、R:255　G:255　B:255、R:0　G:0　B:0，角度为 45°

图 5.79

Step08 绘制放大镜。选择“椭圆工具”，按住 Shift 键绘制正圆，得到“椭圆 1”图层，如图 5.80 所示。

图 5.80

Step09 添加效果。打开“图层样式”对话框，选择“描边”“渐变叠加”选项，设置参数，单击“确定”按钮，为放大镜添加质感，如图 5.81 所示。

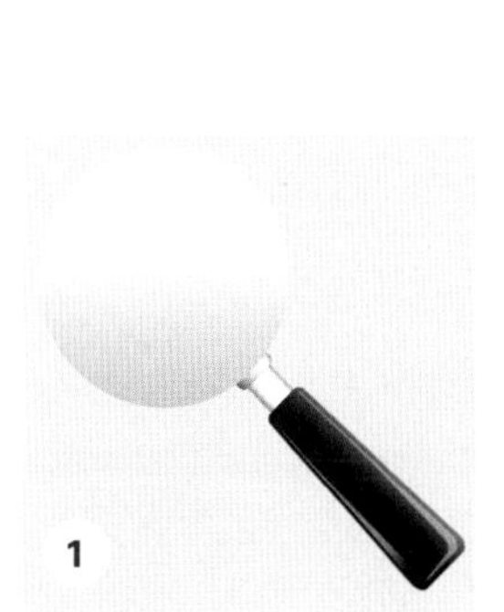

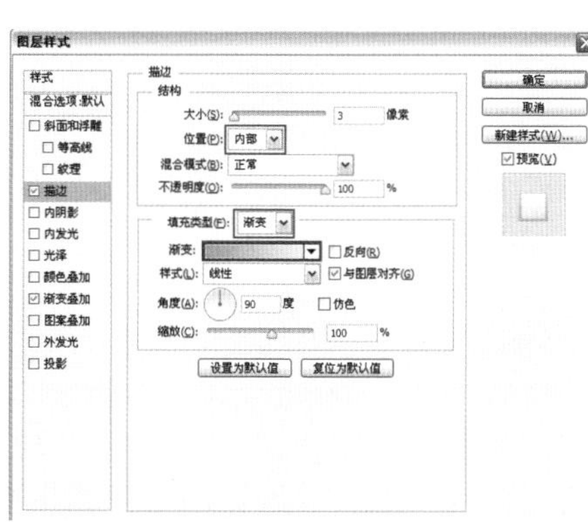

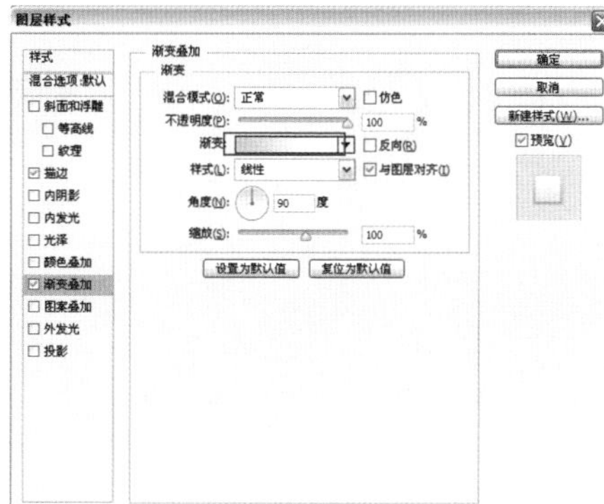

❶ 选择“描边”选项，设置大小为 3 像素、位置为“内部”、填充类型为“渐变”，设置渐变条，从左到右依次为 R:160　G:160　B:160、R:224　G:224　B:224
❷ 选择“颜色叠加”选项，设置渐变条，从左到右依次为 R:196　G:196　B:196、R:215　G:215　B:215、R:250　G:250　B:250

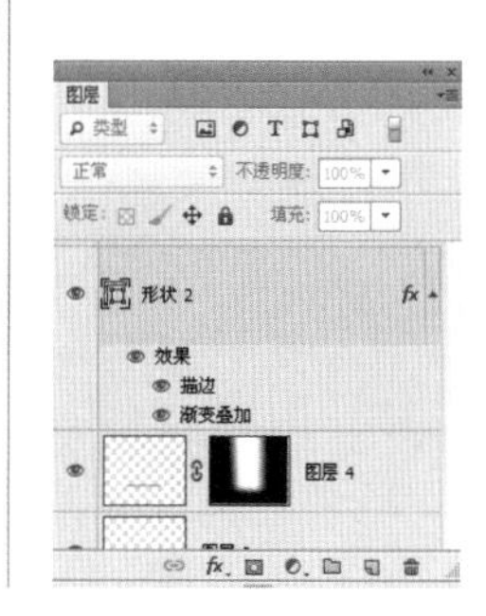

图 5.81

Step 10 制作放大镜镜片。将“椭圆 1”图层进行复制，得到“椭圆 1 副本”图层，将该椭圆变小，清除图层样式，重新添加“渐变叠加”“内阴影”“描边”效果，完成效果，如图 5.82 所示。

❶ 复制椭圆，改变大小，清除图层样式

❷ 选择“渐变叠加”选项，设置渐变条，从左到右依次为 R:237 G:248 B:255、R:255 G:255 B:255、R:186 G:224 B:251

❸ 选择“内阴影”选项，设置颜色为 R:85 G:126 B:149，距离为 7 像素、大小为 24 像素

❹ 选择“描边”选项，设置大小为 8 像素、填充类型为“渐变”，设置渐变条，从左到右依次为 R:249 G:249 B:249、R:216 G:216 B:216

图 5.82

5.8 扁平化系统的特色

自 WWDC 大会发布 iOS 7 系统以来，专业人士、媒体、普通用户以及苹果粉丝对 iOS 7 和 iOS 6 之间的巨大变化持有不同的观点。尽管 iOS 7 的扁平化设计风格在外观上带来了全新的简约风格，但在设计理念、设计风格和系统功能方面，iOS 7 都经历了巨大的改变。例如，字体、图标等设计的经典元素与 iOS 6 完全不同，为用户带来了独特的体验，如图 5.83 所示。

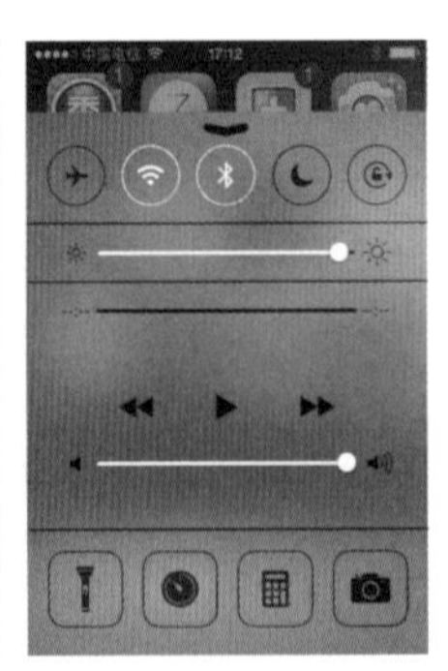

图 5.83

1. 设计理念

iOS 7 的程序和图标采用了简洁扁平化的设计，不仅外观发生了变化，而且新用户界面对复杂环境的适应能力也得到了极大的提升。例如，iOS 7 系统不仅具有根据用户的时差调整界面的加速器，还利用手机内置的光线感应仪让图标和背景能够自动适应不同的光线强度。此外，控制面板的文本和色彩也能够根据主题背景图片的色彩进行自动调整，以提供更好的用户体验，如图 5.84 所示。

图 5.84

2. 界面分层和深度

相较于 iOS 6，iOS 7 系统的图标和应用细节被简化了，但系统底层变得更加复杂。我们发现，iOS 7 的新图标和文本不再共用单一的图标按钮，而且它采用了 Helvetica Neue Ultra Light 字体直接显示在屏幕上，使得界面看上去更加简洁直观。然而，图形设计方面面临着挑战，因为图形不能以按钮作为基准位置，而是要帮助用户定位漂浮在空间中的文本。

此外，iOS 7 系统的屏幕本身呈现出图像密集的多层化效果。从分解的三维投影图中可以看到三个清晰的层次：底层是背景图片，中间层是应用程序，顶层是具有模糊效果的控制中心背景面板层。乔纳森认为，这种多层设计将为用户带来一种新的质感和体验，如图 5.85 所示。

图 5.85

3. 字体的改变

iOS 7 系统引入了全新的 Helvetica Neue Ultra Light 字体，它是原本 iOS 系统中的 Helvetica Neue 字体的瘦身版本。在 iOS 7 系统中，这款字体呈现出特别干净和优雅的外观。然而，iOS 7 系统所使用的 Ultra Light 字体也存在一些使用上的风险。由于在大多数背景下，Ultra Light 字体难以辨识，如果没有了字体周围的边框和背景，这种字体就会显得暗淡。也就是说，在模糊的背景下，这种字体的效果很漂亮，但如果用户更换了背景，字体的显示效果就会变得很差，如图 5.86 所示。

图 5.86

4. 图标风格颠覆性变化

从表面上看，iOS 7 系统与 iOS 6 系统最大的不同就是来自于图标的变化。新系统的图标放弃了之前非常具有质感的偏立体设计，而采用了“扁平化”简洁干净的设计风格。有人认为苹果正在向微软 Windows Phone 系统风格靠拢，因为苹果放弃使用原本的 skeuomorphic 风格，而开始进行平面化图标设计风格。

然而，实际上在整个 iOS 7 系统中，不仅仅是应用图标的扁平化和简单化。整个新系统的 UI 也改变了苹果之前的拟物化设计，减少了诸多装饰元素。总而言之，苹果公司的审美观正在发生变化，如图 5.87 所示为 iOS 7 与 iOS 6 的图标对比。

图 5.87

5.9 关于透明元素和透明度使用的艺术

在网页设计中使用透明元素可以带来美观的效果，但同时也带来了一些挑战。如果未能正确处理某个模块的透明度，可能导致体验不协调、字体信息模糊、主次关系不明确、色调混乱，以及透明元素和透明度使用的艺术信息传达不清楚等问题。因此，细节对于实现美丽和成功至关重要。只要我们能够恰当地运用细节并充分发挥透明元素的作用，我们的网页就能够栩栩如生。

由于国外网站通常具有较高的原创性，让我们一起来看看一些国外的案例。这并不是说国内网页不好，实际上国内和国外之间仍存在一定差距，我们需要不断学习和创新才能超越国外网站。

1. 内容模块和网站框架的对比

通过使用透明图层并将不透明度设置为约 80%，我们可以确保字体清晰可见，避免对用户体验造成负面影响。下面的例子展示了如何创建对比度以区分内容模块的运用。常见的灯箱效果就是利用透明度和背景之间的对比，使用户能够轻松区分不同的内容模块，如图 5.88 所示为半透明图层的运用。

图 5.88

2. 半透明导航的跟踪运用

为了方便用户操作主导航，许多产品都采用了半透明导航跟踪的设计。例如新浪微博和腾讯微博等，它们都在顶部导航上进行了半透明的处理，以便固定浮动并跟踪用户页面的浏览。如今，半透明导航跟踪的应用非常普遍，如图 5.89 所示为半透明导航栏的运用。

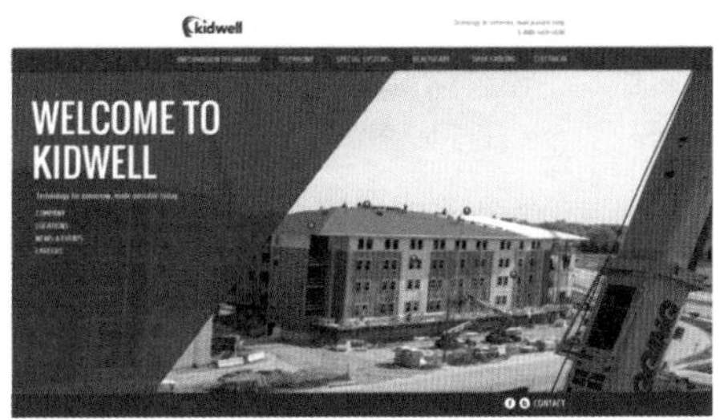

图 5.89

3. 使用较小的透明模块来衬托

根据营销的用户停留捕获时间原理，如果用户在 7 秒内没有对你的设计做出反应，那么可以认为你的设计是失败的。因此，网站的封面显得至关重要。为了不让页面显得单调，你可以使用合适的文字和透明模块来突出重要信息，使页面层级清晰，吸引读者的注意力，如图 5.90 所示为半透明遮挡模块的运用。

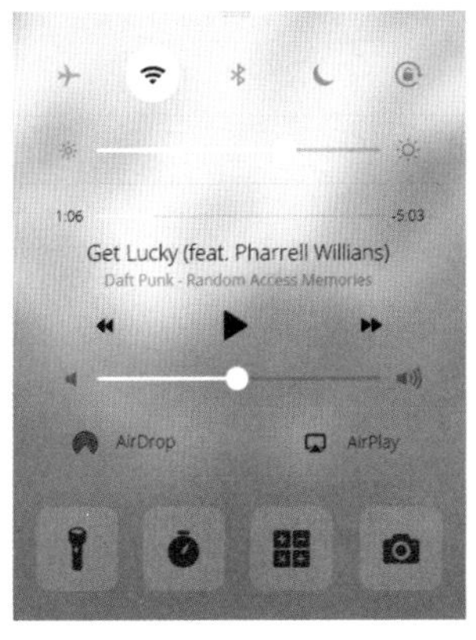

图 5.90

第 6 章

App UI 设计立体图标制作

第 5 章我们学习了矢量图形绘制，为本章立体图标的制作打下了坚实的基础！立体图标是通过对平面矢量图形进行二次加工，将倒角、阴影、光泽、渐变填充等特效添加到形状上，从而得到光影和质感。

6.1 Dribbble 图标制作

案例综述

在本例中，我们将学习如何使用图层样式工具、钢笔工具、图层蒙版、圆角矩形工具等来制作一个 Dribbble 图标。本例以圆角矩形为基本图形，并大量运用了 Photoshop 内置的图层样式效果，使得图标具有视觉立体感。最终效果如图 6.1 所示。

图 6.1

设计规范

尺寸规范	1200×900 像素
主要工具	圆角矩形工具、图层样式
文件路径	Chapter06/6-1.psd
视频教学	6-1.avi

造型分析

绿色和玫红色给人的印象是生动、激情、浪漫，使人感觉心情愉悦。这两种颜色都有一种鲜明而活泼的特质，能够引起人们的注意力和兴趣。

操作步骤：

Step01 新建文档。执行“文件”→“新建”命令，或按下快捷键 Ctrl+N，打开“新建”对话框，设置宽度和高度分别为 1200 像素和 900 像素，分辨率为 300 像素 / 英寸，完成后单击“确定”按钮，新建一个空白文档，如图 6.2 所示。

Step02 填充背景色。单击前景色图标，在打开的“拾色器（前景色）”对话框中设置参数，改变前景色，按下快捷键 Alt+Delete 为背景填充前景色，在“背景”图层上右击，在弹出的快捷菜单中选择“转换为智能滤镜”命令，得到“图层 0”图层，如图 6.3 所示。

图 6.2

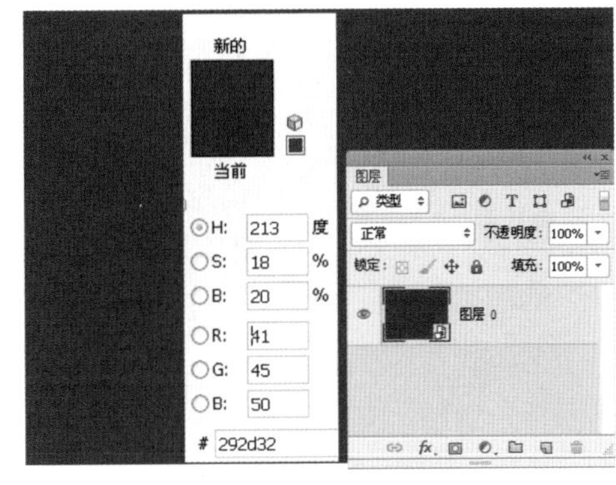

图 6.3

提示

分辨率是指单位长度内包含的像素点的数量，通常以像素每英寸（ppi）作为单位进行表示。例如，72ppi 表示每英寸包含 72 个像素点，而 300ppi 则表示每英寸包含 300 个像素点。分辨率决定了位图细节的精细程度。通常情况下，分辨率越高，图像中包含的像素就越多，图像也就越清晰。高分辨率的图像可以提供更精确的细节和更清晰的图像质量。

Step03 定义图案。打开素材“背景图案 .psd”文件，执行“编辑”→“定义图案”命令，打开“图案名称”对话框，单击“确定”按钮，将打开的背景图案定义为图案，这一步是便于以后的操作，如图 6.4 所示。

Step04 为背景添加图案。现在我们将定义的图案应用到背景中，双击“图层 0”图层，打开“图层样式”对话框，选择“图案叠加”选项，在“图案”下拉列表中选择刚才定义的图案，为背景添加图案效果，然后选择“颜色叠加”选项，设置参数，如图 6.5 所示。

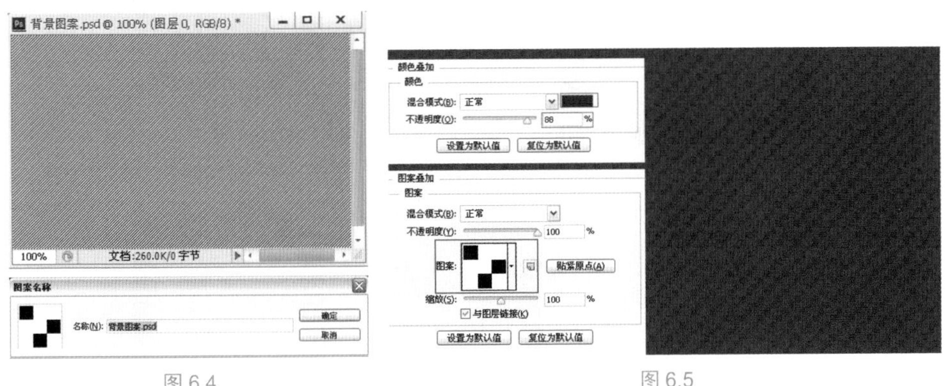

图 6.4　　　　图 6.5

Step05 增强背景效果。单击“图层”面板下方的新建图层按钮，新建“图层 1”图层，按下快捷键 Alt+Delete，为该图层填充前景色，填充完成后，将该图层的混合模式设置为“叠加”，降低不透明度为 60%，如图 6.6 所示。

Step06 新建组。单击“图层”面板下方的创建新组按钮，新建组，双击“组 1”名称，为该组重新命名“背景”，如图 6.7 所示。

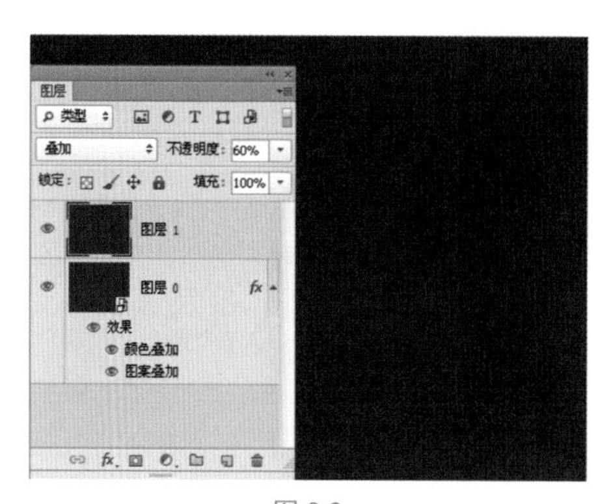

图 6.6

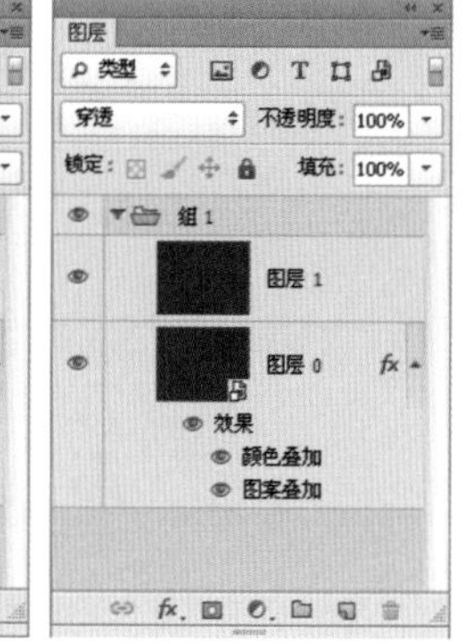

图 6.7

提示

当我们创建图层组时，Photoshop 会为其赋予一种特殊的混合模式，即“穿透”模式。这种模式表示图层组没有自己的混合属性。如果我们为图层组设置了其他的混合模式，Photoshop 会将图层组内的所有图层视为一幅单独的图像，并使用所选的混合模式与下面的图像进行混合。

Step07 绘制基本形并添加效果。选择工具箱中的圆角矩形工具，绘制圆角矩形，打开“图层样式”对话框，分别对“斜面和浮雕”“渐变叠加”“投影”选项进行参数调节，完成后单击“确定”按钮，如图 6.8 所示。

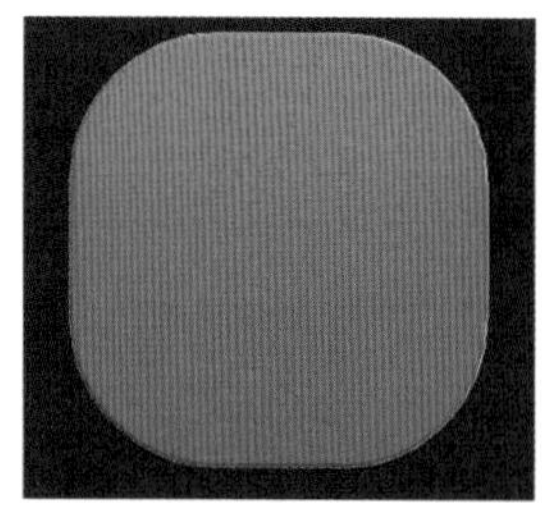

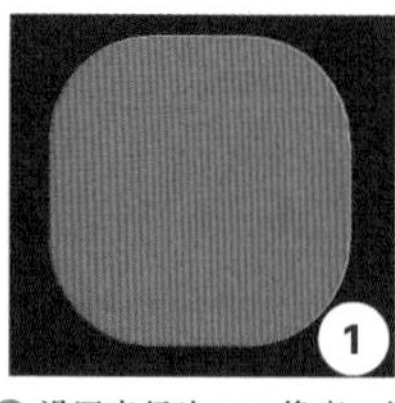

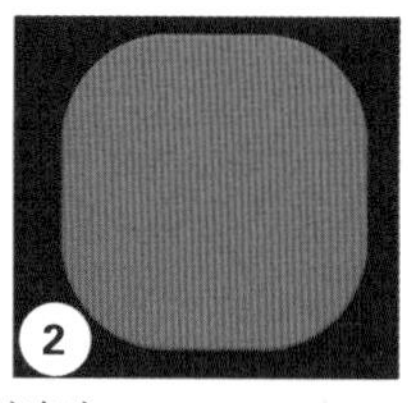

❶ 设置半径为 160 像素，填充色为 R:255　G:90　B:149
❷ 选择“斜面和浮雕”选项，设置深度为 220%、大小为 6 像素、角度为 90°，取消选中“使用全局光”复选框，设置高度为 42°、不透明度为 15% 和 27%

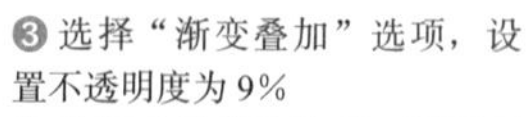

❸ 选择“渐变叠加”选项，设置不透明度为 9%
❹ 选择“投影”选项，设置不透明度为 45%、角度为 90°，取消选中“使用全局光”复选框，设置距离为 3 像素、大小为 6 像素

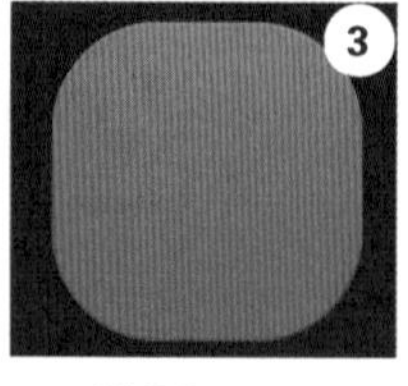

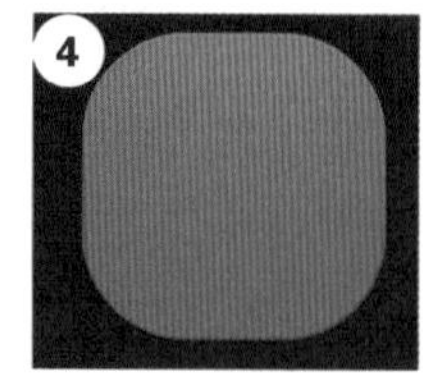

图 6.8

提示

单纯从图上来看，也许看不出添加了图层样式效果后的基本形有什么大的变化，但是经过仔细观察，那些细微的变化并不能逃过我们的火眼金睛，当然，不能小看了这些貌似变化不大的图层样式效果，因为细节往往是决定成败的关键。对于眼睛不太“亮”的读者来说，可以通过 PSD 源文件，显示和隐藏图层样式效果来观察基本形的哪些地方发生了细微的变化。

Step 08 绘制高光。单击“图层”面板下方创建新图层按钮，新建“图层 2”图层，选择画笔工具，设置前景色为白色，在图像上单击，绘制高光，为该图层添加图层蒙版，使用黑色画笔工具将部分高光进行隐藏，降低该图层不透明度为 20%，如图 6.9 所示。

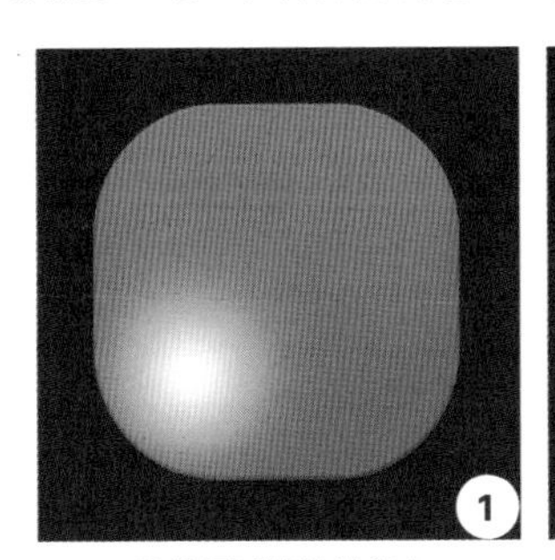

❶ 使用画笔绘制高光

❷ 使用图层蒙版遮挡部分白光

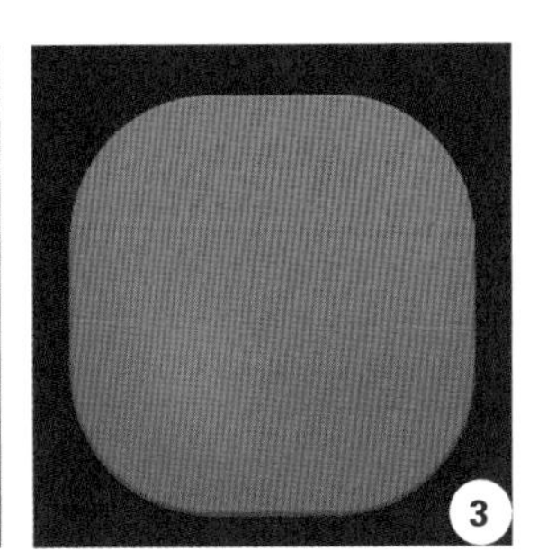

❸ 使高光变得自然，不突兀

图 6.9

提示

按住键盘上的“{”或“}”键，可以将画笔笔头随意放大或缩小。在绘制过程中，我们可以先按下键盘上的“{”键，将笔头放大，然后单击并按住不放，再按下键盘上的“}”键，不断减小笔头的大小进行单击，这样就可以形成虚边的效果。

Step 09 表现图标立体效果。选择圆角矩形工具，在图像上拖曳绘制圆角矩形，添加蒙版，使用黑色画笔将多余的图像隐藏，调节该图层的不透明度为 50%，使图标看起来更具立体感，如图 6.10 所示。

Step 10 绘制图标标志。选择钢笔工具，在图像上绘制标志，按下快捷键 Ctrl+Enter，将路径转换为选区，新建“图层 3”图层，为选区填充白色，按下快捷键 Ctrl+D，取消选区，如图 6.11 所示。

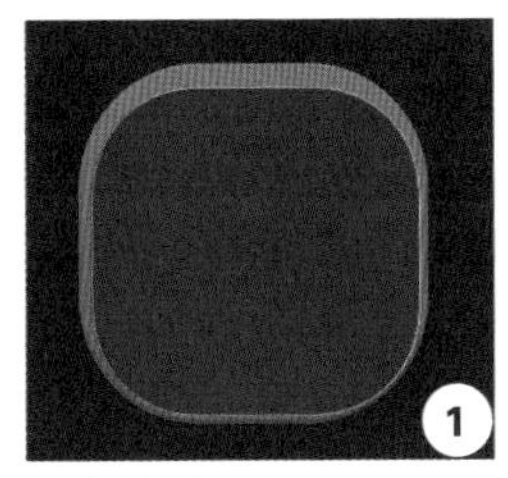

❶ 绘制颜色为 R:119 G:37 B:66 的深红色圆角矩形

❷ 添加蒙版，隐藏图像，降低不透明度

图 6.10

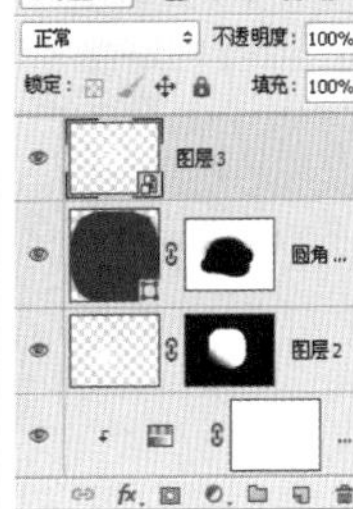

图 6.11

提示

巧妙运用钢笔工具绘制路径：使用钢笔工具时，按住 Ctrl 键单击路径可以显示锚点，单击锚点则可以选择锚点，按住 Ctrl 键拖动方向点可以调整方向线，也可以移动锚点位置。

Step 11 为标志添加效果。双击“图层 3”图层，打开“图层样式”对话框，分别选择“颜色叠加”“内阴影”“投影”选项进行参数的设置，为标志添加效果，如图 6.12 所示。

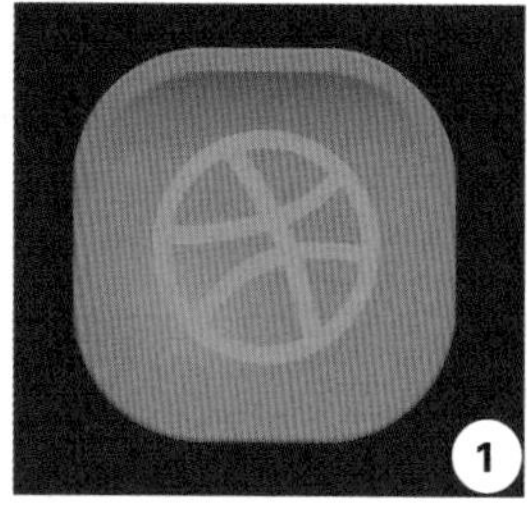

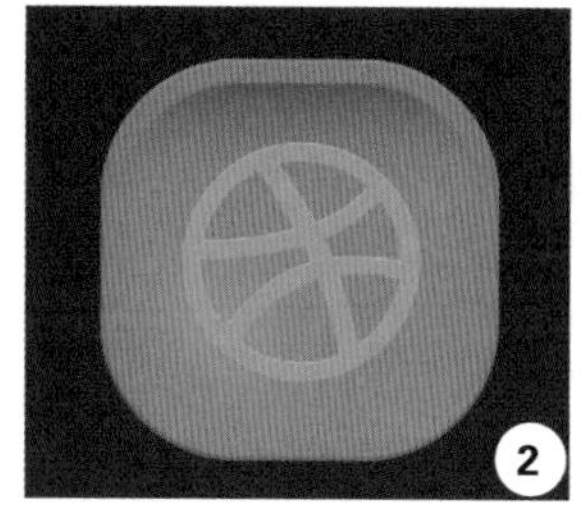

❶ 选择“颜色叠加”选项，设置颜色为 R:255 G:126 B:172
❷ 选择“内阴影”选项，设置混合模式为“正常”、颜色为白色、不透明度为 52%、角度为 90°，取消选中“使用全局光”复选框，设置距离为 1 像素、大小为 1 像素
❸ 选择“投影”选项，设置不透明度为 51%、角度为 90°，取消选中“使用全局光”复选框，设置距离为 1 像素、大小为 1 像素

图 6.12

提示

我们可以通过对添加图层蒙版的前后效果进行对比来查看变化。按住 Shift 键的同时单击图层蒙版缩览图，可以停用图层蒙版。此时，在图层蒙版缩览图中会出现红色的叉号标记，表示该图层蒙版已被停用。在图像中，我们可以看到未添加图层蒙版时的原始图像效果。如果我们想要重新启用图层蒙版，只需再次按住 Shift 键的同时单击图层蒙版缩览图即可。这样就会重新应用图层蒙版，隐藏或显示相应的区域。

Step 12 添加阴影。新建“图层 4”图层，选择黑色画笔工具，在选项栏中降低画笔的不透明度为 50%，在图像上绘制阴影，添加蒙版，隐藏部分阴影，如图 6.13 所示。

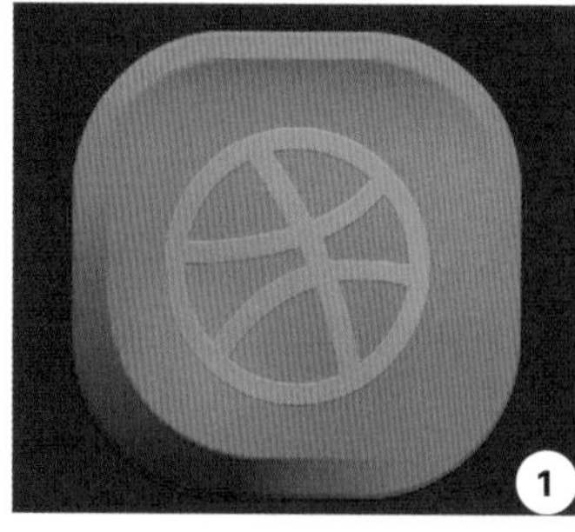

❶ 用画笔绘制阴影

❷ 添加蒙版，隐藏图像

图 6.13

提示

“图层”面板中不透明度和“填充”的区别如下。

设置图层不透明度：用来设置当前图层的不透明度，设置呈现透明状态，从而显示出下面图层中的图像内容。

设置填充不透明度：用来设置当前图层的填充不透明度，它与图层不透明度相似，但不会影响图层效果。

Step 13 绘制信息量。选择工具箱中的椭圆工具，设置前景色为白色，按住 Shift 键绘制正圆，打开“图层样式”对话框，分别选择“斜面和浮雕”“颜色叠加”“渐变叠加”“投影”选项，设置参数，为正圆添加效果，如图 6.14 所示。

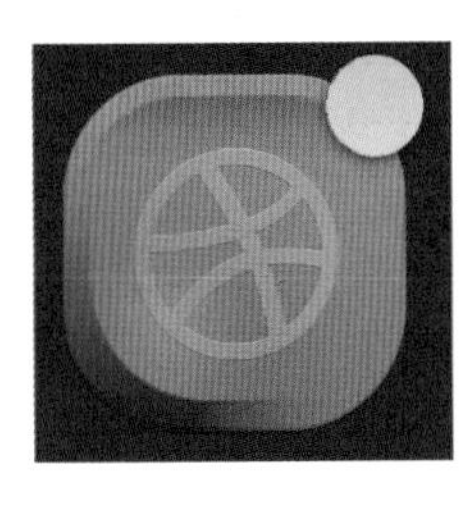

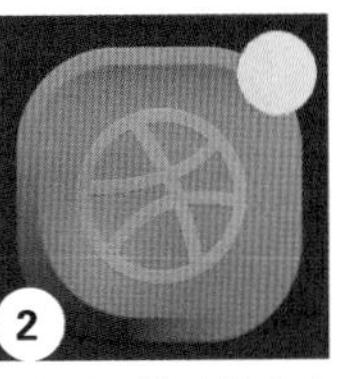

❶ 选择“斜面和浮雕”选项，设置深度为 1%、大小为 1 像素、角度为 90°，取消选中“使用全局光”复选框，设置高度为 30°、不透明度为 100%

❷ 选择“颜色叠加”选项，设置颜色为绿色、不透明度为 67%

❸ 选择“渐变叠加”选项，设置不透明度为 75%、角度为 -90°、缩放为 118%

❹ 选择“投影”选项，设置不透明度为 81%、角度为 90°，取消选中“使用全局光”复选框，设置距离为 5 像素、大小为 21 像素

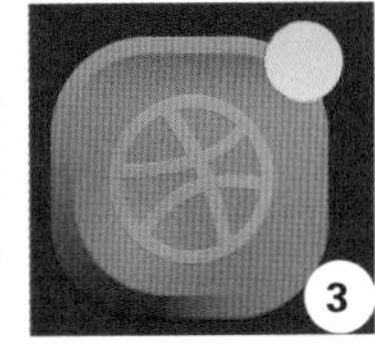

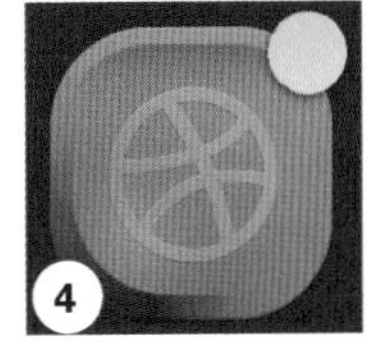

图 6.14

Step 14 制作高光。新建“图层 5”图层，选择柔角画笔，设置前景色为白色，在刚才绘制的绿色正圆上进行单击涂抹，绘制高光区域，降低该图层的不透明为 50%，使高光效果更加自然，如图 6.15 所示。

Step 15 输入数字并添加效果。选择工具箱中的横排文字工具，在选项栏中选择一个稍胖一点的字体，在绿色正圆上单击并输入数字 1，打开“图层样式”对话框，选择“投影”选项，不透明度为 46%，取消选中“使用全局光”复选框，距离为 1 像素，如图 6.16 所示。

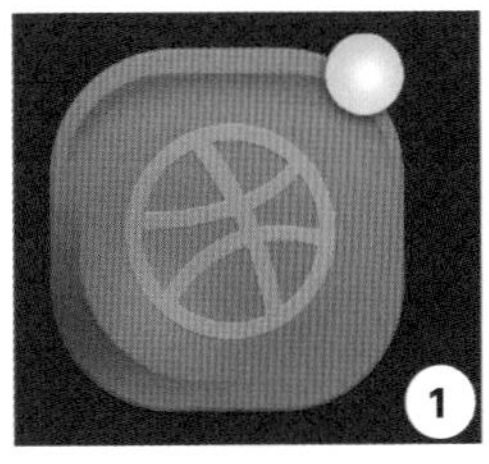

❶ 使用画笔单击绘制高光区域

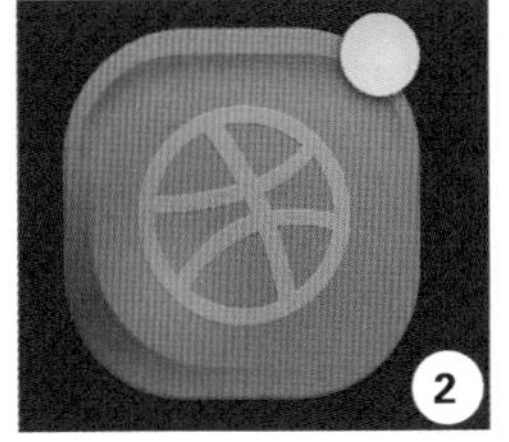

❷ 降低不透明度，使效果自然

图 6.15

图 6.16

6.2 按钮图标制作

图标展示示意图如图 6.17 所示。

图 6.17

案例综述

在本例中，我们将学习如何使用图层样式工具、钢笔工具、图层蒙版、圆角矩形工具等来制作一个按钮图标。本例以圆角矩形为基本图形，并大量运用了 Photoshop 内置的图层样式效果，使得图标具有视觉立体感。最终的效果如图 6.18 所示。

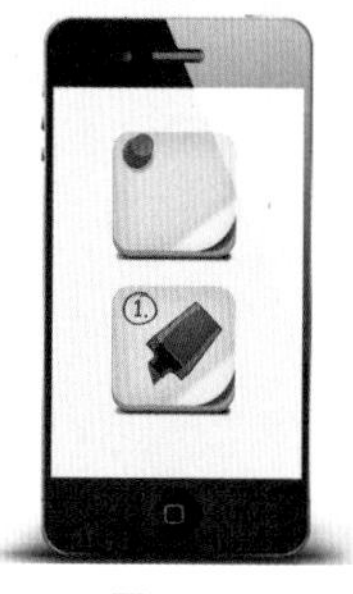

图 6.18

设计规范

尺寸规范	1200×1024 像素
主要工具	圆角矩形工具、图层样式
文件路径	Chapter06/6-2.psd
视频教学	6-2.avi

造型分析

黄色给人强有力的视觉冲击，并带有警示的作用。它经常被用来引起注意或提醒人们注意潜在的危险或问题。红色则给人以热烈和疯狂的感觉。它可以传达激情、活力和决心。红色常被用于吸引注意力，表示重要的信息或指示。它也常被用于表达警示或危险，例如交通信号灯中的红灯。

操作步骤：

Step01 新建文档。执行“文件”→“新建”命令，或按下快捷键 Ctrl+N，打开“新建”对话框，设置宽度和高度分别为 1280 像素和 1024 像素，分辨率为 300 像素 / 英寸，完成后单击“确定”按钮，新建一个空白文档，如图 6.19 所示。

Step02 绘制基本形。新建“组 1”，选择圆角矩形工具，在图像上方显示圆角矩形工具的选项栏中设置半径为 60 像素，设置填充色为 R:13 G:128 B:136，在画布上拖曳并绘制圆角矩形，如图 6.20 所示。

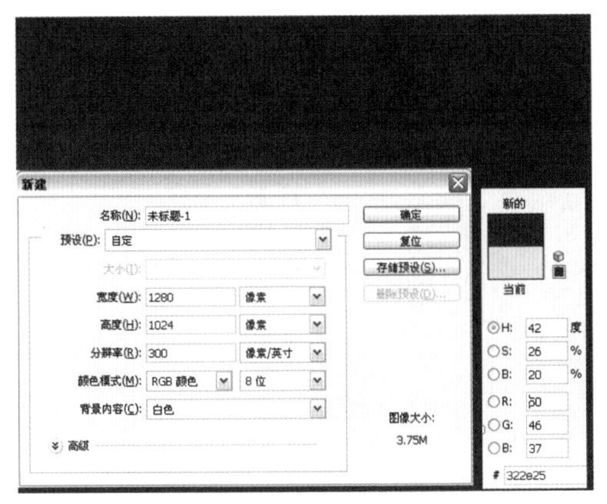

图 6.19

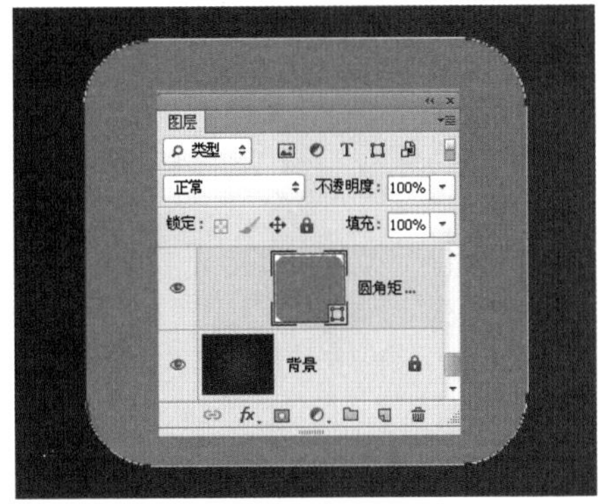

图 6.20

Step 03 增强图标厚重感。想要制作出图标的厚重感，必要的就是不断对基本形进行复制，从而给人视觉上的冲击，现在我们将基本形复制 4 次，分别将其改变为不同的颜色，然后再稍微向上移动位置，使露出来的地方均匀展示，如图 6.21 所示。

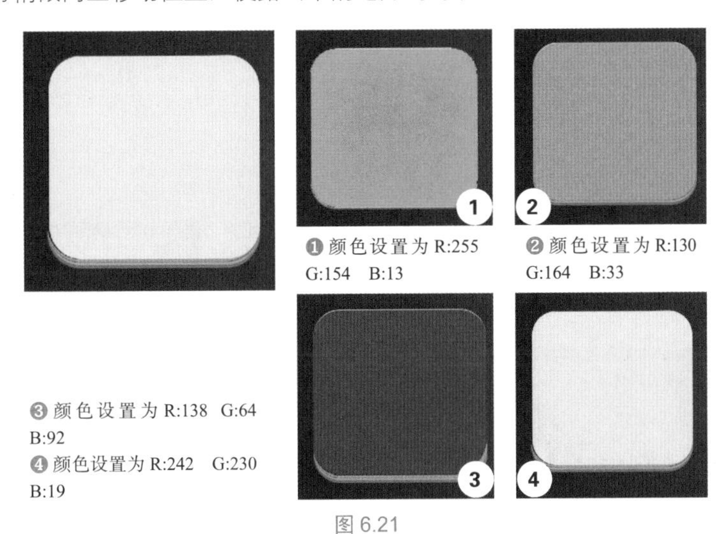

图 6.21

提示

当读者执行上述步骤后，可能会遇到一些困惑，即如何改变复制图层的颜色。别担心，我会为你提供答案。首先，你可以打开“图层”面板，在每个形状图层缩略图的右下角找到一个按钮。双击该按钮，会打开一个名为“拾色器（纯色）”的对话框。在对话框中，你可以使用颜色选择器来选择所需的颜色。选择好颜色后，单击“确定”按钮。此时，图层的颜色将会改变为你所选的颜色。通过这种方法，你可以为每个复制的图层自定义颜色，使它们与原始图层有所区别，从而满足你的需求。

Step04 添加阴影。将最上层黄色的圆角矩形进行隐藏，使用同样的方法添加黑色的圆角矩形，为该图层添加蒙版，使用黑色画笔将多余的部分隐藏，改变该图层的不透明度为70%，如图6.22所示。

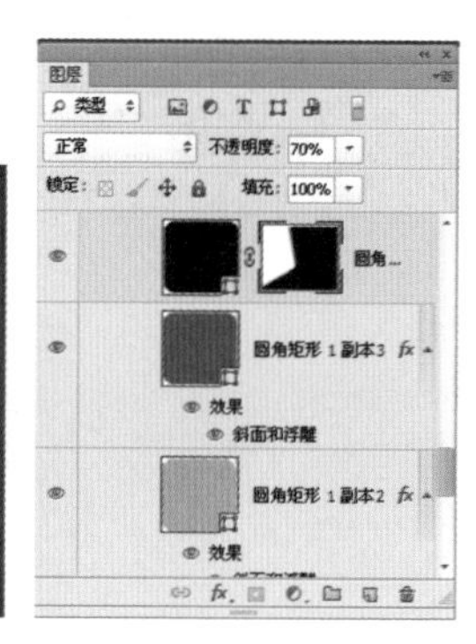

图6.22

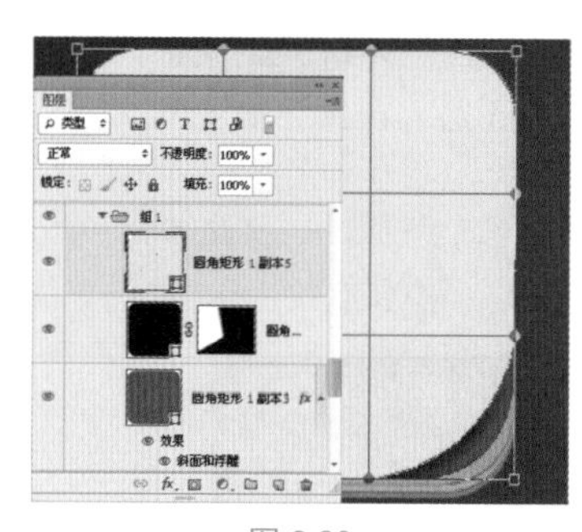

图6.23

Step05 使图标展示折叠效果。将黄色圆角矩形显示出来，按下快捷键Ctrl+T，在控制框内右击，在弹出的快捷菜单中选择“变形”命令，选择右下角的节点，向上推动，可形成折叠效果，如图6.23所示。

Step06 添加效果。打开黄色圆角矩形所在图层的“图层样式”对话框，分别对“斜面和浮雕”“内阴影”“渐变叠加”选项进行参数的设置，添加效果，如图6.24所示。

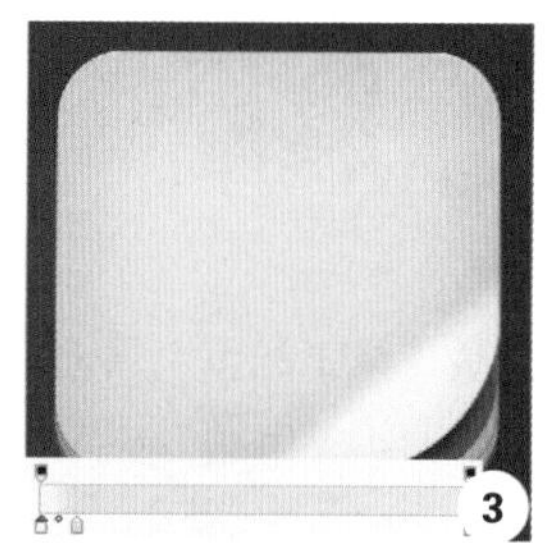

❶ 选择“斜面和浮雕”选项，设置角度为90°，取消选中“使用全局光”复选框，设置高度为64°

❷ 选择“内阴影”选项，颜色设置为R:242 G:218 B:11，距离为16像素、阻塞为30%、大小为120像素

❸ 选择“渐变叠加”选项，设置渐变条、角度为125°、缩放为65%、从左到右的颜色值为R:255 G:255 B:41、R:232 G:218 B:6、R:242 G:228 B:11

图6.24

提示

添加“图层样式”有以下三种方法：

（1）利用菜单命令打开，执行“图层”→“图层样式”命令，可以打开“图层样式”对话框。

（2）利用“图层”面板按钮打开，在“图层”面板中单击fx.按钮，在弹出的菜单中选择一个效果命令，可以打开“图层样式”对话框，进入相应效果的设置面板。

（3）利用鼠标打开，在“图层”面板中双击要添加效果的图层，可以打开“图层样式”对话框。

Step07 绘制阴影。选择“背景”图层，新建“图层 1”图层，设置前景色为黑色，使用画笔工具，按住 Shift 键在图像底部绘制直线，为该图层添加蒙版，使用画笔工具在直线两端的位置单击，将其隐藏，完成阴影效果，如图 6.25 所示。

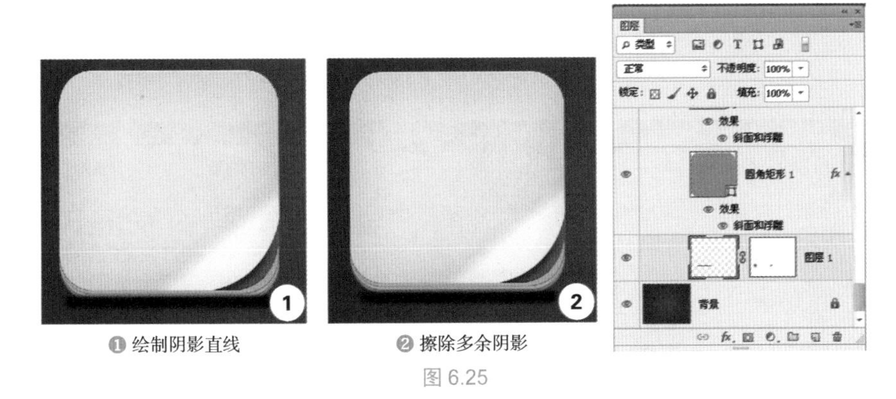

❶ 绘制阴影直线　　❷ 擦除多余阴影

图 6.25

提示

图层蒙版的原理是：蒙版中的纯白色区域可以遮盖下面图层中的内容，只显示当前图层中的图像；蒙版中的纯黑色区域可以遮盖当前图层功能中的图像，显示出下面图层中的内容；蒙版中的灰色区域会根据其灰度值使当前图层中的图像呈现出不同层次的透明度效果。

Step08 制作按钮底部。新建“组 2”，选择椭圆工具，在选项栏中选择“形状”选项，按住 Shift 键在图像上绘制正圆，打开“图层样式”对话框，分别对“渐变叠加”“斜面和浮雕”“投影”选项设置参数，如图 6.26 所示。

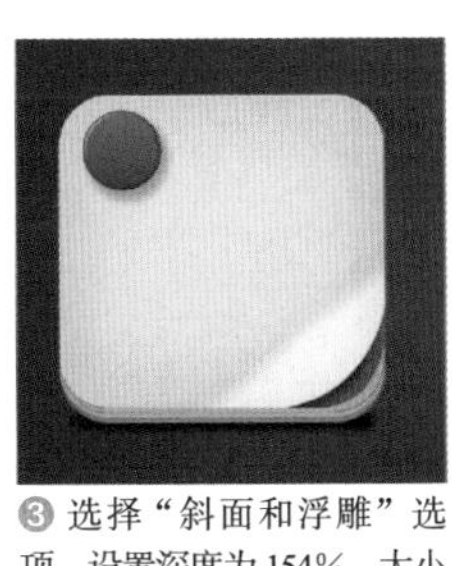

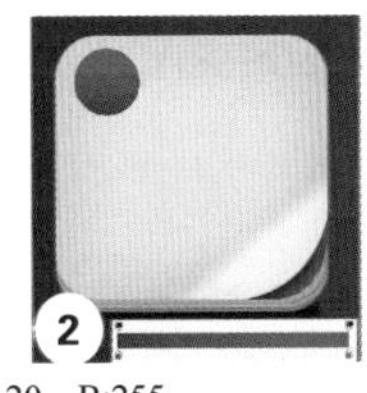

❶ 颜色设置为 R:0　G:120　B:255

❷ 选择“渐变叠加”选项，设置渐变条，从左到右为 R:164　G:4　B:15、R:255　G:6　B:41

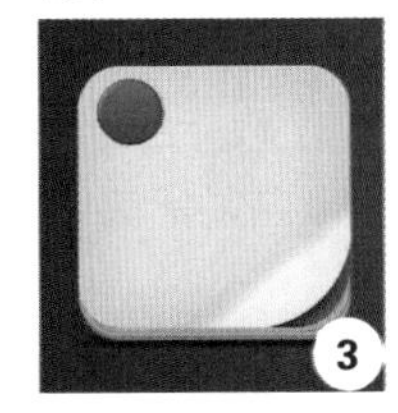

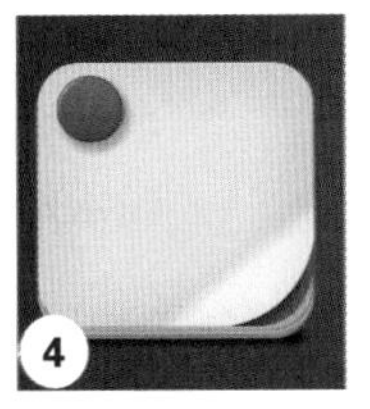

❸ 选择“斜面和浮雕”选项，设置深度为 154%、大小为 5 像素、软化为 3 像素、角度为 143°，取消选中“使用全局光”复选框，设置高度为 64°

❹ 选择“投影”选项，设置不透明度为 32%、距离为 13 像素、扩展为 15%、大小为 13 像素

图 6.26

提示

椭圆工具的多种用法：使用椭圆选框工具时，按住 Shift 键可以绘制一个正圆。这是因为 Shift 键的作用是限制选区的形状为正圆。按住 Alt 键，会以单击点为中心向外创建选区。这是因为 Alt 键的作用是以当前单击点为中心进行选区的创建。按住 Shift+Alt 键，会以单击点为中心向外创建圆形。这是因为同时按住 Shift 和 Alt 键会将选区形状限制为圆形。

Step09 制作按钮厚度。选择钢笔工具，在选项栏中选择“形状”选项，绘制形状，打开该图层的“图层样式”对话框，分别对“渐变叠加”“内阴影”选项进行参数设置，如图 6.27 所示。

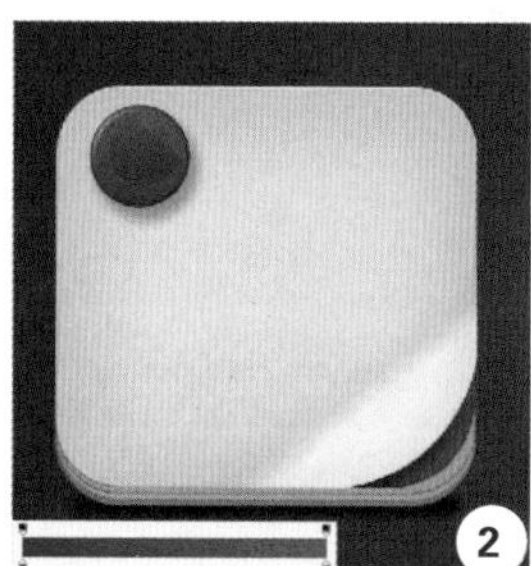
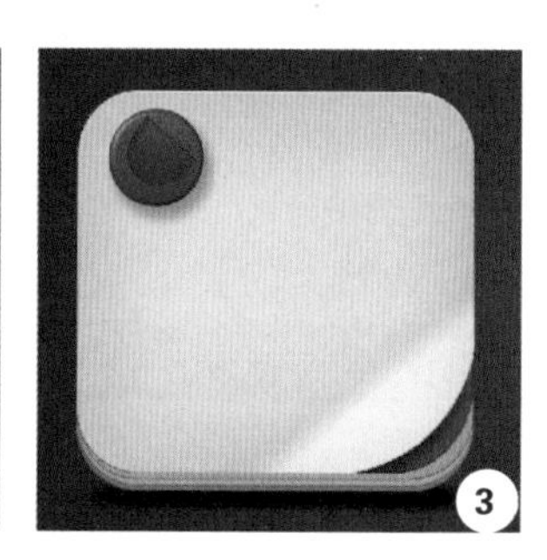

❶ 用钢笔工具绘制形状
❷ 选择“渐变叠加”选项，设置渐变条，从左到右为 R:140 G:13 B:22、R:255 G:6 B:32
❸ 选择“内阴影”选项，设置不透明度为 41%、距离为 5 像素、大小为 5 像素

图 6.27

Step10 表现按钮强烈的立体感。选择椭圆工具，按住 Shift 键绘制正圆，为其添加“斜面和浮雕”效果，复制椭圆图层，改变其混合模式，使用图层蒙版涂抹，使按钮更具真实感，如图 6.28 所示。

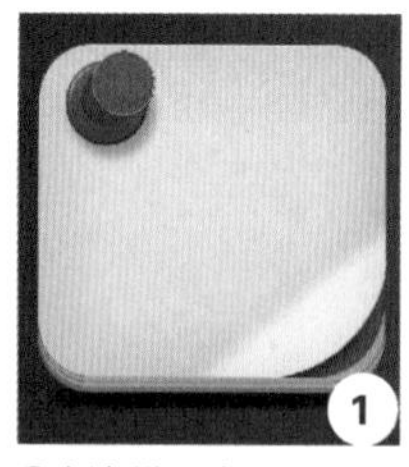
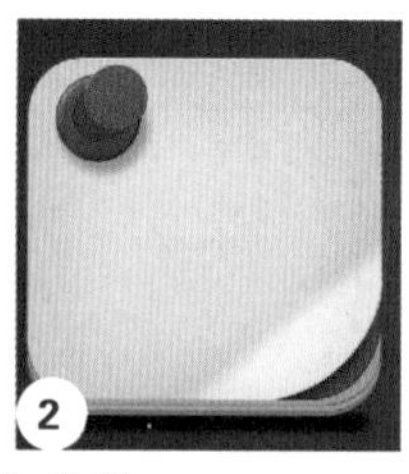

❶ 颜色设置为 R:232 G:33 B:37
❷ 选择“斜面和浮雕”选项，设置角度为 135°，取消选中“使用全局光”复选框，设置高度为 59°

❸ 复制刚才绘制的正圆，改变图层混合模式为“线性减淡”
❹ 使用蒙版涂抹，让按钮表现高低起伏的质感

图 6.28

提示

利用“图层”面板复制图层组：在同一个文件中复制图层时，可以利用“图层”面板中的按钮来实现此操作，具体方法是：选择要复制的图层组，然后将其拖曳到“图层”面板下方的创建新图层按钮上，释放鼠标即可对其进行复制。

Step 11 复制“组 1”。在选择栏中勾选“自动选择”选项下的“组”，选择“组 1”，按住 Alt 键的同时移动该组，可对其进行复制，得到“组 1 副本”图层，如图 6.29 所示。

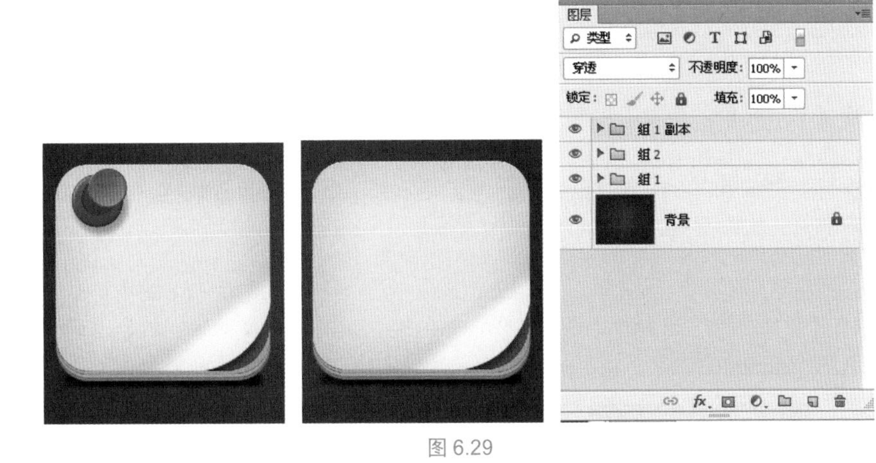

图 6.29

Step 12 绘制形状。选择工具箱中的钢笔工具，在图像上显示钢笔工具的选项中选择“路径”选项，在图像上绘制出轮廓，将形成闭合的线段，如图 6.30 所示。

Step 13 羽化选区。按下快捷键 Ctrl+Enter，将路径转换为选区，执行“选择”→“修改”→“羽化”命令，在打开的对话框中设置羽化半径，单击“确定”按钮，如图 6.31 所示。

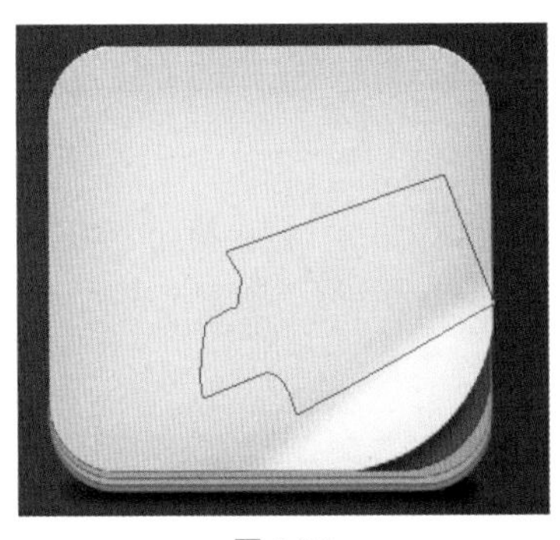

图 6.30

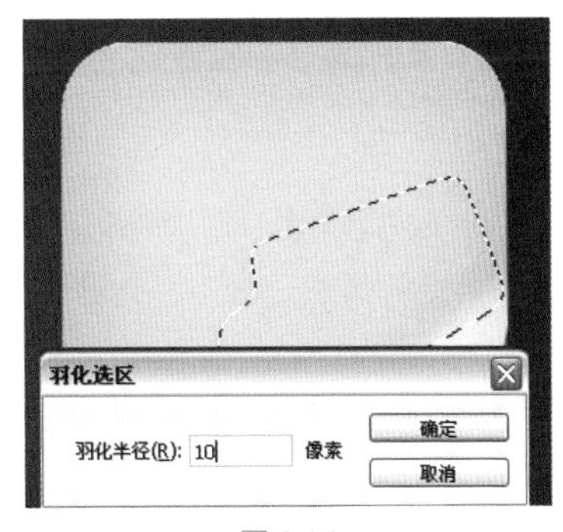

图 6.31

Step 14 绘制阴影。新建“图层 2”图层，将前景色设置为黑色，按下快捷键 Alt+Delete 为选区填充黑色，为该图层添加图层蒙版，选择画笔工具，在图像上进行涂抹，将多余图像隐藏，降低该图层的不透明度为 20%，如图 6.32 所示。

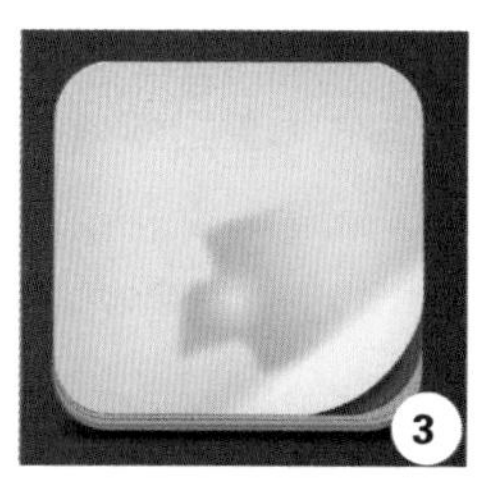

❶ 选区填充黑色　❷ 蒙版进行涂抹　❸ 降低不透明度为 20%

图 6.32

提示

正确设置羽化值：如果选区较小而羽化半径设置得较大，就会弹出羽化警告。这意味着你正在选择一个较小的区域，并设置了较大的羽化半径，这可能导致选区变得非常模糊，以至于在画面中看不到，但仍保留选区的存在。如果不想出现该警告，应减少羽化半径或增大选区的范围。

Step 15 绘制阴影。选择钢笔工具，在选项栏中选择“形状”选项，绘制形状，打开“图层样式”对话框，选择“内阴影”“渐变叠加”选项，设置参数，单击“确定”按钮，为该形状添加效果，如图 6.33 所示。

❶ 用钢笔绘制形状
❷ 选择“内阴影”选项，设置颜色为 R:153　G:1　B:19，角度为 -55°，取消选中“使用全局光”复选框，设置距离为 31 像素、阻塞为 8%、大小为 46 像素
❸ 选择“渐变叠加”选项，设置渐变条，从左到右为 R:164　G:4　B:15、R:255　G:6　B:41

图 6.33

Step 16 绘制形状立体感。选择钢笔工具，勾画形状轮廓，添加“颜色叠加”图层样式，复制该图层，改变颜色，降低不透明度，该形状的大致轮廓就形成了，如图 6.34 所示。

提示

快速修改图层的不透明度：除了手动输入不透明度值和调整不透明度的滑块之外，还可快速修改图层的不透明度：按键盘中的数字键即可快速修改图层的不透明度。例如，按下“5”，不透明度会变为 50%；按下“0”，不透明度会变为 100%。

❶ 用钢笔工具绘制轮廓

❷ 选择“颜色叠加”选项，设置颜色为黑色

❸ 复制该形状，选择“颜色叠加”选项，设置颜色为白色
❹ 降低不透明度为 25%

图 6.34

Step 17 绘制阴影。选择钢笔工具，在选项栏中选择“形状”选项，绘制形状，打开“图层样式”对话框，选择“内阴影”“渐变叠加”选项，设置参数，单击“确定”按钮，为该形状添加效果，如图 6.35 所示。

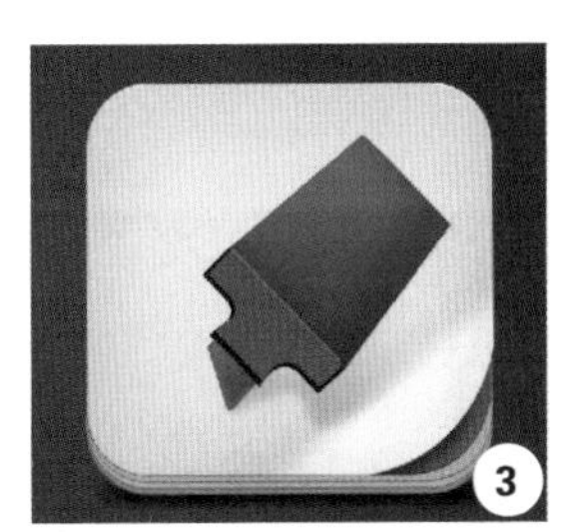

❶ 用钢笔绘制形状
❷ 选择“渐变叠加”选项，设置渐变条，从左到右为 R:160　G:17　B:47、R:245　G:27　B:92
❸ 选择“斜面和浮雕”选项，设置深度为 307%、大小为 5 像素、软化为 5 像素、角度为 78°，取消选中“使用全局光”复选框，设置高度为 16°、不透明度为 0%、阴影模式为“正常”、颜色为 R:229　G:8　B:67、不透明度为 97%

图 6.35

Step 18 绘制亮部高光。选择钢笔工具，在图像上绘制形状，选择“形状 5”图层，降低“形状 5”图层的不透明度参数，使高光看起来更加自然，如图 6.36 所示。

❶ 用钢笔绘制亮部高光

❶ 降低不透明度

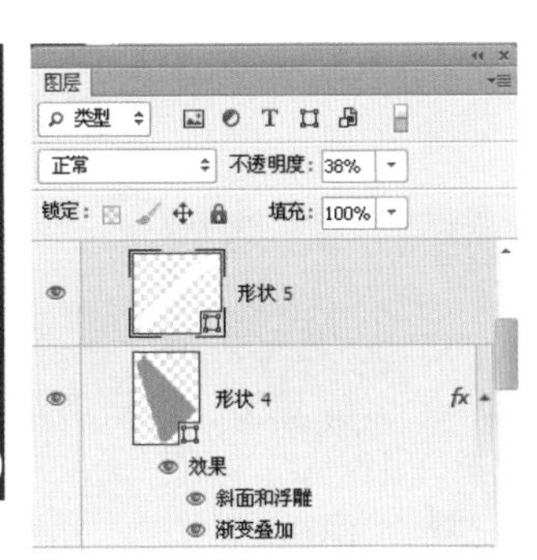

图 6.36

Step 19 绘制暗部高光。选择钢笔工具，在图像上绘制形状，选择“形状 6”图层，打开“图层样式”对话框，选择“渐变叠加”选项，设置参数，为高光添加渐变效果，如图 6.37 所示。

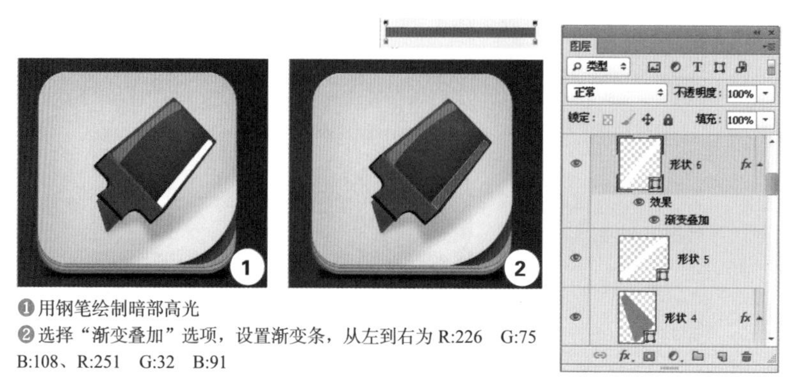

❶用钢笔绘制暗部高光
❷选择“渐变叠加”选项，设置渐变条，从左到右为 R:226 G:75 B:108、R:251 G:32 B:91

图 6.37

Step 20 绘制阴影和圆圈。选择钢笔工具，设置填充色为黑色，在图像上绘制形状，作为阴影效果，选择画笔工具，绘制圆圈，填充红色，如图 6.38 所示。

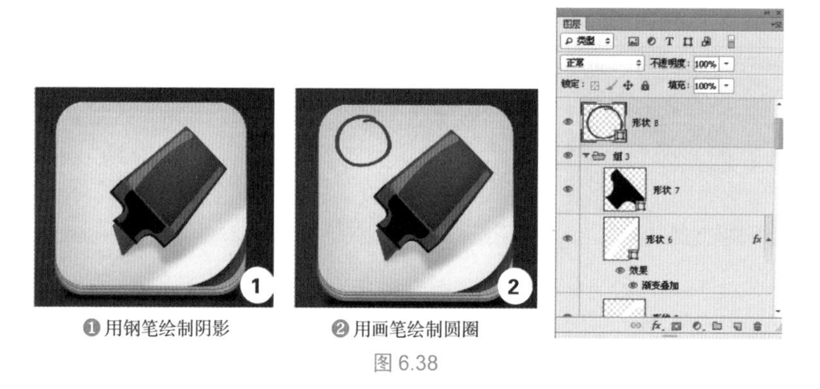

❶用钢笔绘制阴影　❷用画笔绘制圆圈

图 6.38

Step 21 输入数字。选择工具箱中的横排文字工具，在图像上输入文字，将文字选中，打开“字符”面板，设置文字的属性，如图 6.39 所示。

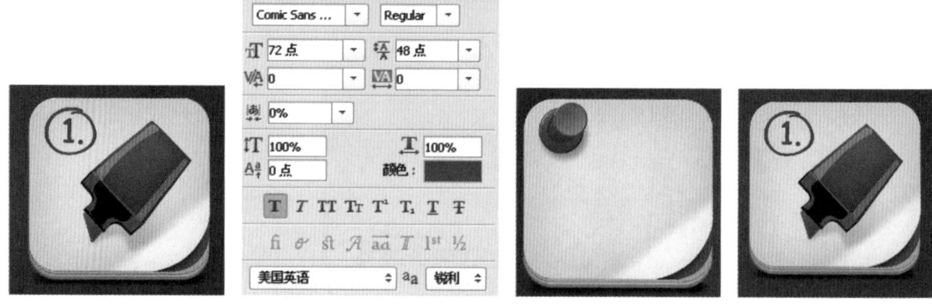

图 6.39

提示

在制作的过程中，常常需要将其他图层进行隐藏来观看画面的效果，这里我们学习一个小技巧：如何快速隐藏其他图层，按住 Alt 键单击一个图层的眼睛图标，可以将该图层外的其他所有图层都隐藏；按住 Alt 键再次单击同一眼睛的图标，可恢复其他图层的可见性。

Step22 完成效果　将文字添加完成后，按钮图标效果也制作完成了，如图 6.40 所示。

图 6.40

6.3 Chrome 图标制作

案例综述

在本例中，我们将学习如何使用剪贴蒙版将 Chrome 图标素材嵌入到圆角矩形基本形中，并使用图层样式为图标添加立体感，如图 6.41 所示。

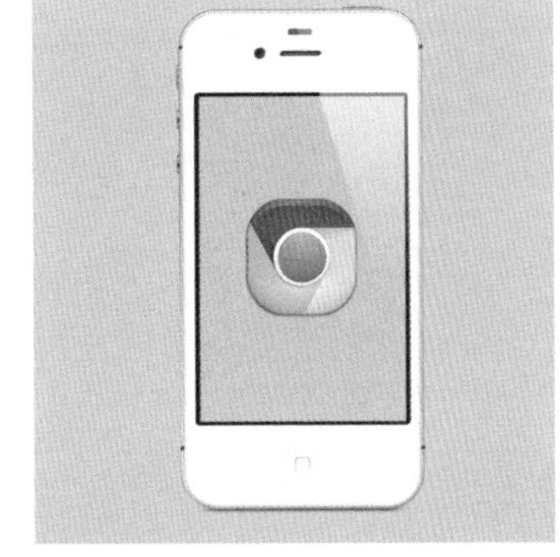

图 6.41

设计规范

尺寸规范	600×400 像素
主要工具	圆角矩形工具、图层样式
文件路径	Chapter06/6-3.psd
视频教学	6-3.avi

造型分析

红绿黄蓝四色搭配通常被认为具有活泼、明亮和有趣的心理暗示。这种色彩搭配常用于吸引用户注意力，传达应用的活泼和有趣的特点。

操作步骤：

Step 01 新建文档。执行“文件”→“新建”命令，或按下快捷键 Ctrl+N，打开“新建”对话框，设置宽度和高度分别为 600 像素和 400 像素，分辨率为 72 像素 / 英寸，完成后单击“确定”按钮，新建一个空白文档，将“背景”图层进行解锁，转换为普通图层，如图 6.42 所示。

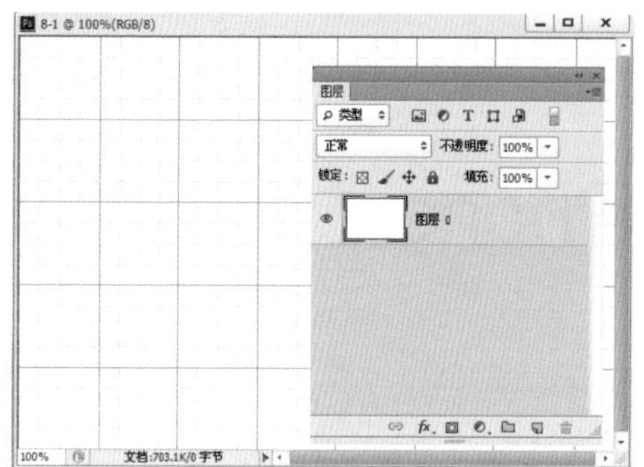

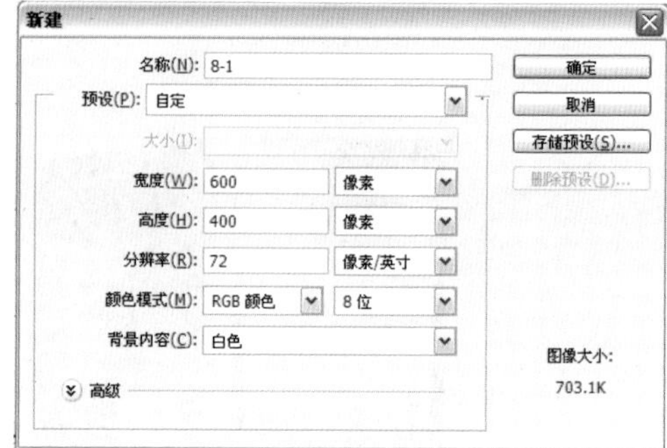

图 6.42

提示

因为我们在第 5 章制作平面图标的时候，将“网格”命令显示出来，所以，再次重新新建文档，网格会自动出现，若想隐藏网格，可以执行“视图”→“网格”命令。

Step 02 为背景添加图案。单击“图层”面板下方的添加图层样式按钮 fx，在弹出的下拉列表中选择“图案叠加”选项，即可打开“图层样式”对话框，设置图案，单击“确定”按钮，为背景添加图案，如图 6.43 所示。

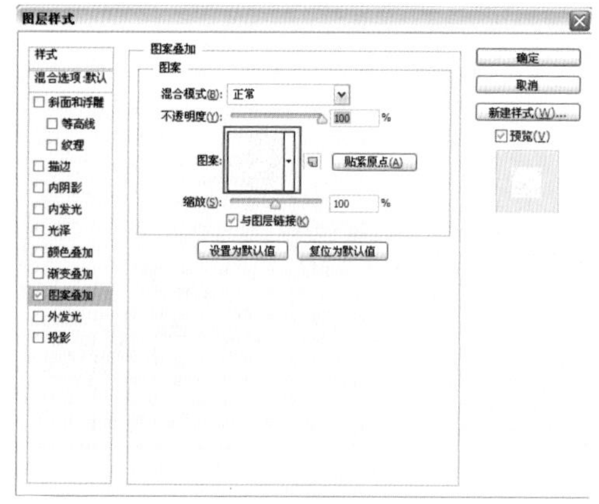

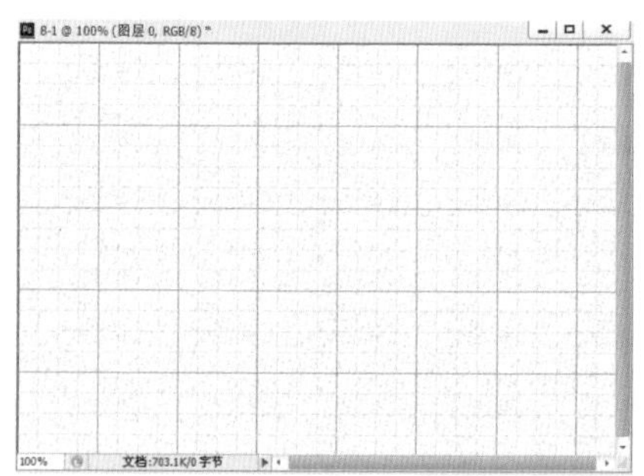

图 6.43

提示

“图案叠加”样式可以将当前图案创建为新的预设，新图案会保存在“图案”下拉面板中，还可以自定义图案，将其载入图层样式中，从而可以进行应用。

Step03 绘制基本形。选择“圆角矩形工具”，在选项栏中设置半径为 80 像素，在网格上绘制以 12×12 个小方格为基准的圆角矩形，如图 6.44 所示。

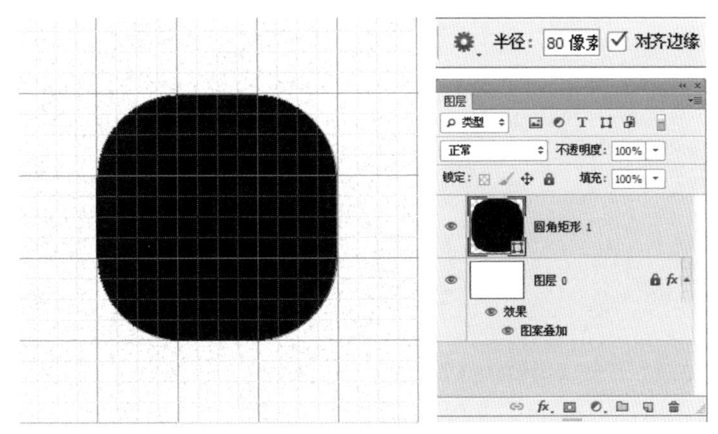

图 6.44

Step04 添加投影效果。双击该图层打开“图层样式”对话框，在左侧列表框中选择“投影”选项，设置不透明度为 45%，角度为 90°，取消选中“使用全局光”复选框，设置距离为 3 像素、大小为 6 像素，单击“确定”按钮，为形状添加投影效果，如图 6.45 所示。

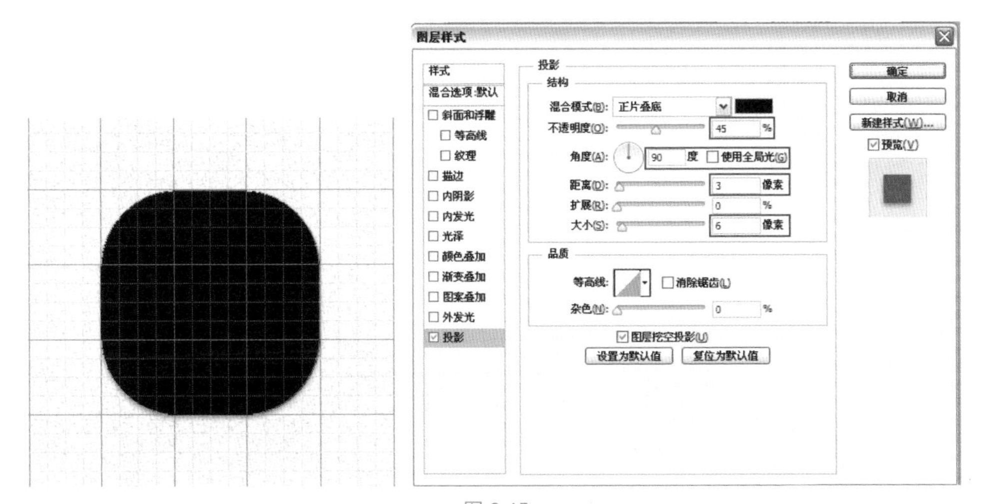

图 6.45

Step05 添加标志。打开素材文件“6-3.jpg”，将素材文件拖动到当前绘制的文档中，改变位置，使其将圆角矩形全部遮盖，右击，在弹出的快捷菜单中选择“转换为智能对象”选项，按住 Ctrl 键的同时单击“圆角矩形 1”图层的图层缩览图，选择该图层的选区，单击“图层”面板下方创建图层蒙版按钮 ，即可将素材遮挡到圆角矩形中，如图 6.46 所示。

Step06 添加效果。双击“图层 1”图层，打开“图层样式”对话框，选择“内阴影”“内发光”选项，设置参数，为标志添加效果，如图 6.47 所示。

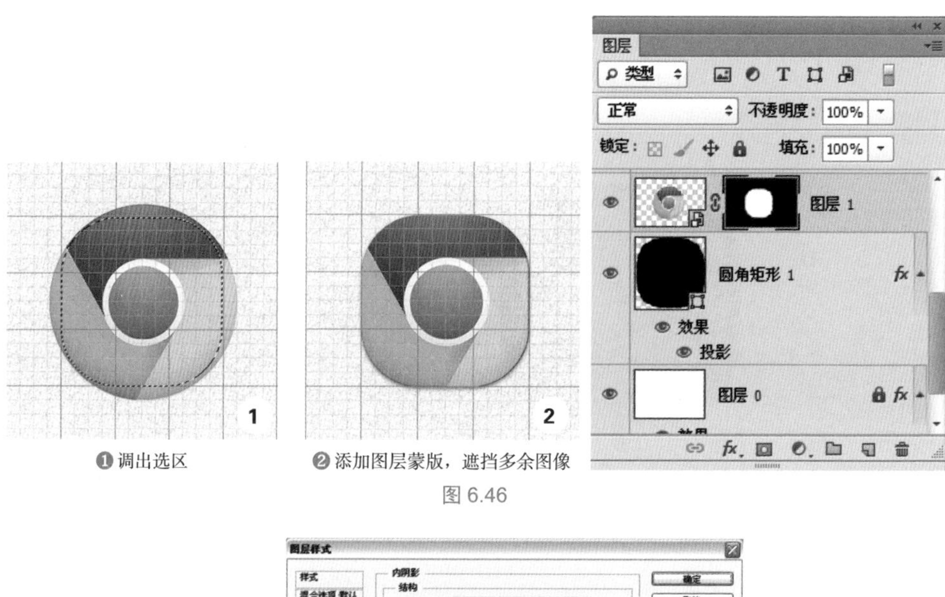

❶调出选区　　❷添加图层蒙版，遮挡多余图像

图 6.46

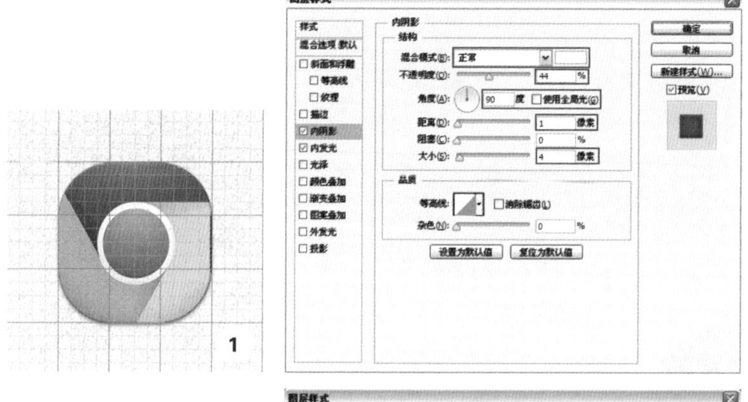

❶选择“内阴影”选项，设置混合模式为“正常”、颜色为白色、不透明度为44%、角度为90°，取消选中“使用全局光”复选框，设置距离为1像素、大小为4像素

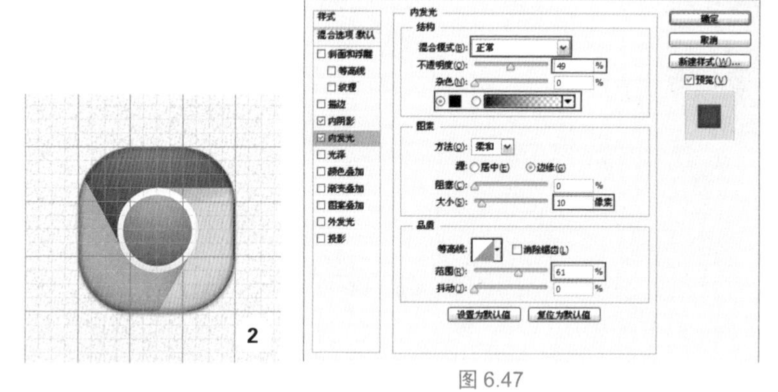

❷选择“内发光”选项，设置混合模式为“正常”、不透明度为49%、颜色为“黑色”、大小为10像素、范围为61%

图 6.47

Step 07 绘制高光。新建“图层”图层，选择“画笔工具”，设置前景色为白色，在图标中央的位置进行涂抹，绘制高光，为该图层添加图层蒙版，使用黑色画笔进行涂抹，将多余的白色区域擦掉，最后降低该图层的不透明度为70%，如图6.48所示。

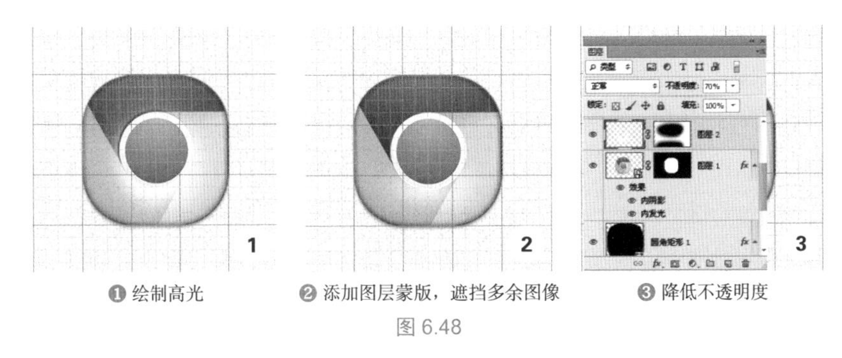

❶ 绘制高光　　❷ 添加图层蒙版，遮挡多余图像　　❸ 降低不透明度

图 6.48

Step08 新建椭圆。选择“椭圆工具”，按住 Shift 键在图像上绘制正圆，将该“椭圆 1”图层的填充降低为 0，如图 6.49 所示。

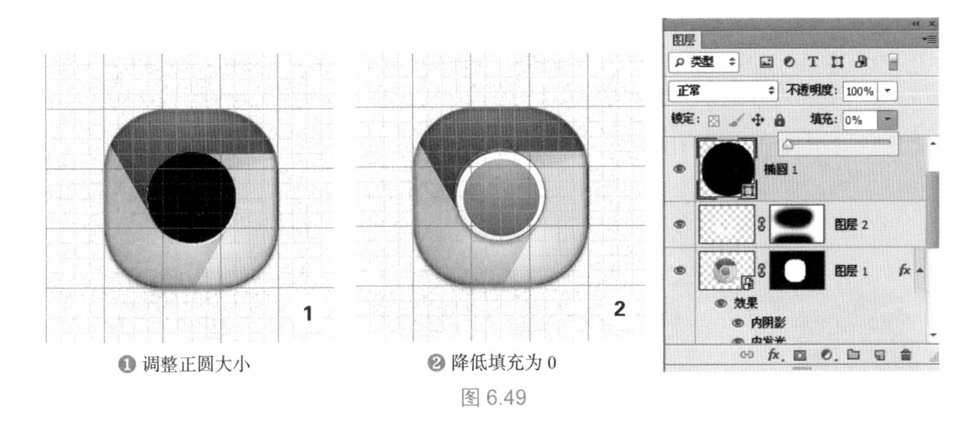

❶ 调整正圆大小　　❷ 降低填充为 0

图 6.49

Step09 添加投影效果。给“椭圆 1”图层添加图层样式，选择“投影”选项，设置参数，为标志内部添加投影效果，使图标细节更加完美，如图 6.50 所示。

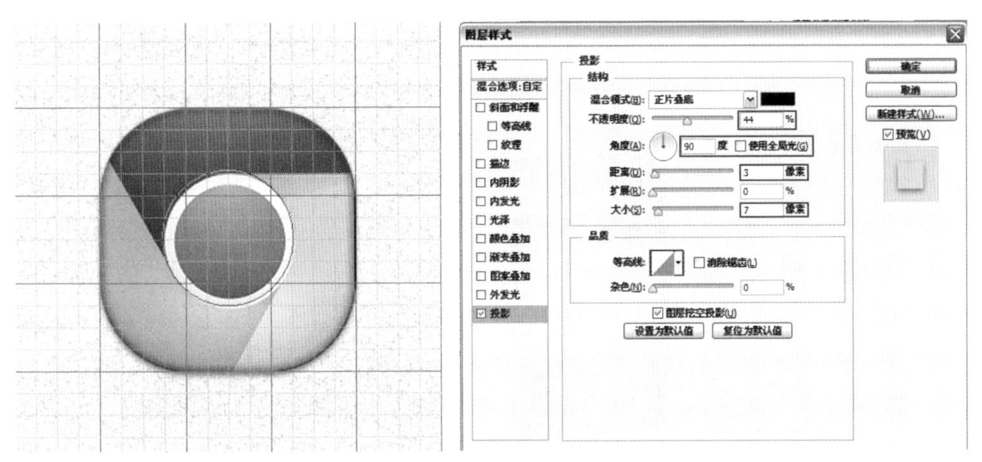

选择“投影”选项，设置不透明度为 44%、角度为 90°，取消选中“使用全局光”复选框，设置距离为 3 像素、大小为 7 像素

图 6.50

提示

在“图层样式”对话框中，单击一个效果的名称，可以选中该效果，对话框的右侧会显示与之对应的选项，如果选中该效果复选框，则可以应用该效果，但不会显示效果选项。

Step 10 表现立体感。将“圆角矩形 1”图层进行复制，得到“圆角矩形 1 副本”图层，将复制后的图层移动到“图层”的上方，按住 Alt+Shift 键将圆角矩形等比例缩小，为其添加图层蒙版，使用画笔进行涂抹，隐藏多余图像，调整不透明度为 50%，完成效果，如图 6.51 所示。

提示

在“图层样式”对话框中为图层添加了一种或多种效果以后，可以将该样式保存到“样式”面板中，以方便以后使用。如果要将效果创建为样式，可以将添加效果的图层选中，单击打开“样式”面板中的创建新样式按钮，在打开的对话框中设置选项并单击“确定”按钮即可创建样式。

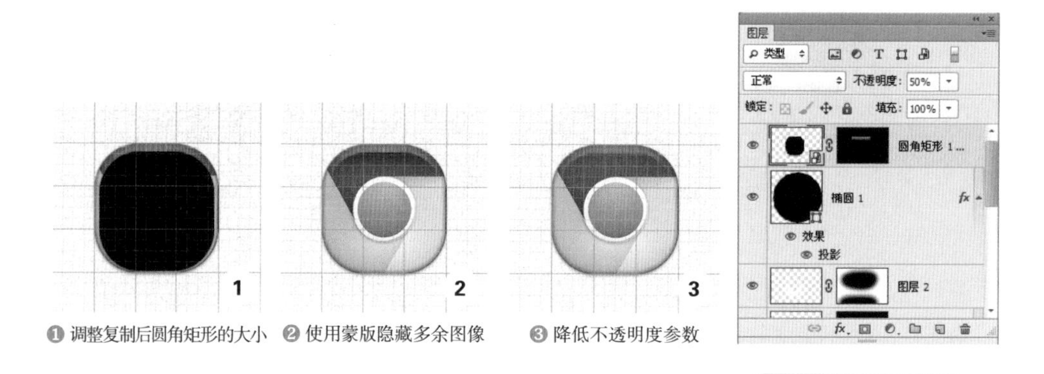

❶ 调整复制后圆角矩形的大小 ❷ 使用蒙版隐藏多余图像 ❸ 降低不透明度参数

图 6.51

6.4 Twitter 图标制作

案例综述

在本例中，我们将使用圆角矩形工具来绘制基本形状，并使用图层样式为图标增加立体感。然后，我们将使用钢笔工具来创建飞鸽图标，并完成图标的设计，如图 6.52 所示。

设计规范

尺寸规范	600×400 像素
主要工具	圆角矩形工具、图层样式
文件路径	Chapter06/6-4.psd
视频教学	6-4.avi

图 6.52

造型分析

图标以蓝色作为背景色，给白色飞鸽提供了一个清晰鲜明的对比，使飞鸽更加突出和引人注目。同时，蓝色还可以引发一种平静和放松的情绪，让人有种在广阔的天空自由地飞翔的感受。整体上，蓝色和白色的搭配给人一种清新、自然的感觉，营造出一种开阔的视觉效果。

操作步骤：

Step01 新建文档。执行“文件”→“新建”命令，在打开的“新建”对话框中完成设置，宽度和高度分别为 600 像素和 400 像素，分辨率为 72 像素 / 英寸，单击“确定”按钮，新建一个空白文档，将“背景”图层进行解锁，转换为“图层 0”图层，单击“图层”面板下方的添加图层样式按钮 fx，在弹出的下拉列表中选择“图案叠加”选项，即可打开“图层样式”对话框，设置图案，单击“确定”按钮，为背景添加图案，如图 6.53 所示。

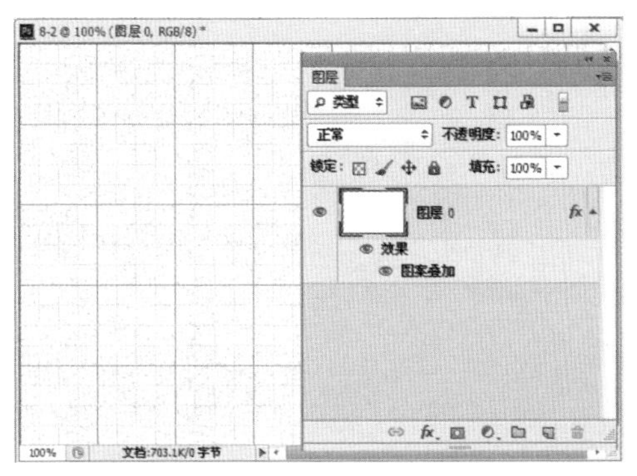

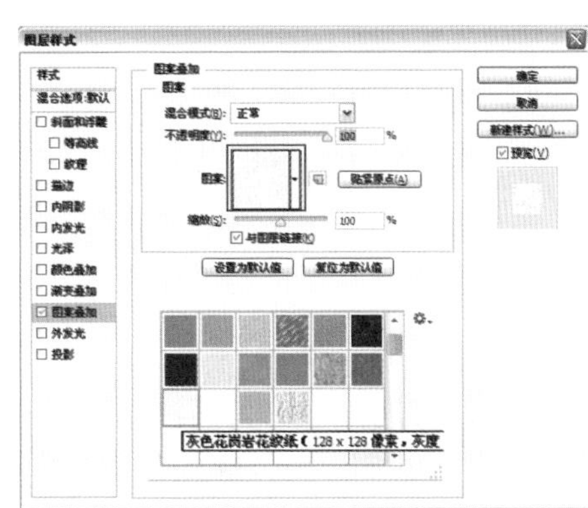

图 6.53

Step02 绘制基本形。选择“圆角矩形工具”，在选项栏中设置半径为 80 像素，在网格上绘制 12×12 个小方格为基准的圆角矩形，打开该图层的“图层样式”对话框，在左侧列表中分别选择“渐变叠加”“描边”“投影”选项，设置参数，为圆角矩形添加效果，如图 6.54 所示。

提示

在“渐变叠加”图层样式面板中，单击可编辑渐变 ，可打开“渐变编辑器”对话框，可从“预设”中选择一个渐变，也可以单击下方渐变条的色标来改变颜色，重新编辑渐变，单击“确定”按钮，即可为形状添加渐变。

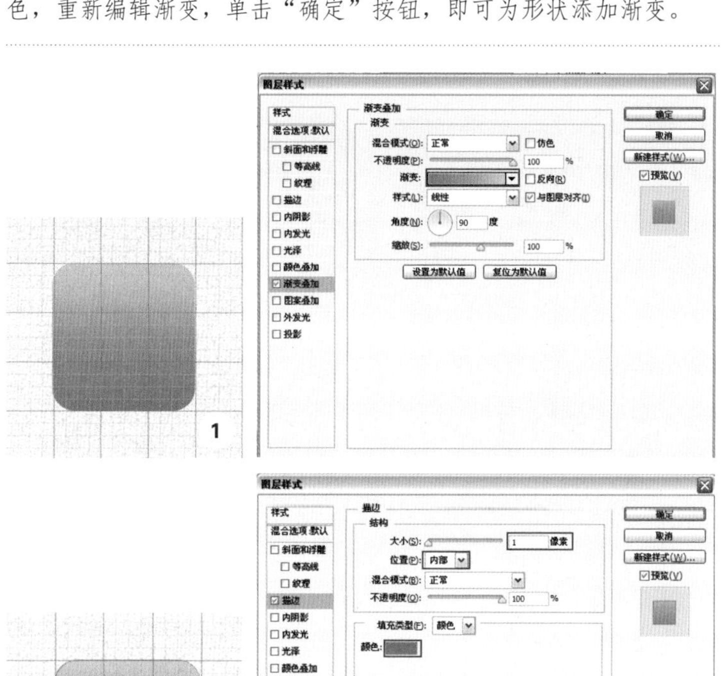

❶ 选择“渐变叠加”选项，设置渐变条，从左到右依次为 R:51 G:140 B:181，R:98 G:205 B:255

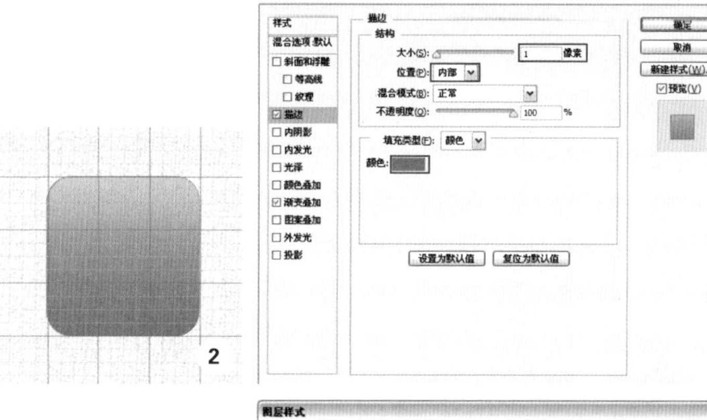

❷ 选择“描边”选项，设置大小为 1 像素、位置为“内部”、颜色为 R:79 G:130 B:146

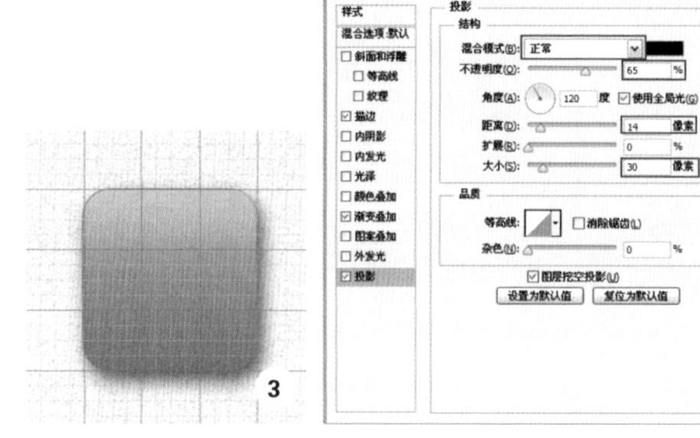

❸ 选择“投影”选项，设置混合模式为“正常”、不透明度为 65％、距离为 14 像素、大小为 30 像素

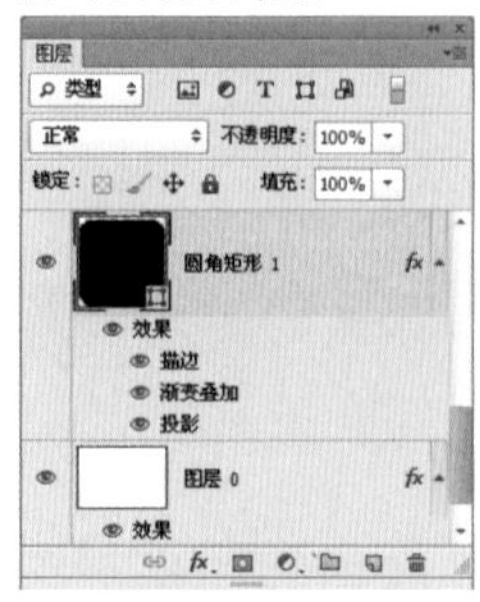

图 6.54

提示

在“图层样式”对话框右侧，有个“预览”选项，将“预览”复选框选中，可从预览图中观看图像效果。

Step03 复制形状、改变颜色。将“圆角矩形 1”图层进行复制，得到“圆角矩形 1 副本”图层，选择复制后的图层，右击，在弹出的快捷菜单中选择“清除图层样式”选项，双击图层缩览图按钮，打开“拾色器（纯色）”对话框，设置参数为白色，单击“确定”按钮，改变颜色为白色，如图 6.55 所示。

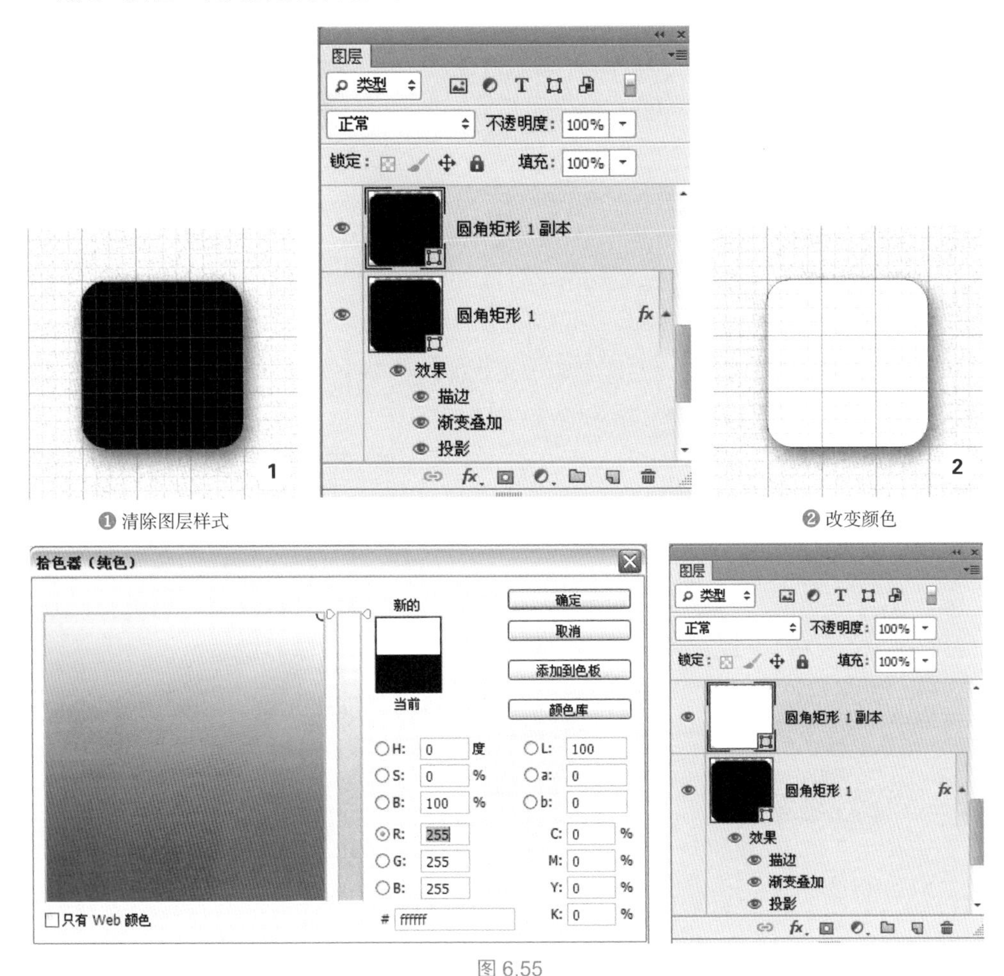

图 6.55

提示

在执行“滤镜”→“杂色”→“添加杂色”命令时，会弹出一个警告对话框，警告内容为此形状图层必须经过栅格化才能处理，是否要栅格化此形状？在这里，我们单击“确定”按钮，对该形状图层进行栅格化处理，从而执行“添加杂色”命令。

Step 04 添加杂色。选择“圆角矩形 1 副本”图层，执行“滤镜”→“杂色”→“添加杂色”命令，在打开的“添加杂色”对话框中设置数量为 10%、分布为“高斯分布”、选中“单色”复选框，单击“确定”按钮，为该形状添加杂色效果，如图 6.56 所示。

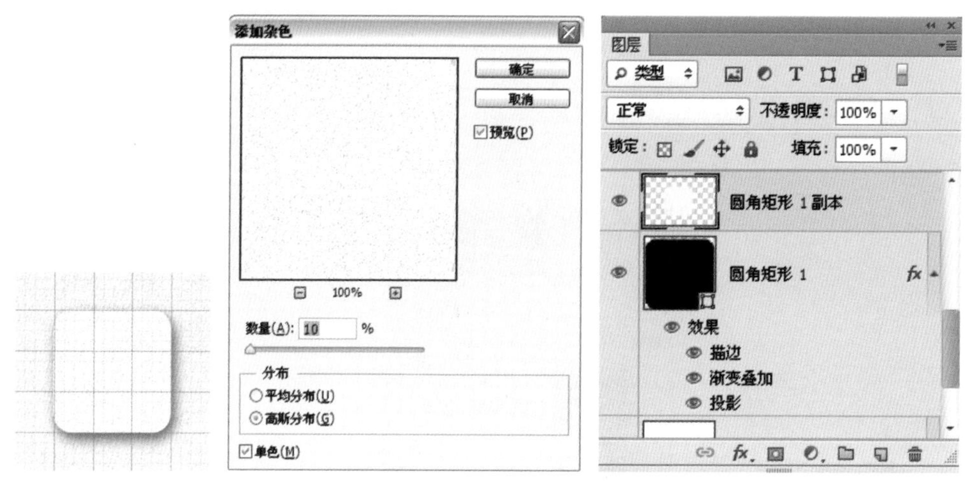

图 6.56

Step 05 改变混合模式。将该图层的混合模式设置为“颜色加深”，降低该图层不透明度参数为 30%，使杂色效果融入图像中，如图 6.57 所示。

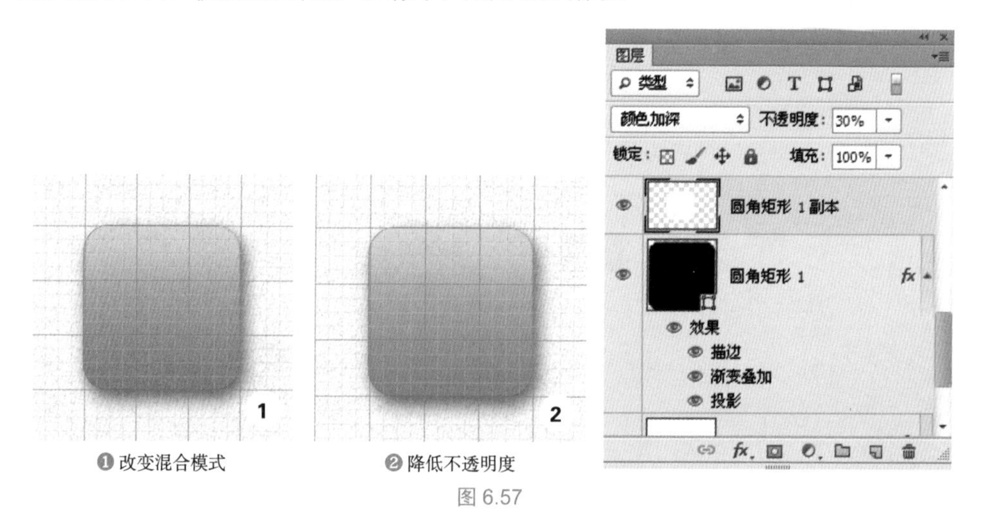

❶ 改变混合模式　　❷ 降低不透明度

图 6.57

Step 06 绘制飞鸽。选择“钢笔工具”，在选项栏中选择“路径”选项，绘制飞鸽外形，按下快捷键 Ctrl+Enter 将其转换为选区，新建“图层 1”图层，为其填充黑色，取消选区，如图 6.58 所示。

Step 07 添加渐变。打开该图层的“图层样式”对话框，选择“渐变叠加”选项，设置从左到右依次为 R:212　G:212　B:212、R:255　G:255　B:255，单击“确定”按钮，为飞鸽添加渐变效果，如图 6.59 所示。

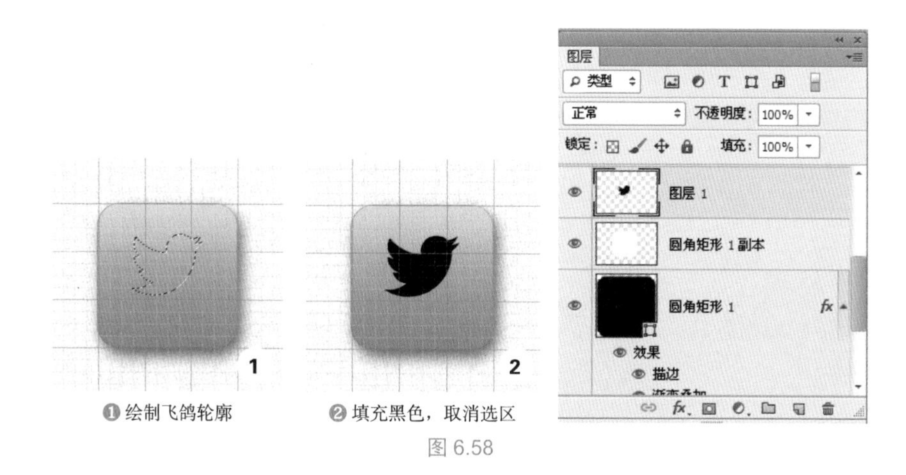

图 6.58

图 6.59

Step 08 添加投影。选择“投影”选项，设置混合模式为“正常”、不透明度为 40%、距离为 2 像素、大小为 4 像素，单击“确定”按钮，为飞鸽添加投影效果，如图 6.60 所示。

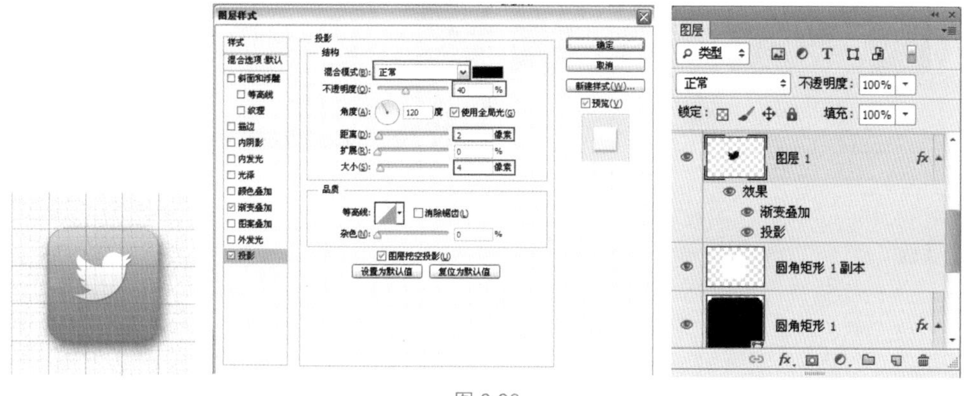

图 6.60

Step 09 输入文字。选择“横排文字工具”输入文字，将飞鸽所在图层的图层样式进行复制，粘贴到文字图层。选择“钢笔工具”绘制图中的黑色区域，为其添加“投影”效果，完成后，将该图层的不透明度降低为 25%，完成效果，如图 6.61 所示。

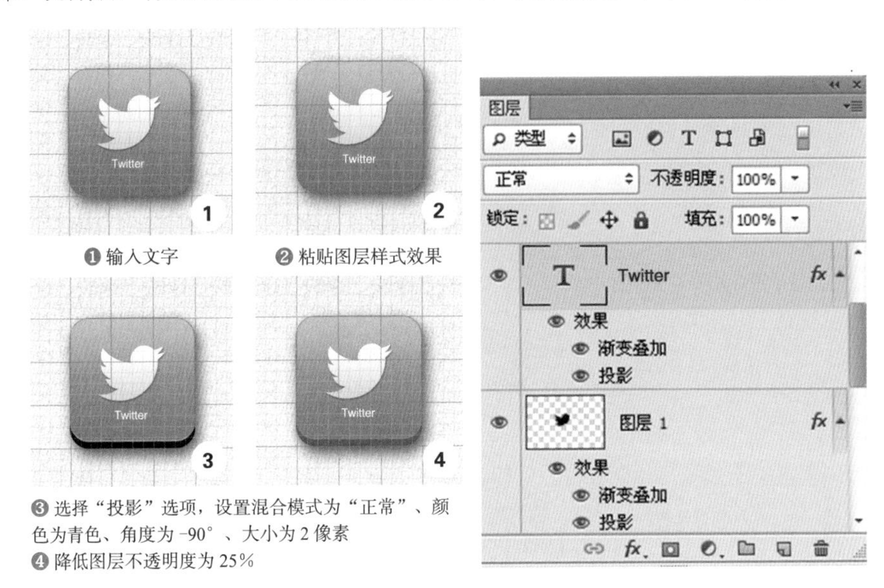

图标展示示意图

图 6.61

提示

钢笔绘制黑色区域时，步骤跟绘制飞鸽相同，先绘制轮廓，转换为选区，新建图层，填充颜色，取消选区。

6.5 照相机图标制作

案例综述

本例我们将创建一个具有金属渐变色的相机图标，在此过程中将使用圆角矩形工具和图形叠加功能。为了模拟金属的高光反射效果，我们选择了黑白过渡作为渐变色，如图 6.62 所示。

图 6.62

设计规范

尺寸规范	400×400 像素
主要工具	圆角矩形工具、图层样式
文件路径	Chapter06/6-5.psd
视频教学	6-5.avi

造型分析

使用黑白灰的过渡色能够营造出高档、整洁和简约的感觉。在本例中，我们通过使用黑白灰过渡色来制作金属质感，从而呈现出一种高科技的感觉。

操作步骤：

Step 01 新建文档。执行“文件”→“新建”命令，或按下快捷键 Ctrl+N，打开“新建”对话框，设置宽度和高度分别为 400 像素和 400 像素，分辨率为 72 像素 / 英寸，完成后单击“确定”按钮，新建一个空白文档，如图 6.63 所示。

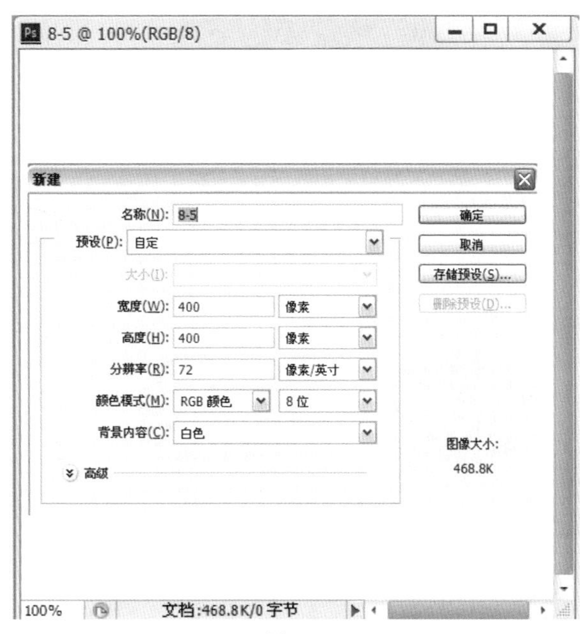

图 6.63

Step 02 填充渐变色。选择“渐变工具”，在选项栏中单击可编辑渐变按钮，可打开“渐变编辑器”对话框，设置渐变条左右两边的颜色为 R:144　G:144　B:144，中间的颜色为 R:253　G:253　B:253，单击“确定”按钮，在画布上拉出渐变，如图 6.64 所示。

图 6.64

Step03 绘制基本形。选择“圆角矩形工具”，在选项栏中设置半径为 200 像素，在画布上拖曳并绘制圆角矩形，在“图层”面板自动生成“圆角矩形 1”图层，打开“图层样式”对话框，选择“渐变叠加”“投影”选项，设置参数，为其添加效果，如图 6.65 所示。

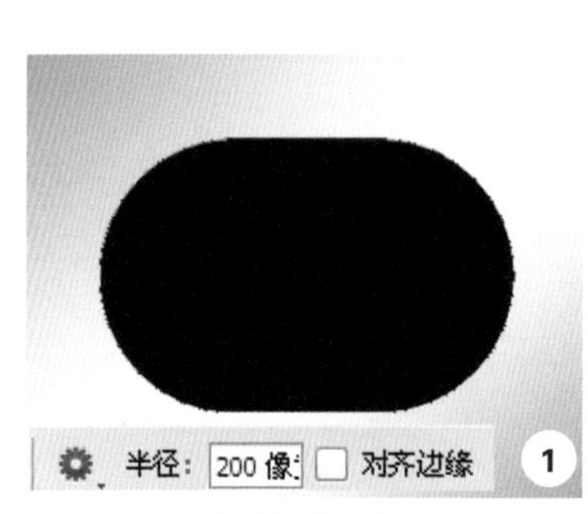

❶ 绘制基本形

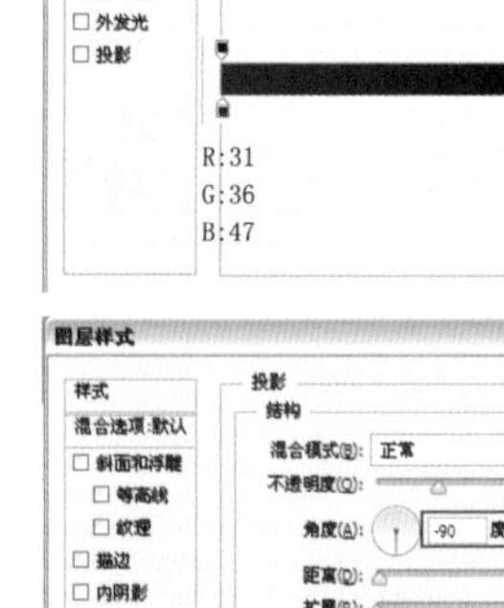

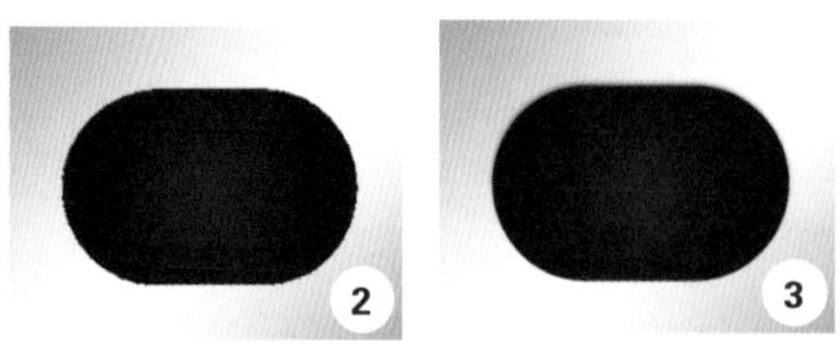

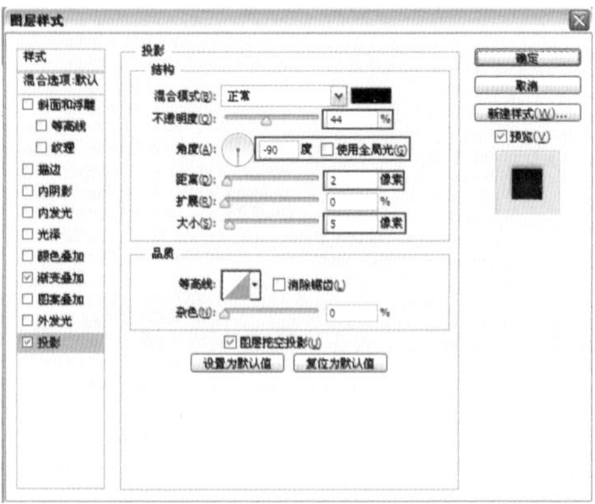

❷ 选择“渐变叠加”选项，设置样式为“径向”、角度为 167°、设置渐变条

❸ 选择“投影”选项，设置不透明度为 44 %、角度为 -90°，取消选中“使用全局光”复选框，设置距离为 2 像素、大小为 5 像素

图 6.65

Step04 降低不透明度和填充。将“图层样式”效果添加完成后，选择该图层，将该图层的不透明度降低为 85%，填充降低为 0，使图标颜色变淡一些，如图 6.66 所示。

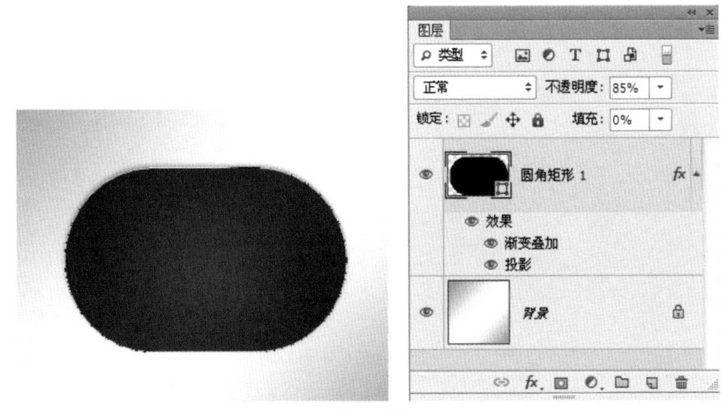

图 6.66

Step05 复制图层。将“圆角矩形 1”图层进行复制，得到“圆角矩形 1 副本”图层，将复制后的图层的填充降低为 0，使用“移动工具”向下移动圆角矩形的位置，打开“图层样式”对话框，选择“投影”选项，设置参数，添加投影效果，如图 6.67 所示。

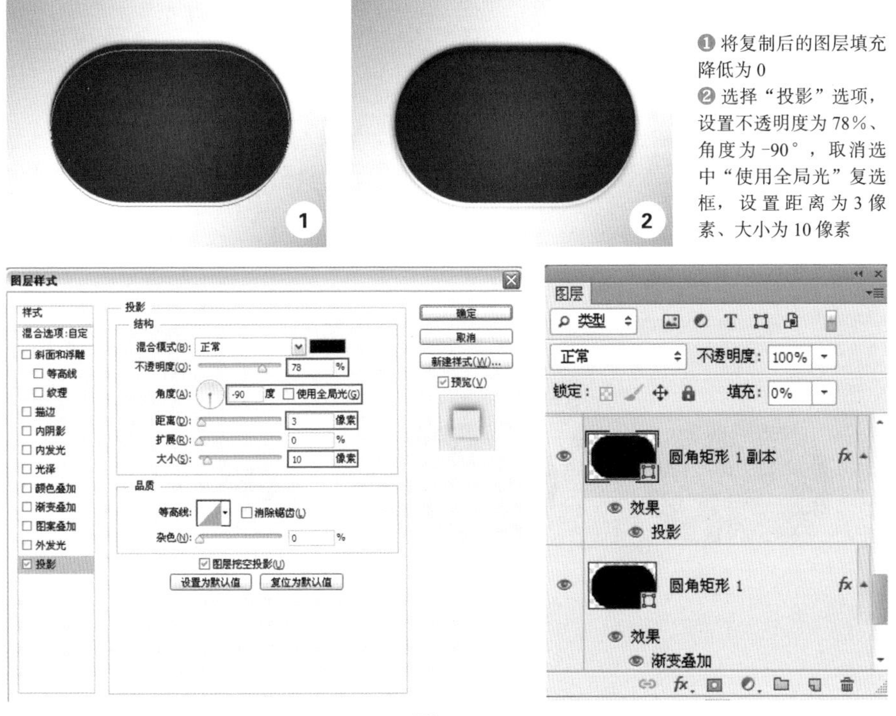

图 6.67

Step06 绘制基本形。再次复制“圆角矩形 1”图层，得到“圆角矩形 1 副本 2”图层，将复制后的图层的填充降低为 0，按下快捷键 Ctrl+T，按住 Alt+Shift 键向内收缩形状，使其变小一点，打开复制后的图层的“图层样式”对话框，在左侧列表中选择“渐变叠加”“图案叠加”选项，设置参数，为图标添加渐变和图案效果，如图 6.68 所示。

提示

设置图层不透明度的目的是控制当前图层的透明程度，使其呈现透明状态，从而使下方图层中的图像内容可见。

而设置图层的填充不透明度则是为了调整当前图层的填充效果，与图层不透明度相似，但它并不会影响到图层的其他属性和效果。

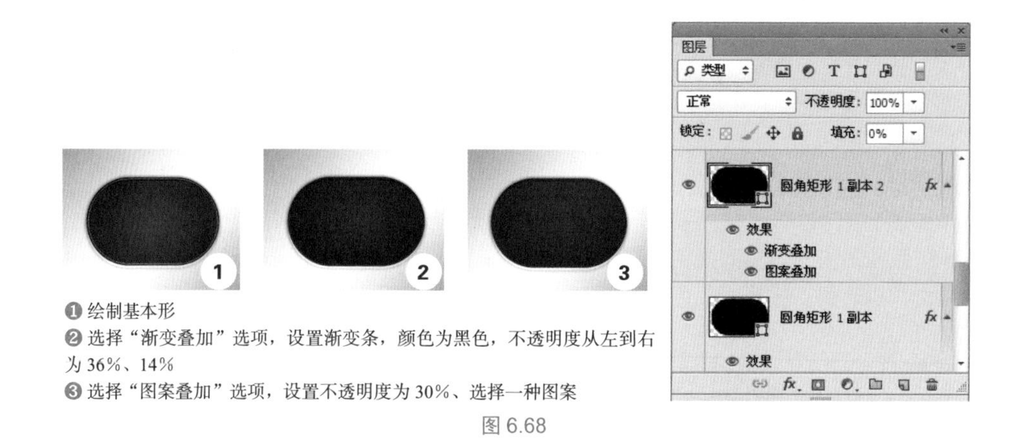

❶ 绘制基本形
❷ 选择“渐变叠加”选项，设置渐变条，颜色为黑色，不透明度从左到右为 36%、14%
❸ 选择“图案叠加”选项，设置不透明度为 30%、选择一种图案

图 6.68

Step07 从选区中减去。选择“圆角矩形工具”，在图像上绘制黑色圆角矩形，然后在选项栏中选择“减去顶层形状”选项，再次进行绘制，此时绘制出来的形状会将不需要的部分从刚才绘制的形状上减去，完成后，将该图层的填充降低为 0，如图 6.69 所示。

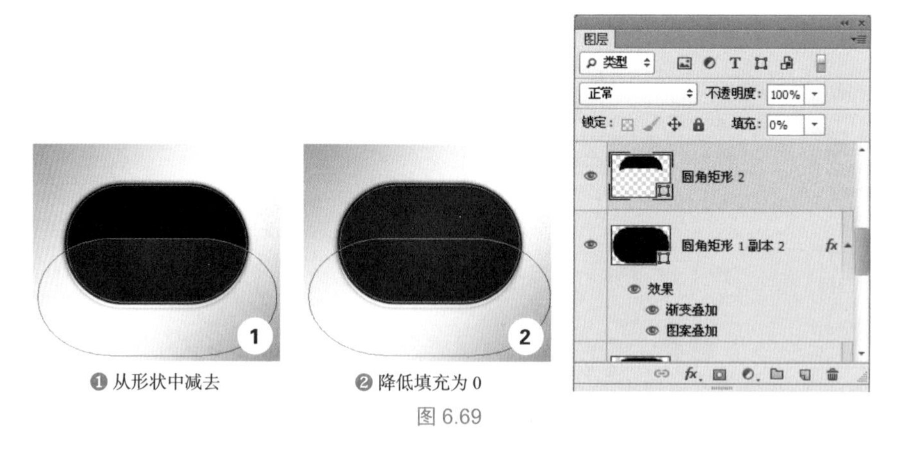

❶ 从形状中减去　❷ 降低填充为 0

图 6.69

Step08 添加效果。打开“图层样式”对话框，选择“内阴影”“渐变叠加”“图案叠加”选项，设置参数，添加阴影、渐变、图案等效果，如图 6.70 所示。

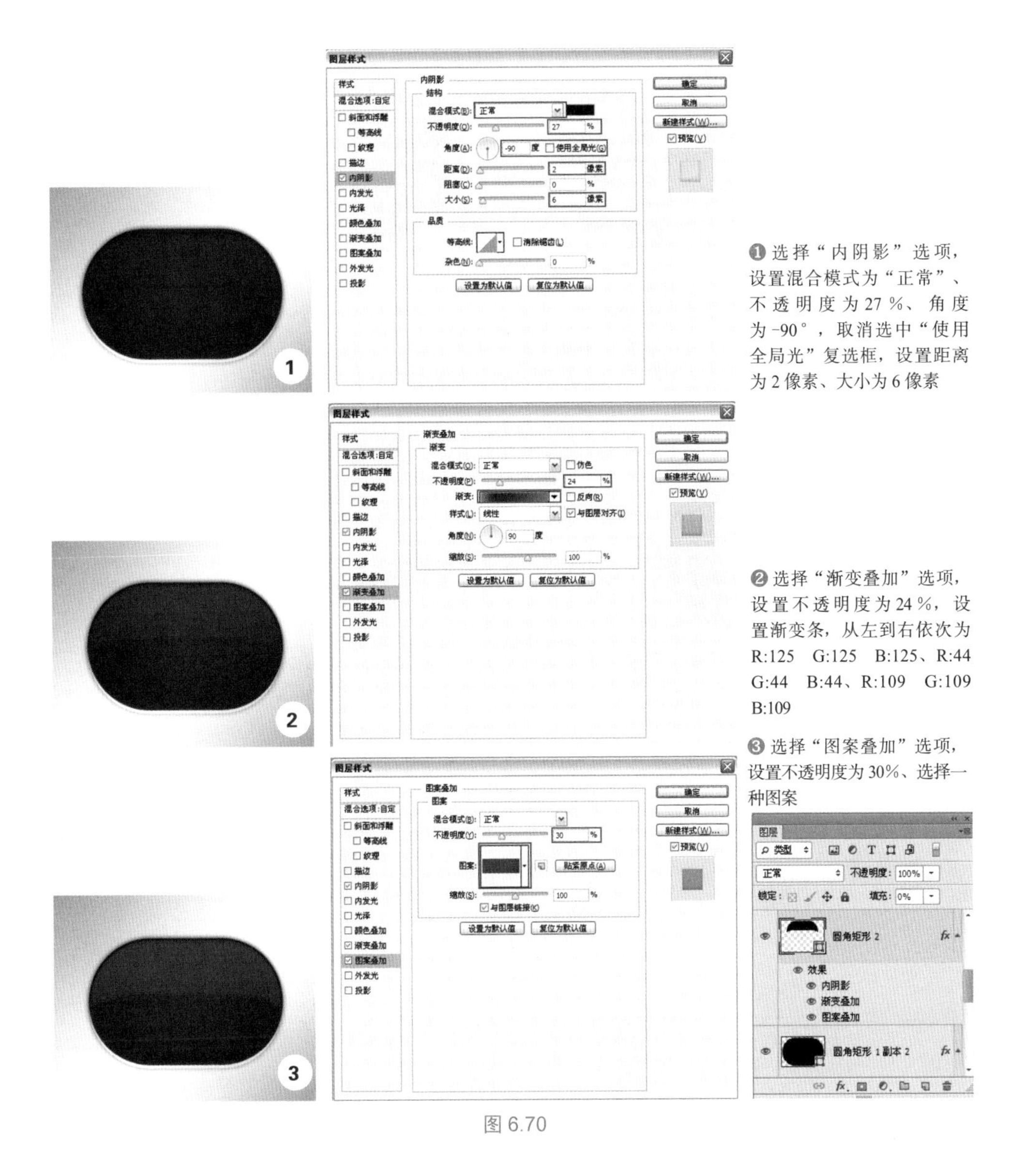

❶ 选择“内阴影”选项，设置混合模式为“正常”、不透明度为 27 %、角度为 -90°，取消选中“使用全局光”复选框，设置距离为 2 像素、大小为 6 像素

❷ 选择“渐变叠加”选项，设置不透明度为 24 %，设置渐变条，从左到右依次为 R:125　G:125　B:125、R:44　G:44　B:44、R:109　G:109　B:109

❸ 选择“图案叠加”选项，设置不透明度为 30%、选择一种图案

图 6.70

提示

在“图案叠加”这一步中，没有具体说明要选择哪种类型的图案，因为只需要选择一种具有岩石纹理的图案即可，无须与文中描述的图案完全相同。

Step 09 绘制内部形状。选择“圆角矩形工具”，在图像上绘制黑色圆角矩形，然后在选项栏中选择“减去顶层形状”选项，再次进行绘制，此时绘制出来的形状会将不需要的部分从刚才绘制的形状上减去，完成后，将该图层的填充降低为 0，打开“图层样式”对话框，选择“投影”选项，设置参数，添加投影效果，如图 6.71 所示。

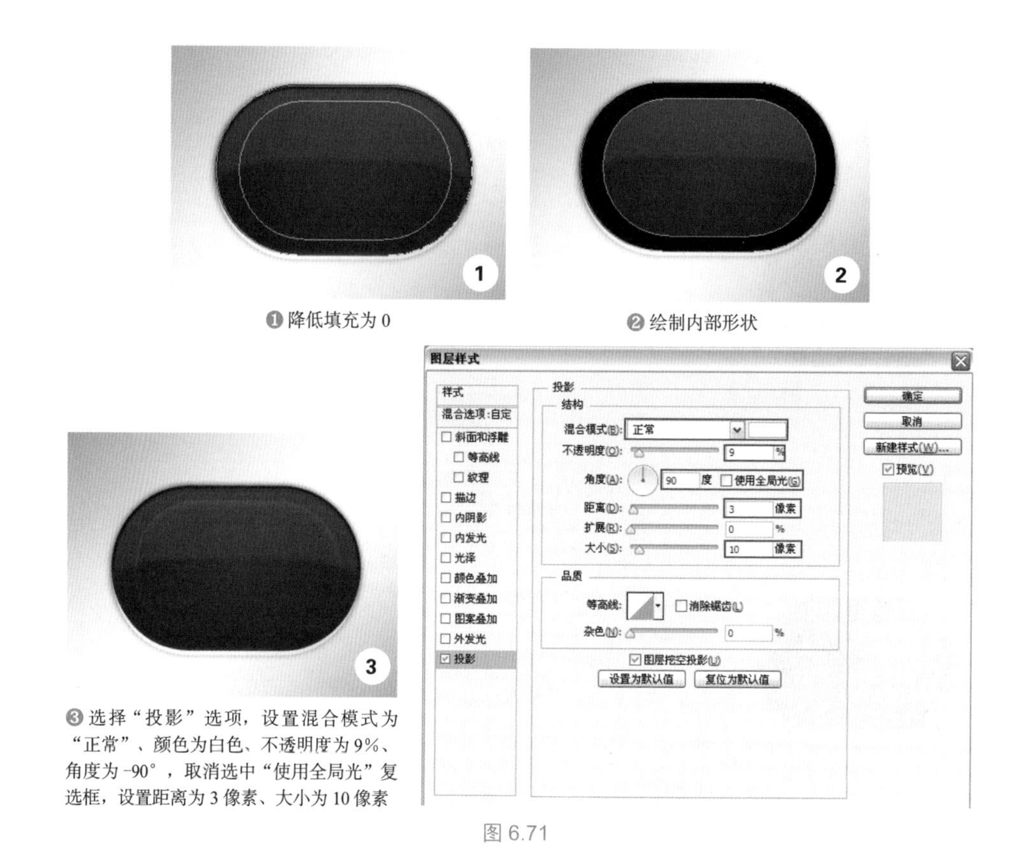

❶ 降低填充为 0

❷ 绘制内部形状

❸ 选择“投影”选项，设置混合模式为“正常”、颜色为白色、不透明度为 9%、角度为 -90°，取消选中“使用全局光”复选框，设置距离为 3 像素、大小为 10 像素

图 6.71

Step 10 再次绘制内部形状。选择“圆角矩形工具”，在图标内部绘制圆角矩形，将该图层的填充降低为 0%，如图 6.72 所示。

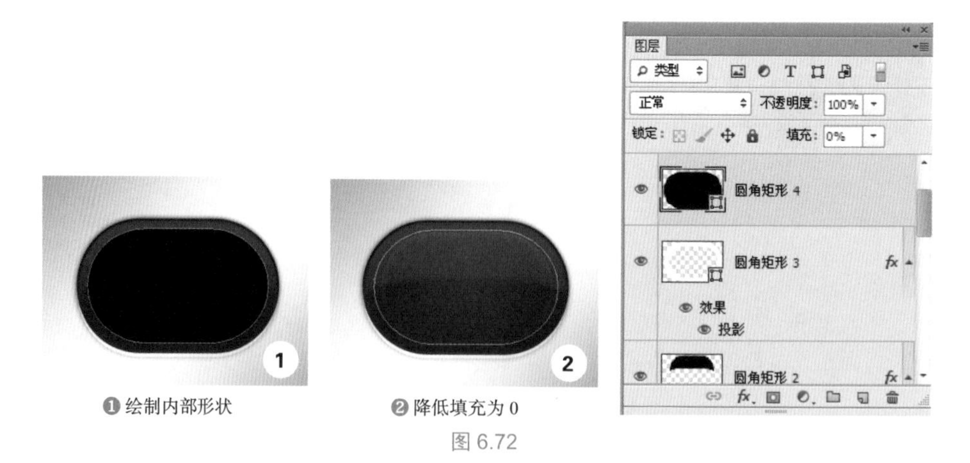

❶ 绘制内部形状

❷ 降低填充为 0

图 6.72

Step 11 绘制基本形。打开“圆角矩形 4”图层的“图层样式”对话框，选择“描边”选项，设置大小为 6 像素、位置为“内部”、填充类型为“渐变”、设置渐变条，为其添加描边效果，如图 6.73 所示。

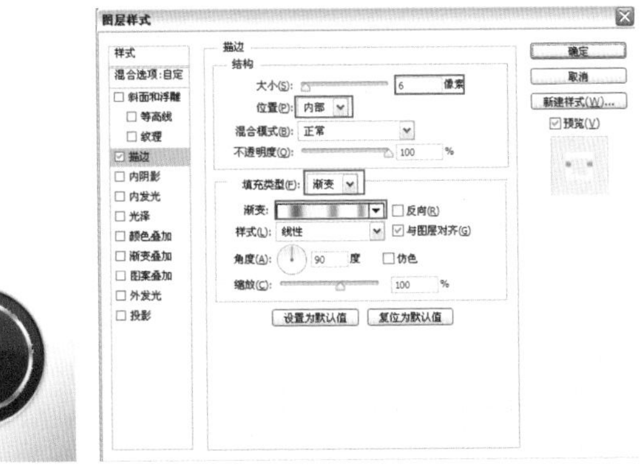

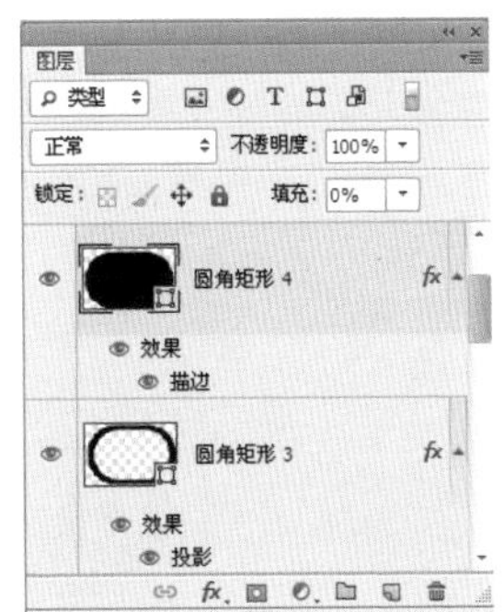

图 6.73

Step 12 绘制照相机图标。制作照相机图标采用的方法与第 5 章简单图标的制作方法相同，使用圆角矩形工具和椭圆工具搭配路径的加减运算可绘制出来，绘制出来得到“形状 1”图层，将该图层混合模式设置为“亮光”、填充为 70%、为其添加“颜色叠加”选项，完成效果，如图 6.74 所示。

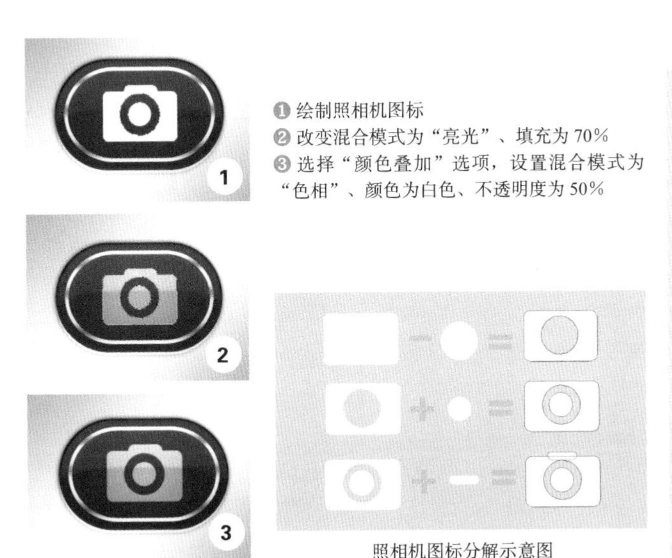

照相机图标分解示意图

图 6.74

6.6 如何让图标更具吸引力

设计图标的目的在于能够迅速吸引人们的视觉注意力。那么，如何使图标更具吸引力呢？在这里，我们分享了两个关键要素：确保同一组图标的设计风格一致，并使用适合的原创隐喻。

1. 同一组图标风格的一致性

图标组合的一致性是通过以下方面来体现的：色彩搭配、透视关系、尺寸规范、绘制技巧，或者这些属性的结合。当图标组中只有少量图标时，设计师可以很容易地记住这些规则。然而，当一个图标组包含大量图标，或者由多个设计师同时合作（如操作系统的图标），就需要特别制定设计规范。这些规范会详细描述如何绘制图标，以确保它们能够完美融入整个图标组，如图 6.75 所示。

图 6.75

2. 合适的原创隐喻

绘制一个图标意味着以最具代表性的方式描绘一个物体，通过这种方式可以清晰地展示该图标的功能或概念。

在本例的铅笔图形中，绘制多边形柱体通常有以下三种方法：

（1）多边形柱体，表面涂有一层反光漆，没有橡皮擦。

（2）多边形柱体，笔身上有一个金属圈固定着一个橡皮头。

（3）多边形柱体，没有木纹效果和橡皮擦。

在这里，我们选择第（2）种作为图标设计的原型，因为它包含了所有必要的元素。这样的设计能够提高图标的可识别性，即使用了合适的原创隐喻，如图 6.76 所示。

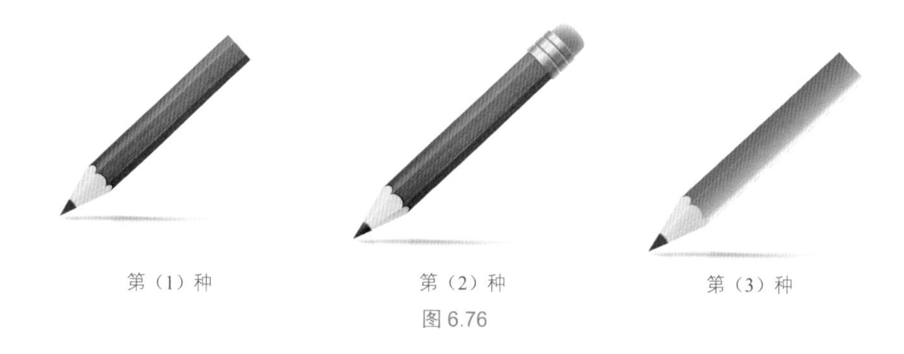

图 6.76

6.7 立体图标的设计原则

1. 视觉效果

图标设计的视觉效果在很大程度上取决于设计师的天赋、美感和艺术修养。有些经验丰富的设计师可能会有许多作品，然而当仔细观察时，可能会发现这些作品粗糙、刺眼或土气。

在追求视觉效果时，设计师必须遵守差异性、可识别性、统一性、协调性等原则，并首先满足基本的功能需求。只有在这个基础上，才可以考虑更高层次的情感需求。

虽然我不想过多强调这一点，因为这是每个设计师努力追求的目标，但我可以提供一套迅速提高技能的方法：多看、多模仿和多创作。当然，前提是设计师必须具备一定的天赋。只有勤奋和天赋相结合，才能取得成功。

2. 原创性

这对图标设计师提出了更高的要求，这是一个挑战。然而，我认为图标设计的原创性并不是必要的。目前常用的图标风格种类已经很多，易用性较高的风格也有限。过度追求图标的原创性和艺术效果可能会导致图标设计过于独特，从而降低其易用性。换句话说，过分追求外观上的美观可能会牺牲实用性。当然，这也取决于你产品的侧重点。如果你更关注情感化的设计或追求完美的艺术效果，那么这样做也是可以理解的。

3. 尺寸大小和格式

图标的尺寸常用的有以下几种：16×16 像素、24×24 像素、32×32 像素、48×48 像素、64×64 像素、128×128 像素、256×256 像素，如图 6.77 所示。

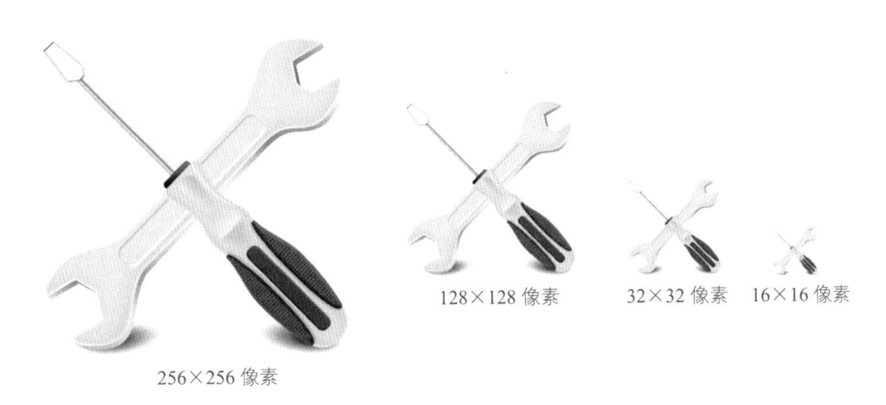

图 6.77

在设计图标时，尺寸的选择非常重要。如果图标过大，将会占用过多的界面空间；而如果图标过小，则可能降低其精细度。因此，具体使用何种尺寸的图标，通常要根据界面的需求来决定。

常见的图标格式包括 PNG、GIF、BMP 和 JPG。

PNG 格式适用于无损压缩和在 Web 上显示图像，支持透明度，并兼顾图像质量和文件大小。然而，某些早期的浏览器不支持该格式。

GIF 格式是专为在网络上传输图像而创建的文件格式，支持透明度。它的优点在于压缩后的文件较小，并且支持 GIF 动画。然而，GIF 不支持半透明，颜色数最多只能显示 256 种。此外，透明图标的边缘可能会有锯齿效果。为了解决这个问题，必须在存成 GIF 格式时添加相同背景色的杂边，但这可能会比较麻烦。

BMP 格式是一种用于 Windows 操作系统的图像格式。该格式可以处理 24 位颜色的图像，支持 RGB、位图、灰度和索引模式，但不支持 Alpha 通道。

JPG 格式采用有损压缩方式，具有较好的压缩效果。它的优点在于文件较小，并且可以呈现丰富的图像颜色。然而，JPG 不支持透明和半透明效果。

第 7 章

App UI 按钮设计

从这一章开始，我们将进入一个微型设计的世界，学习手机应用程序中的细节设计。这包括各种质感的按钮、开关和旋钮等小物件。在这个微小而复杂的设计世界中，设计师需要发挥极致的构思和创意，以使所有小物件都达到最佳的效果。

7.1 发光按钮

案例综述

在本例中，我们将制作一个蓝色荧光发光按钮。这种发光按钮在音频软件中被广泛采用。通过黑色背景的映射，我们可以呈现出蓝色渐变的光晕效果，使按钮非常醒目，如图 7.1 所示。

设计规范

尺寸规范	800×600 像素
主要工具	圆形工具、图层样式
文件路径	Chapter07/7-1.psd
视频教学	7-1.avi

图 7.1

造型分析

在本例中，我们使用了两个同心圆。其中一个同心圆被分割成开口形状，而开口部分则使用了圆形作为补充，以形成倒角效果。

操作步骤：

Step 01 新建文档。执行“文件”→“新建”命令，或按下快捷键 Ctrl+N，打开“新建”对话框，设置宽度和高度分别为 800 像素和 600 像素，分辨率为 72 像素 / 英寸，完成后单击“确定”按钮，新建一个空白文档，如图 7.2 所示。

Step02 填充背景色。单击前景色图标，在打开的“拾色器（前景色）”对话框中，设置前景色为黑色，按下快捷键 Alt+Delete 为背景填充前景色，如图 7.3 所示。

图 7.2

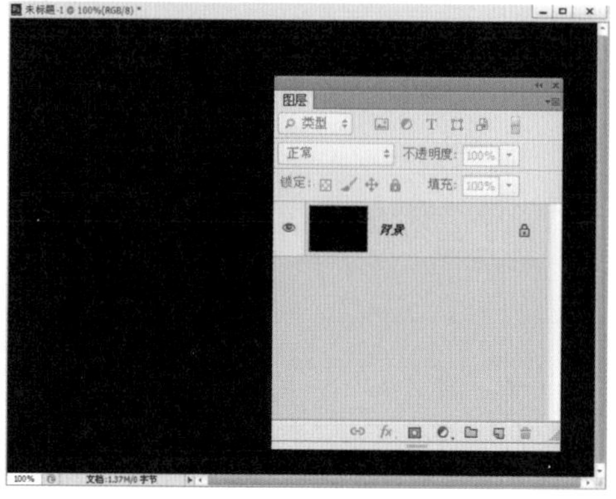

图 7.3

Step03 绘制同心圆。选择“椭圆选框工具”，按住 Alt+Shift 键，拖动鼠标从中心点的位置出发绘制椭圆选区，在选项栏中选择“从选区中减去”选项，再次绘制正圆，新建“图层 1”图层，为选区填充白色，最后取消选区，得到同心圆，如图 7.4 所示。

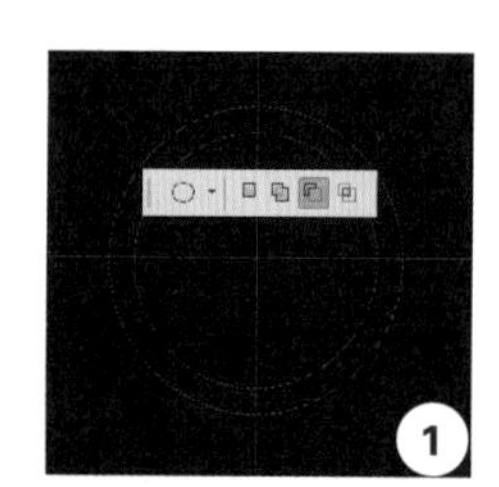

❶ 用椭圆选框工具绘制同心圆

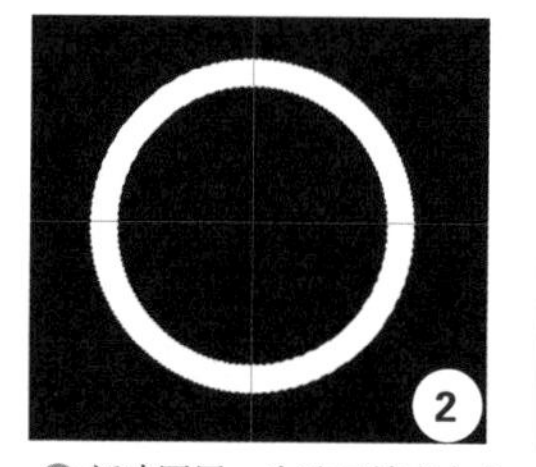

❷ 新建图层，为选区填充白色

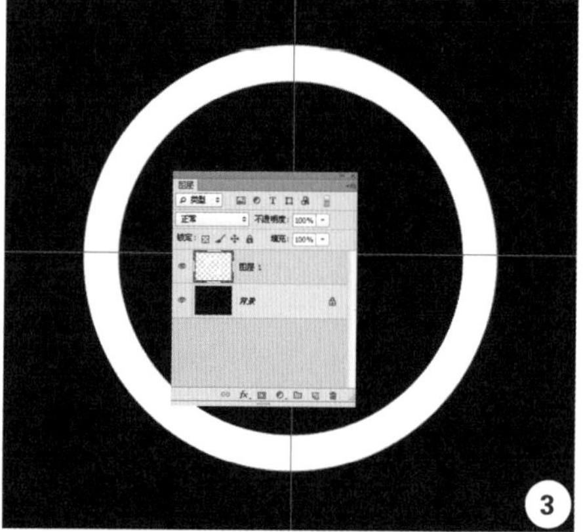

❸ 取消选区

图 7.4

提示

想要确定中心点的位置，需要按下快捷键 Ctrl+R，打开标尺工具，从垂直和水平方向的刻度尺中拉出参考线，使其位于画布的中央位置，参考线相交的地方即为中心点位置。

Step04 添加效果。给“图层 1”图层添加图层样式。选择“渐变叠加”“斜面和浮雕”“描边”“外发光”选项，设置参数，为同心圆添加发光立体效果，如图 7.5 所示。

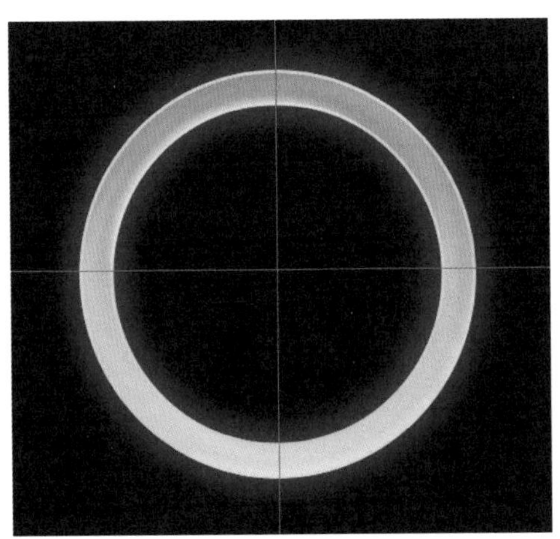

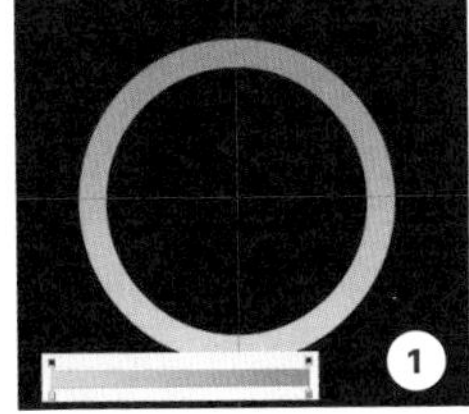

❶ 选择“渐变叠加”选项，设置渐变条，从左到右依次为 R:161　G:215　B:227、R:38　G:255　B:145

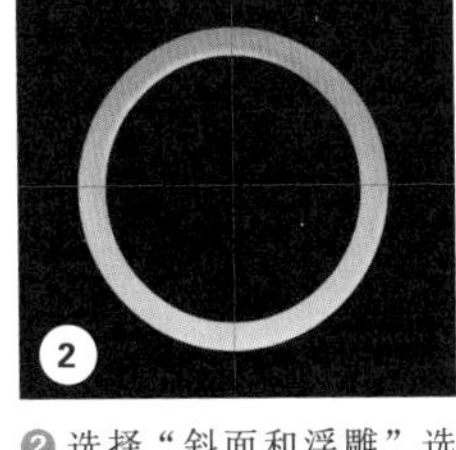

❷ 选择“斜面和浮雕”选项，设置方向为“上”、大小为 13 像素、软化为 11 像素、高光模式颜色为 R:28　G:187　B:246，不透明度为 100%、不透明度为 0

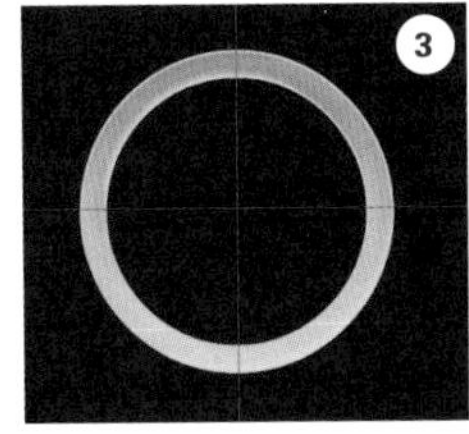

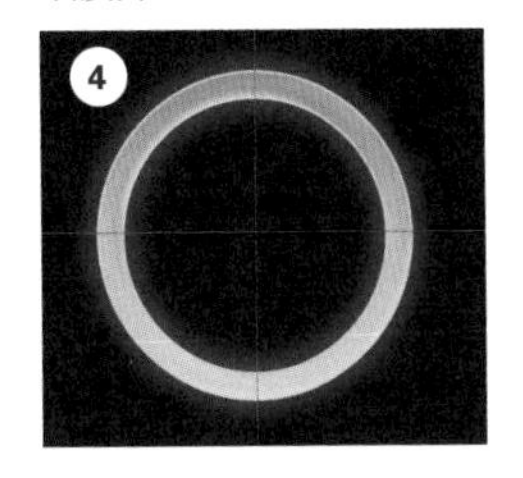

❸ 选择“描边”选项，设置大小为 3 像素、颜色为 R:142　G:206　B:255

❹ 选择“外发光”选项，设置颜色为 R:3　G:69　B:217、大小为 46 像素

图 7.5

Step 05 绘制亮光。选择“钢笔工具”，在同心圆的下方绘制选区，新建“图层 2”图层，选择“渐变工具”，绘制颜色为 R:108　G:203　B:255 到透明的渐变条，为选区添加渐变，最后取消选区，如图 7.6 所示。

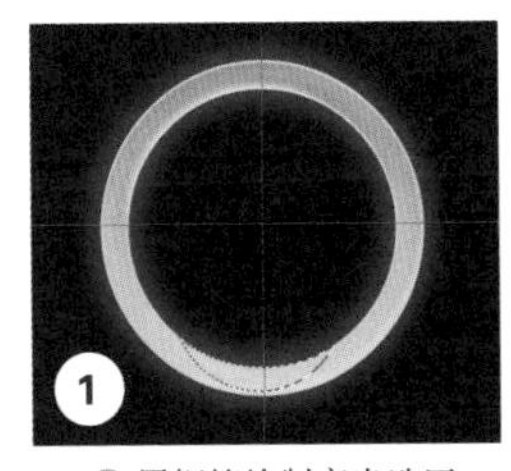

❶ 用钢笔绘制高光选区

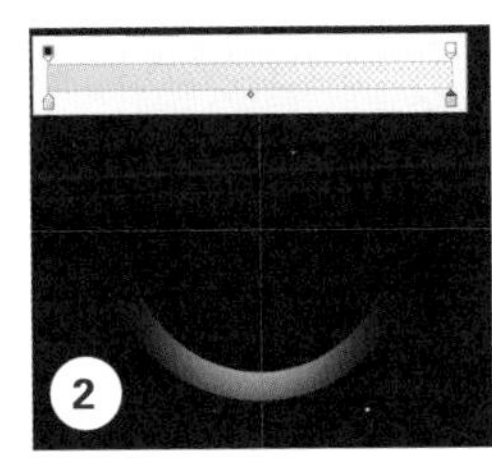

❷ 为选区添加渐变

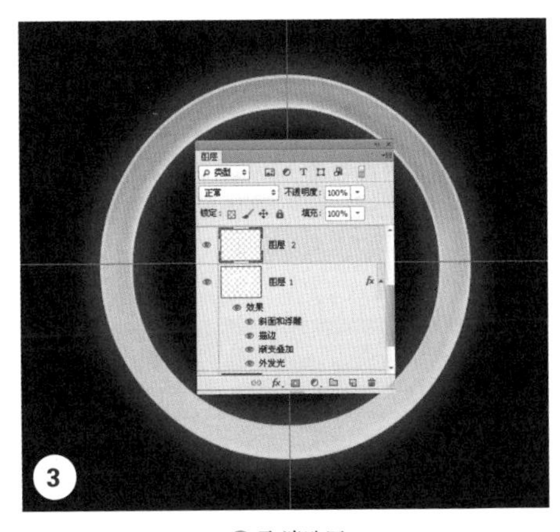

❸ 取消选区

图 7.6

提示

在图 7.6 第②步为了方便读者观看添加渐变的效果，作者将其他的图层隐藏，第③步即为添加高光部分的效果。

Step 06 绘制选区。选择“钢笔工具”，在按钮外形的上方和下方分别绘制选区，新建“图层 3”图层，为选区填充白色，然后取消选区，将该图层的不透明度降低为 80%，如图 7.7 所示。

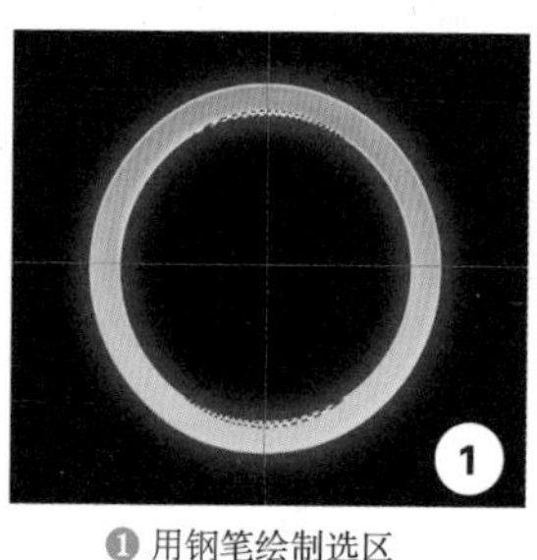

❶ 用钢笔绘制选区

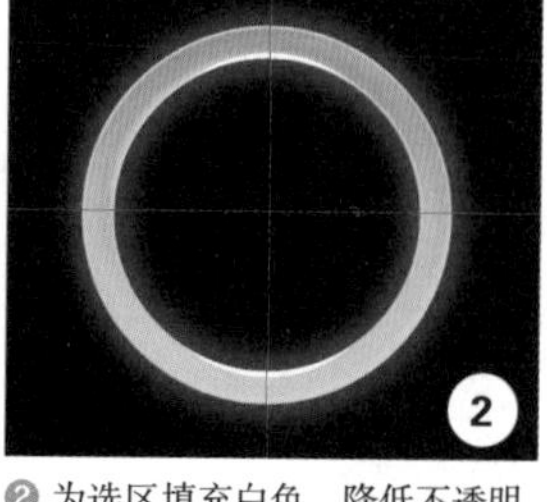

❷ 为选区填充白色，降低不透明度为 80%

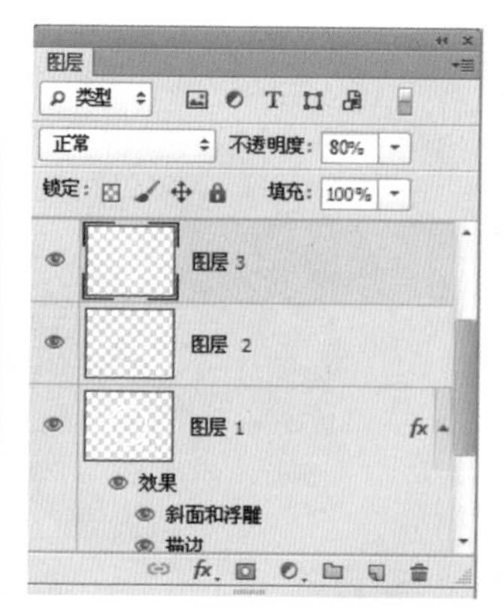

图 7.7

Step07 在外形上方复制亮光。将“图层 2”图层进行复制，得到“图层 2 副本”图层，按下快捷键 Ctrl+T，右击，在弹出的快捷菜单中选择“垂直翻转”选项，移动该高光到按钮外形的正上方，按下 Enter 键确认，如图 7.8 所示。

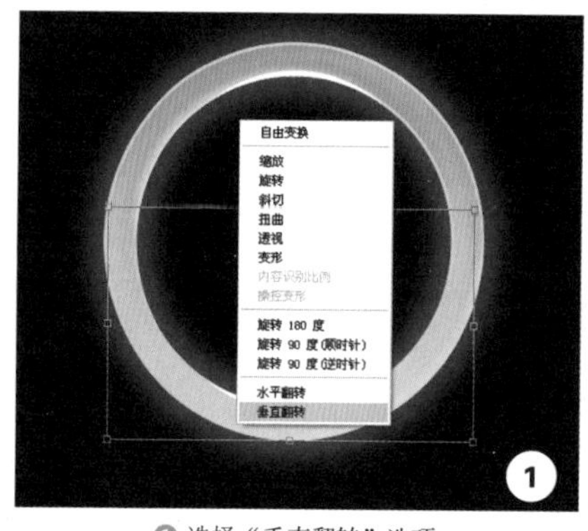

❶ 选择“垂直翻转”选项

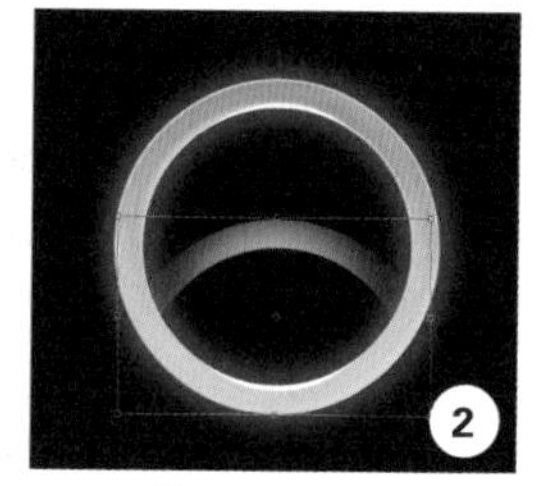

❷ 翻转后的效果

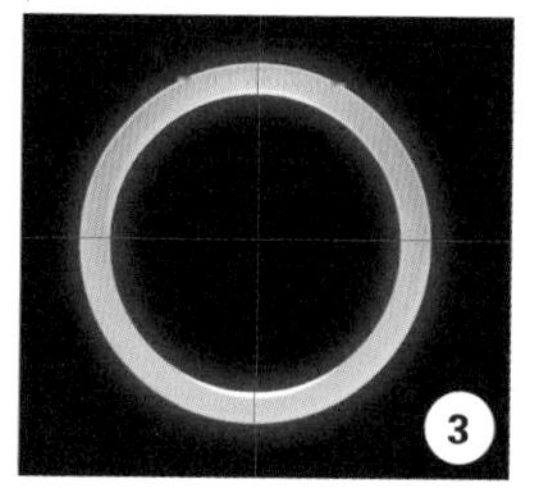

❸ 移动位置，确认操作

图 7.8

Step08 绘制图标。选择“椭圆工具”绘制同心圆，然后选择“矩形工具”从同心圆中减去一部分形状，之后选择“椭圆工具”绘制椭圆，最后使用“圆角矩形工具”绘制圆角矩形，形成开始图标，如图 7.9 所示。

Step09 粘贴图层样式效果。将图标绘制完成后，为其粘贴“图层 1”图层样式效果，完成制作，如图 7.10 所示。

提示

粘贴图层样式效果的方法是：将想要粘贴图层样式的图层选中，右击，在弹出的快捷菜单中选择“拷贝图层样式”命令，然后选择需要粘贴的图层，再次右击，在弹出的快捷菜单中选择“粘贴图层样式”命令，即可为该图层粘贴相同的图层样式效果。

图标分解示意图如图 7.11 所示。

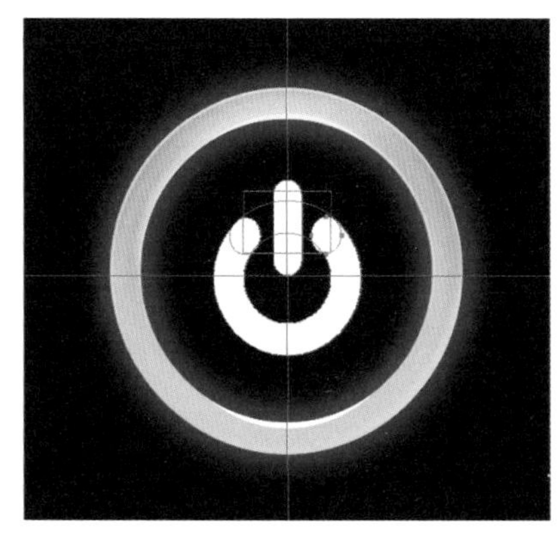

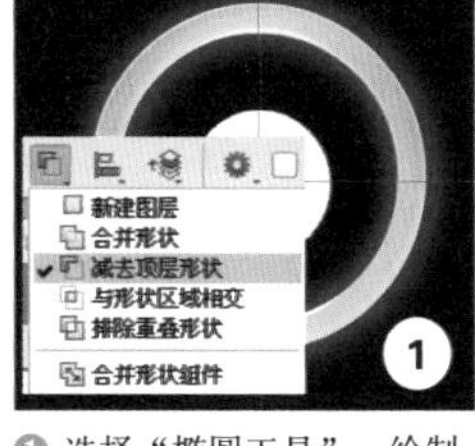

❶ 选择“椭圆工具”，绘制正圆，在选项栏中选择“减去顶层形状”选项，然后从中心点出发绘制同心圆

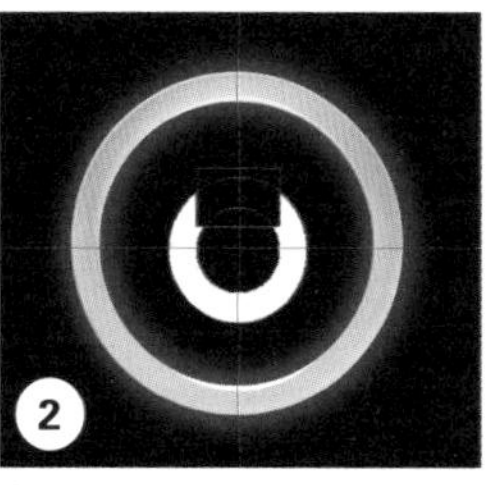

❷ 选择“矩形工具”，在选项栏中选择“减去顶层形状”选项，绘制矩形

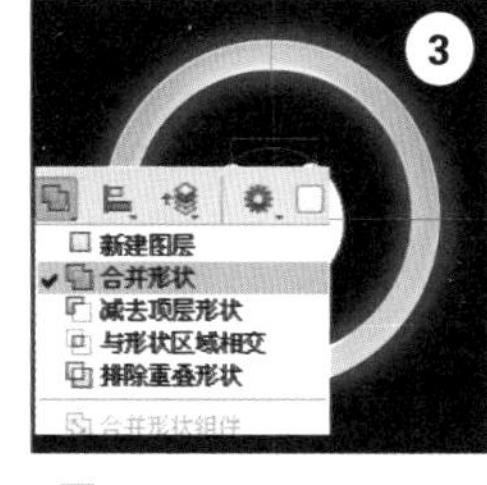

❸ 选择“椭圆工具”，在选项栏中选择“合并形状”选项，绘制两个椭圆

❹ 选择“圆角矩形工具”，在选项栏中设置半径为 80 像素、选择“合并形状”选项，绘制圆角矩形

图 7.9

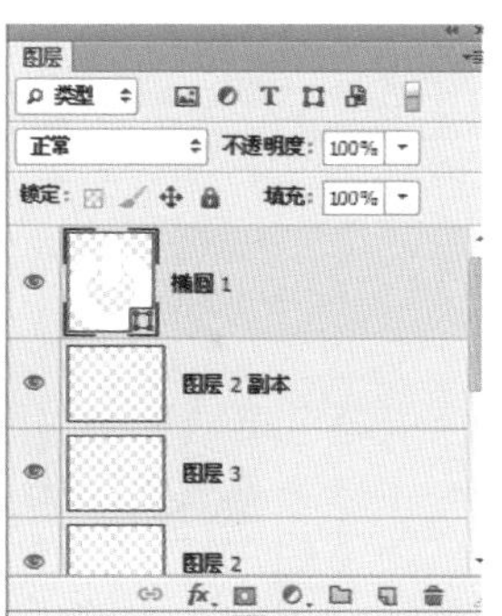

图 7.10

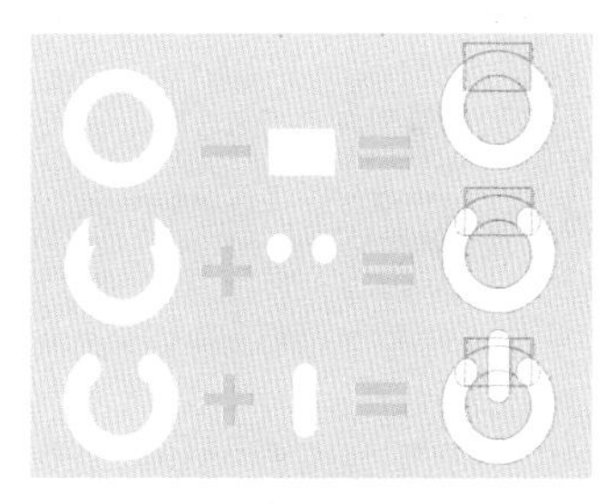

图 7.11

7.2 控制键按钮

案例综述

在本例中，我们将制作一个半透明的白色按钮，并在其中间镂空出一个荧光绿色的字体。这种效果常常被应用于播放器的界面设计上，如图 7.12 所示。

图 7.12

设计规范

尺寸规范	800×600 像素
主要工具	钢笔工具、图层样式
文件路径	Chapter07/7-2.psd
视频教学	7-2.avi

配色分析

这个界面设计中，我们可以看到两个同心圆按钮。在这两个按钮的中间部分，嵌入了荧光绿的文字，而四周则被切割成不同大小的长条形状的按钮。

操作步骤：

Step 01 新建文档。执行“文件”→“新建”命令，或按下快捷键 Ctrl+N，打开“新建”对话框，设置宽度和高度分别为 800 像素和 600 像素、分辨率为 72 像素 / 英寸，完成后单击“确定”按钮，新建一个空白文档，如图 7.13 所示。

Step 02 填充背景色。单击前景色图标，在打开的“拾色器（前景色）”对话框中设置参数，改变前景色，按下快捷键 Alt+Delete 为背景填充前景色，如图 7.14 所示。

图 7.13

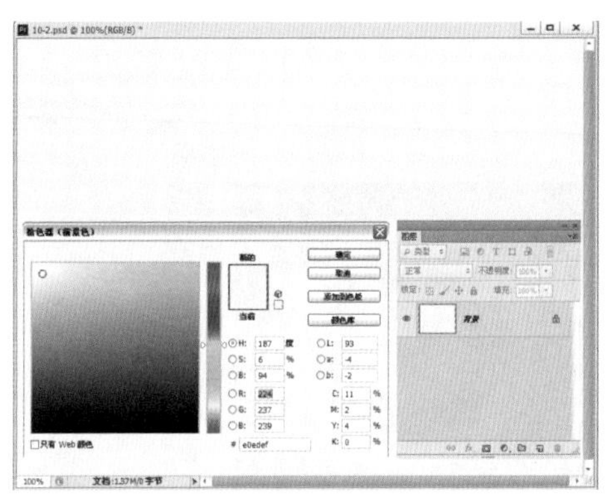

图 7.14

Step 03 绘制按钮外形。单击前景色图标，在打开的“拾色器（前景色）”对话框中设置参数为 R:150　G:190　B:194，改变前景色，选择“椭圆工具”，按住 Shift 键绘制正圆，得到“椭圆 1”图层，如图 7.15 所示。

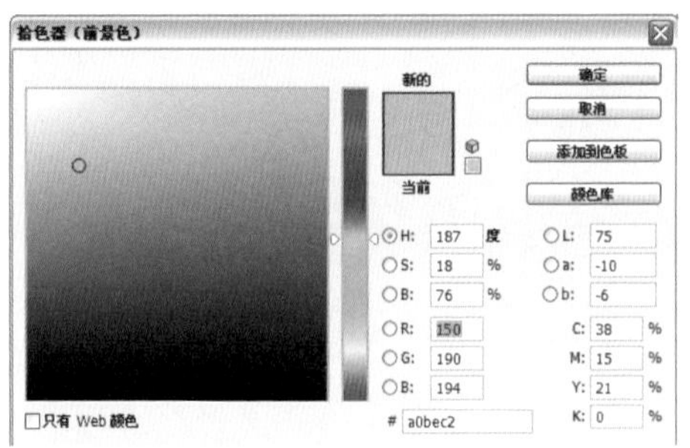

图 7.15

Step04 添加内阴影。打开“图层样式”对话框，选择“内阴影”选项，设置距离为 5 像素、大小为 49 像素，单击“确定”按钮，为正圆添加效果，如图 7.16 所示。

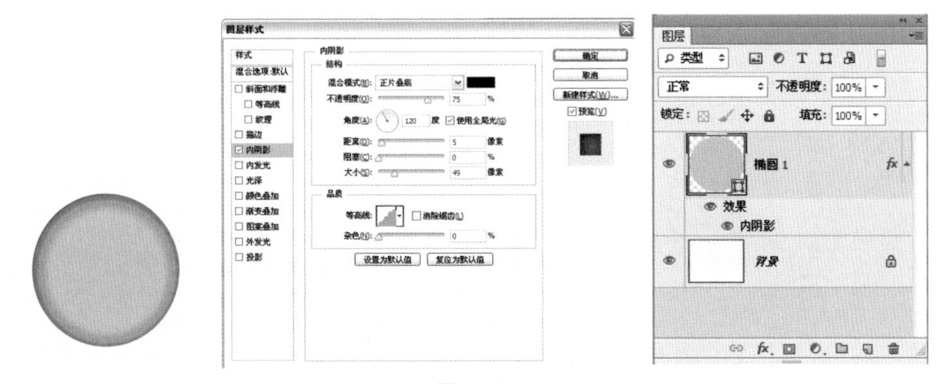

图 7.16

Step05 绘制上下方向键。选择“钢笔工具”绘制形状，将图层复制，执行“自由变换”命令，右击，在弹出的快捷菜单中选择“垂直翻转”选项，按下 Enter 键确认，将形状翻转，使用“移动工具”进行移动，如图 7.17 所示。

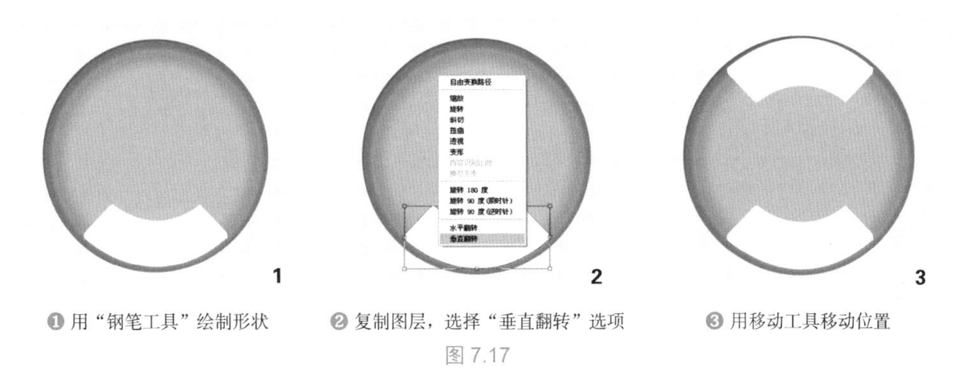

❶ 用“钢笔工具”绘制形状　❷ 复制图层，选择“垂直翻转”选项　❸ 用移动工具移动位置

图 7.17

Step06 绘制右方向键。复制“形状 1”图层，执行“自由变换”命令，右击，在弹出的快捷菜单中选择“旋转 90 度（顺时针）”选项，将形状旋转 90°，使用“移动工具”移动位置，如图 7.18 所示。

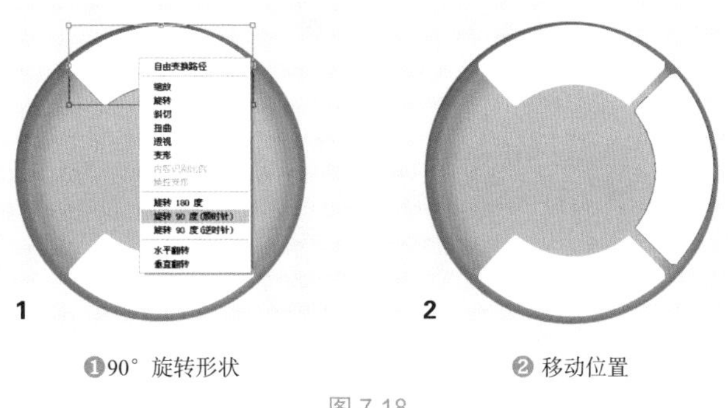

❶90° 旋转形状　❷ 移动位置

图 7.18

Step 07 绘制左方向键。复制右方向键图层，执行“自由变换”命令，右击，在弹出的快捷菜单中选择“水平翻转”选项，按下 Enter 键确认，移动位置，方向键制作完成，如图 7.19 所示。

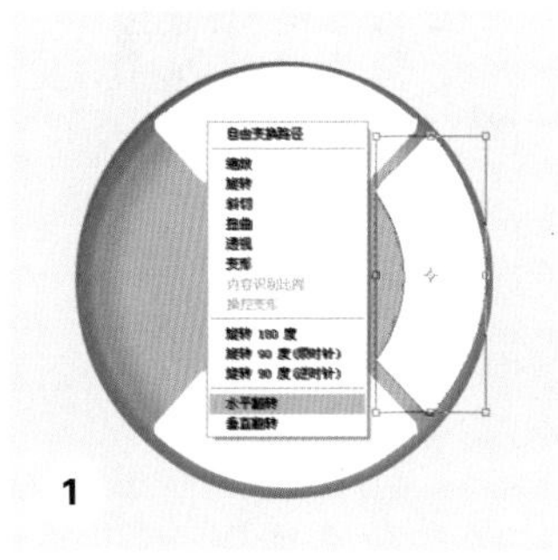

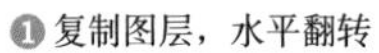
❶ 复制图层，水平翻转

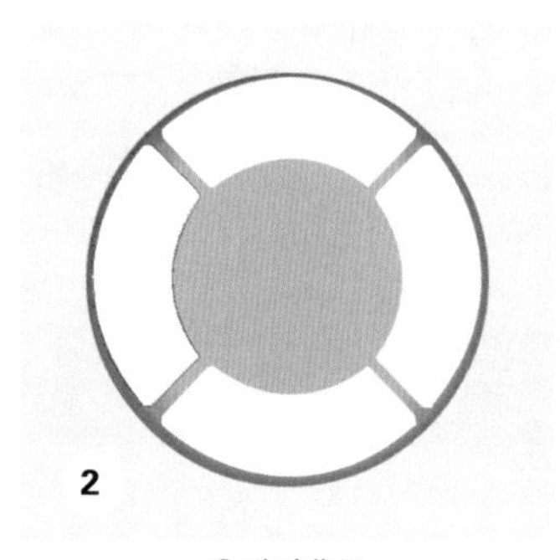

❷ 移动位置

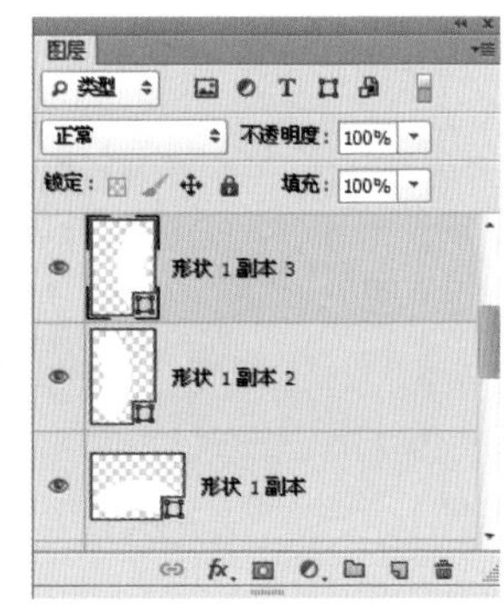

图 7.19

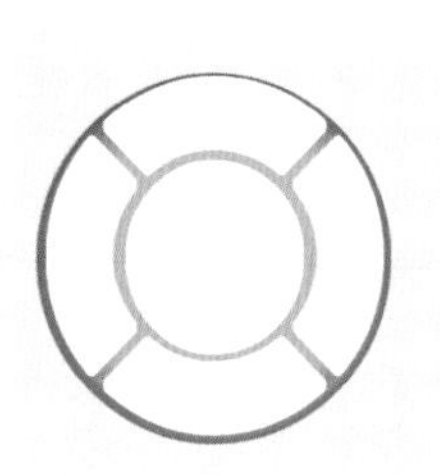

图 7.20

Step 08 制作 OK 键。选择“椭圆工具”，绘制正圆，将方向键的所有图层全部选中，右击，在弹出的快捷菜单中选择“合并形状”选项，如图 7.20 所示。

提示

椭圆工具的功能和使用方法与矩形工具和圆角矩形工具相似。用户可以使用椭圆工具创建不受限制的椭圆或正圆，也可以创建具有固定大小和固定比例的圆形。

Step 09 添加立体效果。打开“形状 1”图层的“图层样式”对话框，选择“渐变叠加”“内发光”“外发光”“投影”选项，设置参数，为图标添加立体效果，如图 7.21 所示。

❶ 选择“渐变叠加”选项，保持参数不变

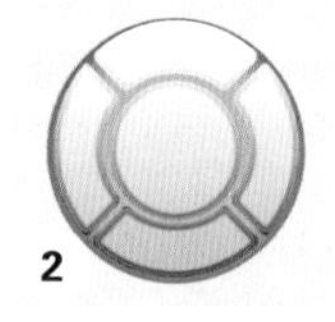

❷ 选择“内发光”选项，设置颜色为白色、大小为 13 像素

❸ 选择“外发光”选项，设置不透明度为 63%，颜色为 R:63 G:216 B:226，设置扩展为 31%、大小为 13 像素

❹ 选择“投影”选项，设置不透明度为 100%、距离为 6 像素

图 7.21

Step 10 清除图层样式。复制“形状 1”图层，得到“形状 1 副本”图层，右击，在弹出的快捷菜单中选择“清除图层样式”选项，如图 7.22 所示。

提示

要想删除一个图层的所有效果，除了文中选择的“清除图层样式”命令外，还可以将效果图标fx拖动到“图层”面板底部的删除图层按钮上，将效果清除。

Step 11 添加效果。打开“图层样式”对话框，选择“渐变叠加”“内发光”选项，设置参数，添加效果，如图 7.23 所示。

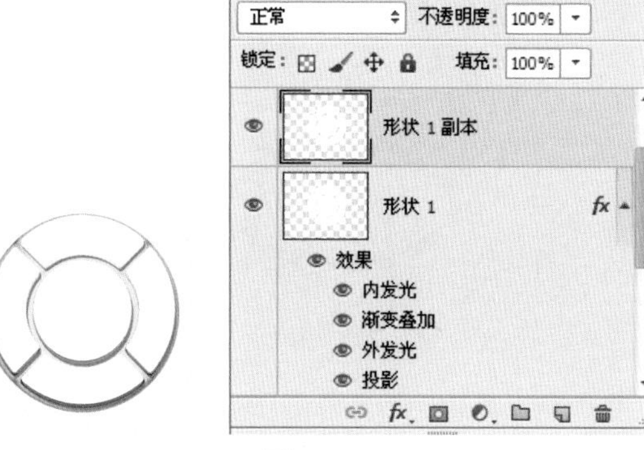

图 7.22

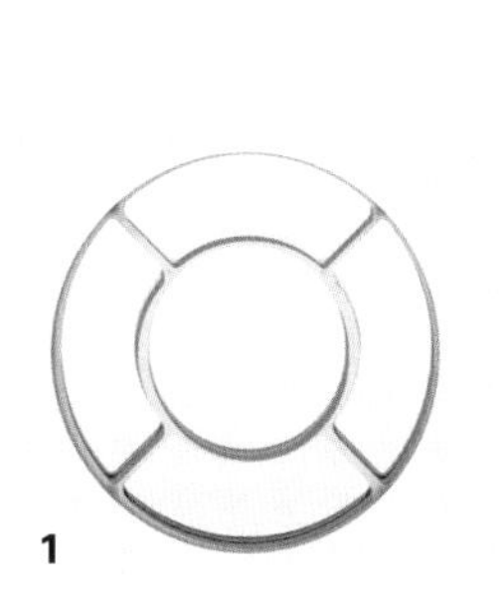
1

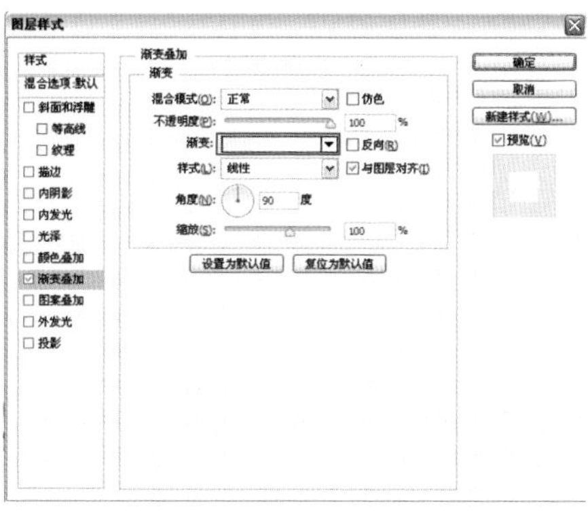

❶ 选择“渐变叠加”选项，设置渐变条，从左到右依次为 R:229　G:229　B:229、R:246　G:246　B:246

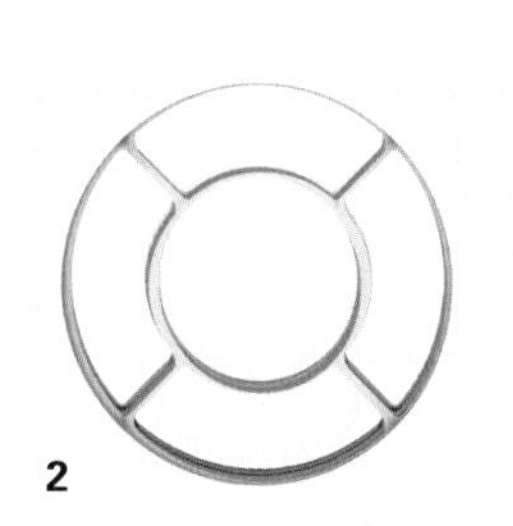
2

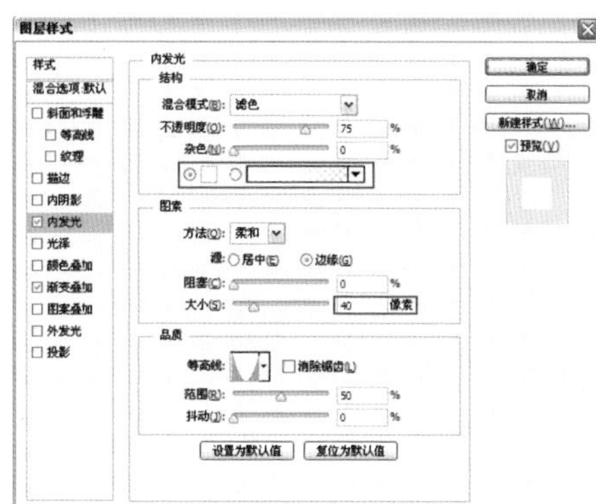

❷ 选择“内发光”选项，设置颜色为白色、大小为 40 像素

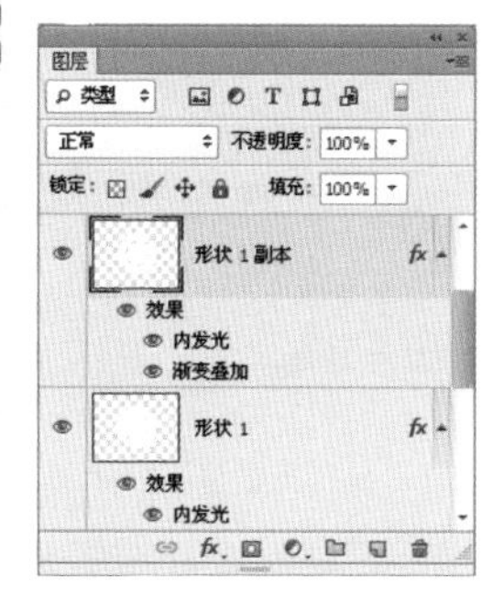

图 7.23

Step 12 输入 OK 字样。选择工具箱中的“横排文字工具”，在选项栏中设置文字的大小、颜色、字体等属性，在图像上单击并输入文字，打开“图层样式”对话框，选择“外发光”选项，设置参数，为文字添加发光效果，完成效果，如图 7.24 所示。

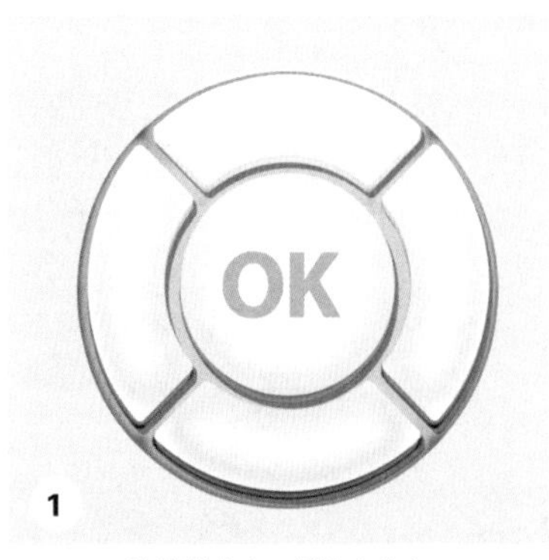

❶ 横排文字工具输入文字

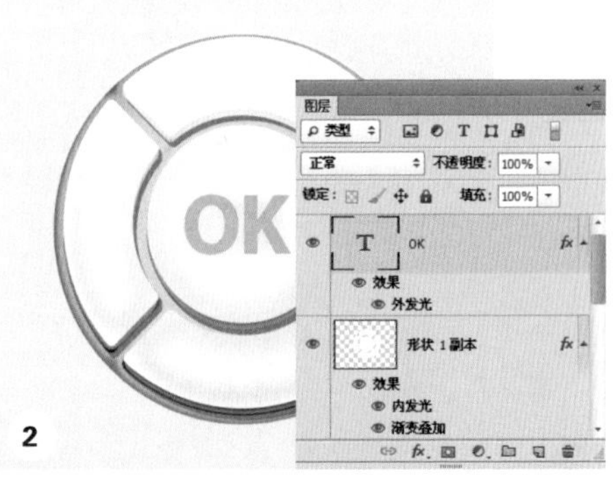

❷ 选择“外发光”选项，设置不透明度为 19%、颜色为 R:33　G:255　B:231，大小为 29 像素

图 7.24

7.3 清新开关按钮

案例综述

在本例中，我们将设计一系列具有清新风格的开关按钮。这些按钮是整个 UI 设计中的一部分，它们在尺寸和造型上有所不同（凹凸方向也不同），如图 7.25 所示。

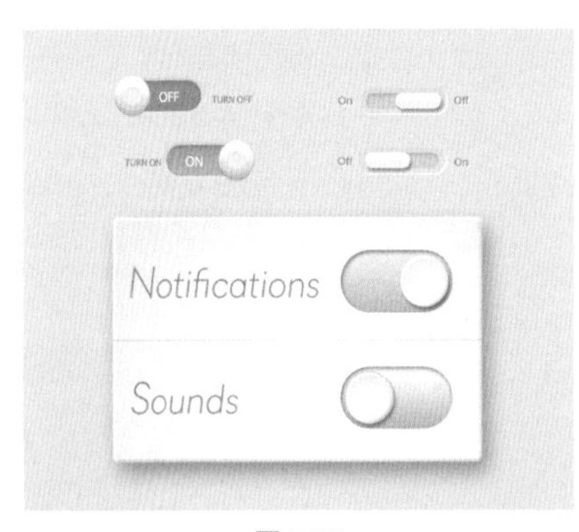

图 7.25

设计规范

尺寸规范	650×560 像素
主要工具	圆角矩形工具、图层样式
文件路径	Chapter07/7-3.psd
视频教学	7-3.avi

配色分析

灰色背景呈现出干净整洁的视觉效果，而嫩绿或浅蓝色的开关按钮激活方式则为其增添了一丝清新典雅的氛围。

操作步骤：

效果 1

Step 01 新建文档。执行“文件”→“新建”命令，或按下快捷键 Ctrl+N，打开“新建”对话框，设置宽度和高度分别为 650 像素和 560 像素、分辨率为 72 像素 / 英寸，完成后单击“确定”按钮，新建一个空白文档，如图 7.26 所示。

Step02 为背景填充颜色。单击前景色图标，在打开的“拾色器（前景色）”对话框中设置参数，改变前景色，按下快捷键 Alt+Delete 为背景填充前景色，如图 7.27 所示。

图 7.26

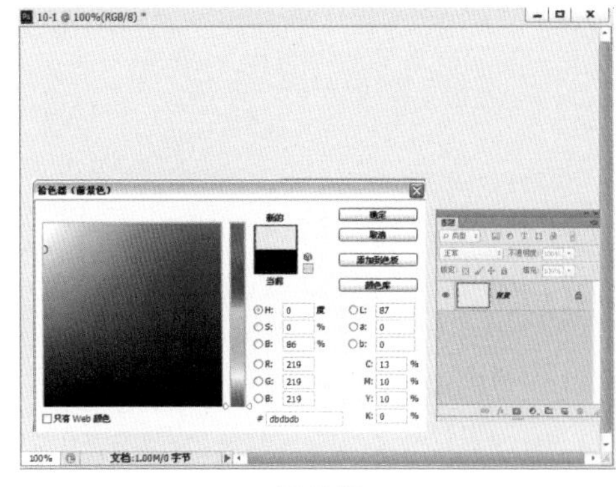

图 7.27

Step03 绘制圆角矩形。选择“圆角矩形工具”，在选项栏中设置半径为 10 像素，在图像上绘制圆角矩形，得到“圆角矩形 1”图层，打开“图层样式”对话框，选择“斜面和浮雕”“渐变叠加”“投影”选项，设置参数，添加效果，如图 7.28 所示。

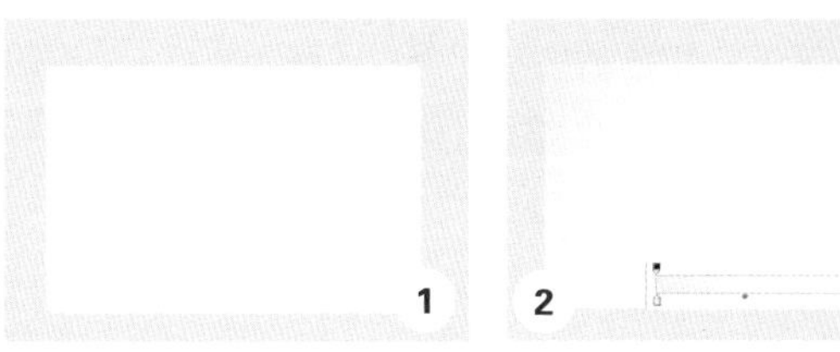

❶ 用圆角矩形工具绘制形状

❷ 选择“渐变叠加”选项，设置渐变条，颜色由左到右依次为 R:223　G:223　B:223、R:255　G:255　B:255，样式为“径向”、角度为 32°

❸ 选择“斜面和浮雕”选项，设置方法为“雕刻清晰”、深度为 205%、大小为 2 像素、角度为 131°，取消选中“使用全局光”复选框，设置高度为 42°、高光模式为“正常”、颜色为 R:168　G:168　B:168、不透明度为 63%、阴影模式为“正常”、不透明度为 100%

❹ 选择“投影”选项，设置不透明度为 31%、距离为 11 像素、大小为 21 像素

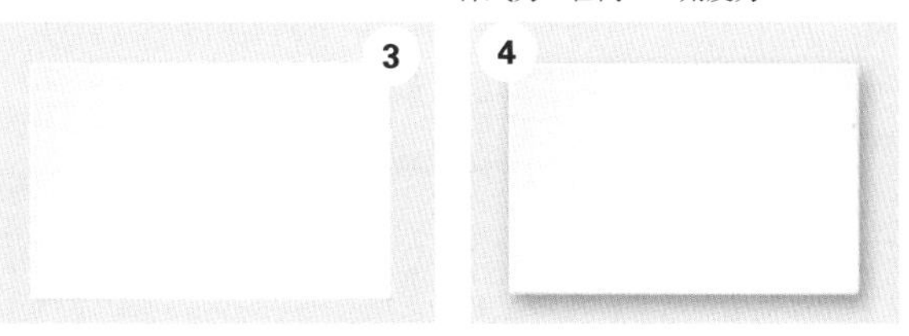

图 7.28

Step04 添加分界线和文字。选择“矩形工具”，设置前景色的颜色为 R:220　G:220　B:220，在圆角矩形的中央位置绘制矩形形状，然后选择“横排文字工具”，设置文字的大小、颜色、字体等属性，输入文字，如图 7.29 所示。

Step05 绘制按钮。选择“圆角矩形工具”，在选项栏中设置半径为 100 像素，在图像上绘制按钮，如图 7.30 所示。

Step06 表现按钮立体感。打开“圆角矩形 2”图层的“图层样式”对话框，选择“颜色叠加”“内阴影”“渐变叠加”选项，设置参数，为按钮添加立体感，如图 7.31 所示。

❶ 用矩形工具绘制分隔线　❷ 横排文字工具输入文字

图 7.29

图 7.30

❶ 选择“颜色叠加”选项，设置颜色为 R:167　G:244　B:236、不透明度为 57%

❷ 选择“内阴影”选项，设置不透明度为 53%、距离为 2 像素、大小为 5 像素

❸ 选择“渐变叠加”选项，颜色从左到右依次为 R:195　G:195　B:195、R:255　G:255　B:255，缩放为 134%

图 7.31

Step07 制作按钮开关。选择“椭圆工具”，在按钮上绘制正圆，打开该图层的“图层样式”对话框，在左侧列表中分别选择“渐变叠加”“斜面和浮雕”“投影”等选项，设置参数，为椭圆开关添加效果，如图 7.32 所示。

❶ 选择椭圆工具绘制按钮开光

❷ 设置渐变条，颜色从左到右依次为 R:223　G:223　B:223、R:255　G:255　B:255，样式为“径向”，角度为 32°

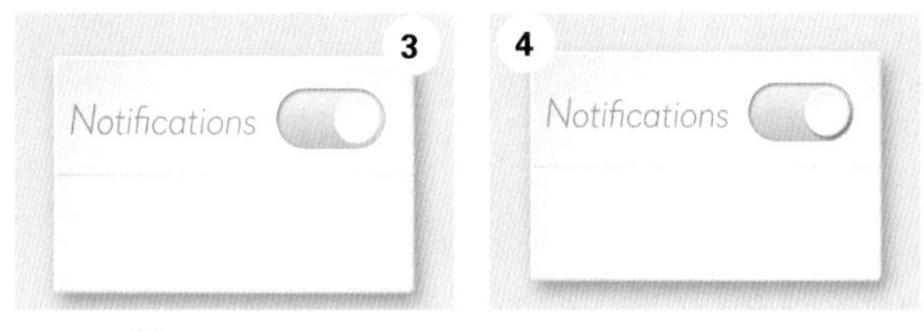

❸ 选择“斜面和浮雕”选项，设置方法为“雕刻清晰”、深度为 205%、大小为 2 像素、角度为 131°，取消选中“使用全局光”复选框，设置高度为 42°、高光模式为“正常”、颜色为 R:168　G:168　B:168、不透明度为 63%、阴影模式为“正常”、不透明度为 100%

❹ 选择“投影”选项，设置不透明度为 31%、距离为 11 像素、大小为 21 像素

图 7.32

Step08 输入文字。选择“横排文字工具”，在图像上输入文字，如图 7.33 所示。

提示

在输入文字之前，你可以在选项栏中设置好文字的属性。然后可以通过单击图像来输入文字，或者在将文字输入完成后，将其选中并打开“字符”面板来设置文字属性。

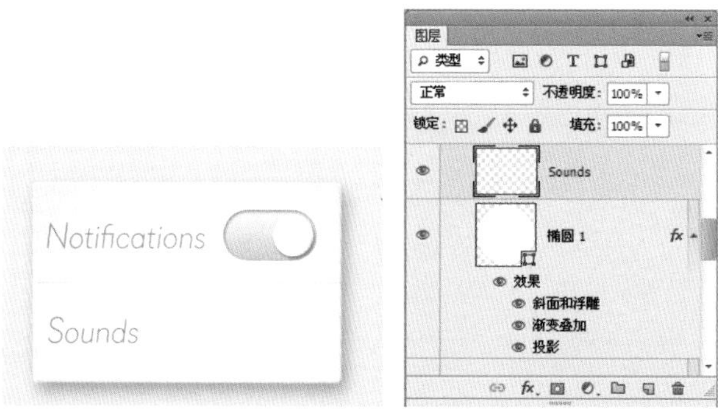

图 7.33

Step09 制作关闭按钮。将“圆角矩形 2”图层进行复制，得到“圆角矩形 2 副本 ”图层，执行“清除图层样式”命令，打开“图层样式”对话框，选择“渐变叠加”“内阴影”选项，设置参数，添加效果，如图 7.34 所示。

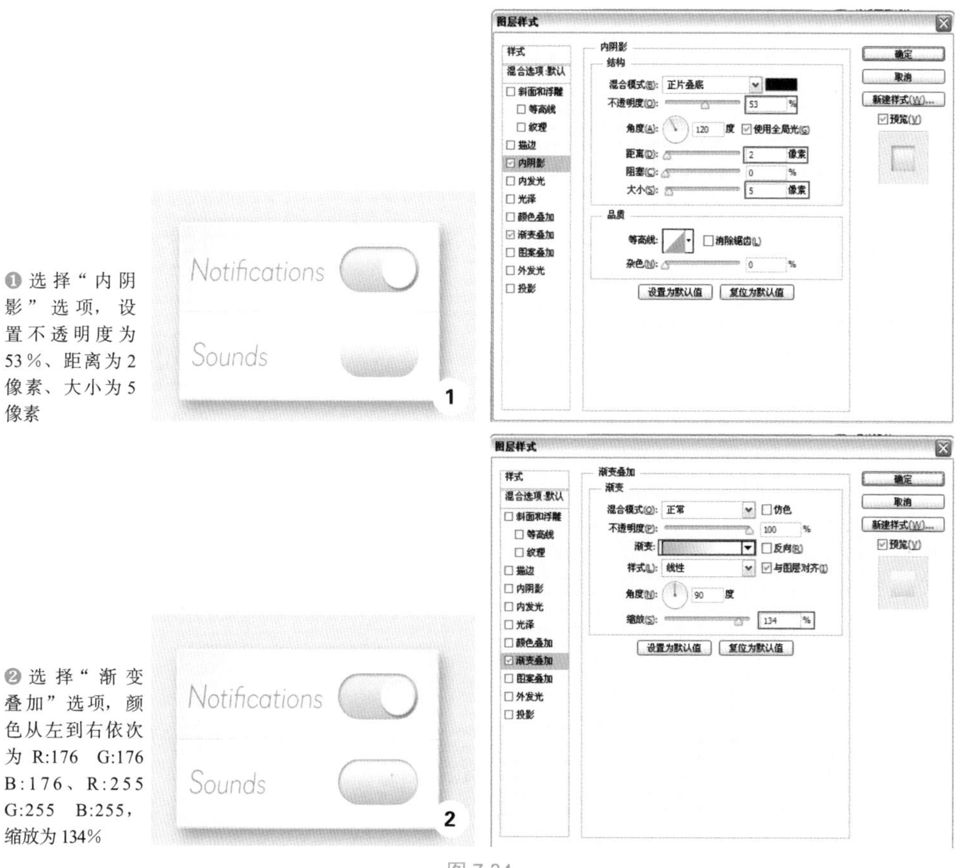

图 7.34

Step10 新建组。将“椭圆 1”图层复制，得到“椭圆 1 副本”图层，移动位置到刚才绘制的按钮上，新建“组 1”，将绘制的图层移动到“组 1”中，完成效果，如图 7.35 所示。

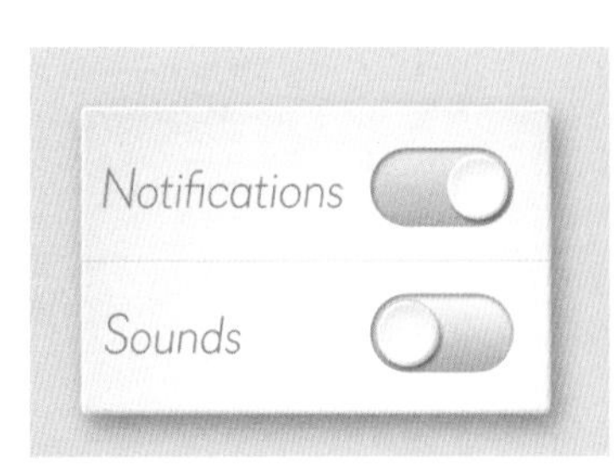

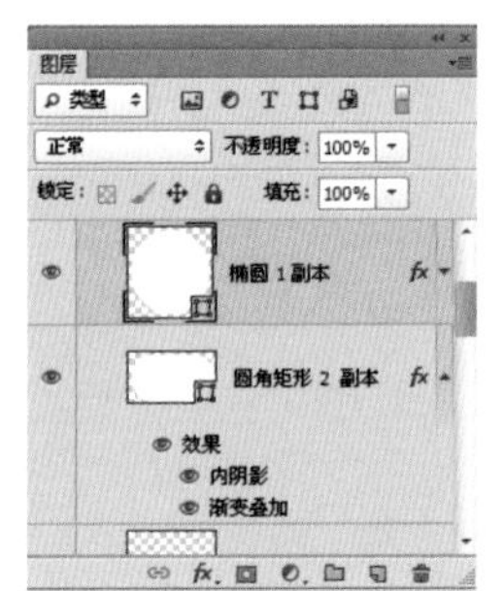

图 7.35

效果 2

Step01 绘制按钮外形。设置前景色为 R:156　G:186　B:63，选择“圆角矩形工具”，在选项栏中设置半径为 100 像素，在图像上绘制按钮外形，打开“图层样式”对话框，选择“描边”“内阴影”“渐变叠加”选项，设置参数，为按钮外形添加立体感，如图 7.36 所示。

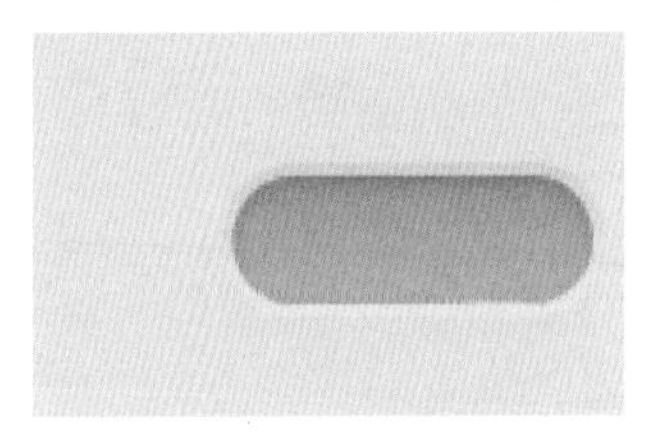

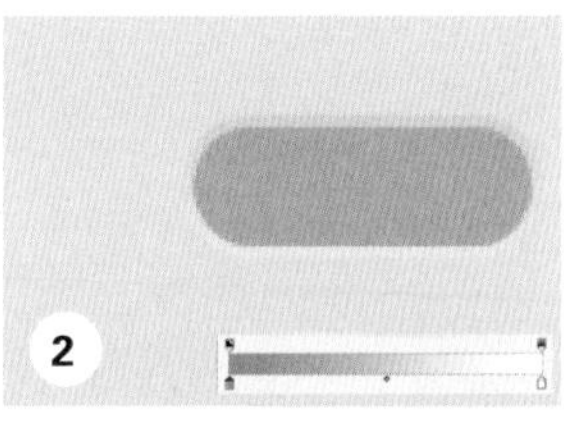

❶ 使用圆角矩形工具绘制外形
❷ 选择“描边”选项，设置大小为 3 像素、不透明度为 15%、填充类型为“渐变”，设置渐变条，颜色从左到右依次为 R:153　G:153　B:153、R:255　G:255　B:255
❸ 选择“渐变叠加”选项，设置混合模式为“柔光”、不透明度为 25%、勾选“反向”复选框

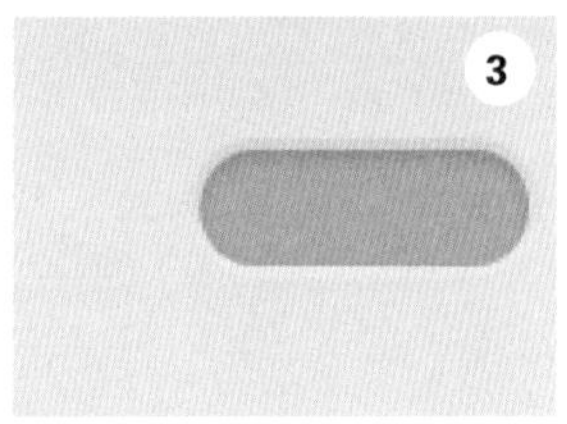

图 7.36

Step02 输入文字。选择“横排文字工具”，设置前景色为 R:175　G:175　B:175，在按钮左侧输入文字，打开“图层样式”对话框，选择“内阴影”“投影”选项，设置参数，为文字添加效果，如图 7.37 所示。

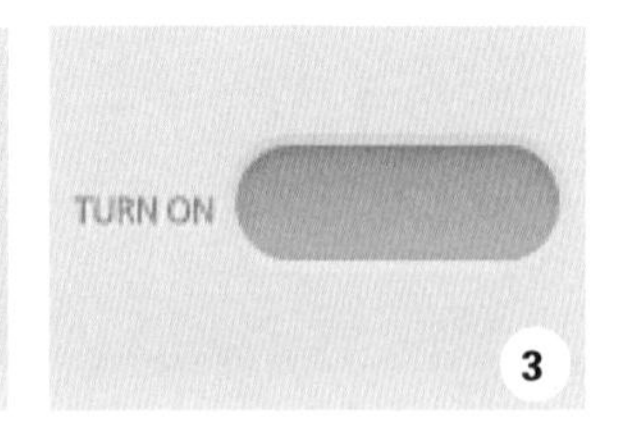

❶ 用横排文字工具输入文字
❷ 选择“内阴影”选项，设置混合模式为“正常”、不透明度为 15%、距离为 1 像素
❸ 选择“投影”选项，设置混合模式为“正常”、颜色为白色、不透明度为 50%、距离为 1 像素、大小为 1 像素

图 7.37

Step03 输入 ON 文字。再次使用“横排文字工具”输入文字，改变文字的颜色为白色，如图 7.38 所示。

Step04 绘制开关按钮。选择“椭圆工具”，设置前景色为白色，打开“图层样式”对话框，选择“描边”“内阴影”“渐变叠加”“内发光”“投影”选项，设置参数，为开关按钮添加立体效果，如图 7.39 所示。

图 7.38

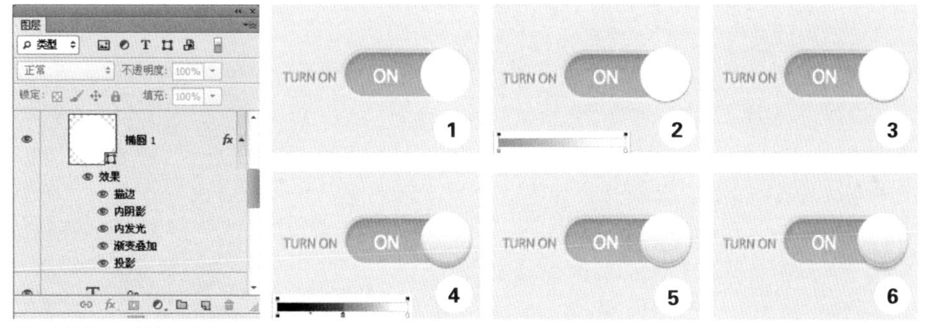

❶ 用椭圆工具绘制开关按钮
❷ 选择“描边”选项，设置大小为 1 像素、填充类型为“渐变”，设置渐变条，颜色从左到右依次为 R:153 G:153 B:153、R:255 G:255 B:255
❸ 选择“内阴影”选项，设置混合模式为“正常”、不透明度为 10%、角度为 -90°，取消选中“使用全局光”复选框，设置距离为 3 像素、大小为 1 像素
❹ 选择“渐变叠加”选项，设置不透明度为 20%，设置渐变条，颜色从左到右依次为 R:0 G0 B:0、R:85 G:85 B:85、R:255 G:255 B:255
❺ 选择“内发光”选项，设置混合模式为“正常”、不透明度为 40%、颜色为白色、阻塞为 50%、大小为 1 像素
❻ 选择“投影”选项，设置混合模式为“正常”、不透明度为 10%、角度为 90°，取消选中“使用全局光”复选框，设置距离为 3 像素

图 7.39

Step05 添加质感。再次使用“椭圆工具”绘制开关按钮，打开“图层样式”对话框，选择“内阴影”“渐变叠加”选项，设置参数，为开关按钮添加质感，如图 7.40 所示。

❶ 使用“椭圆工具”绘制开关按钮，设置前景色为 R:221 G:221 B:221，在开关按钮上绘制正圆
❷ 选择“内阴影”选项，设置混合模式为“正常”、不透明度为 10%、角度为 -90°、取消勾选“使用全局光”复选框、设置距离为 3 像素、大小为 1 像素
❸ 选择“渐变叠加”选项，设置不透明度为 20%，设置渐变条，颜色从左到右依次为 R:0 G0 B:0、R:85 G:85 B:85、R:255 G:255 B:255

图 7.40

Step06 复制组。新建“组 2”，将刚才绘制的图层拖入到组 2 中，复制“组 2”，得到“组 2 副本”，移动按钮的位置，改变文字，如图 7.41 所示。

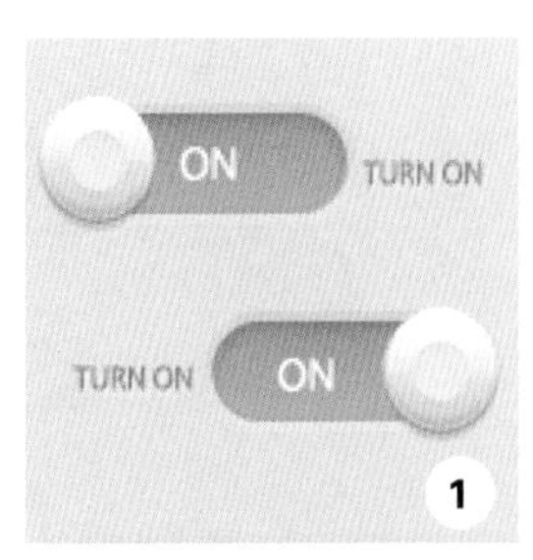

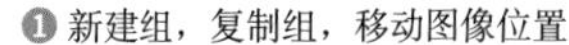

❶ 新建组，复制组，移动图像位置

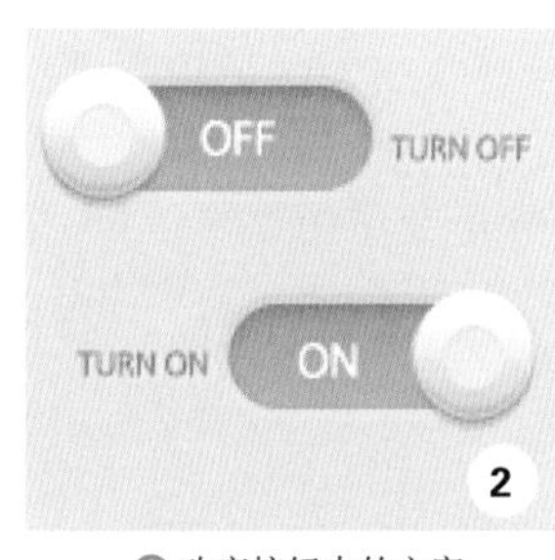

❷ 改变按钮中的文字

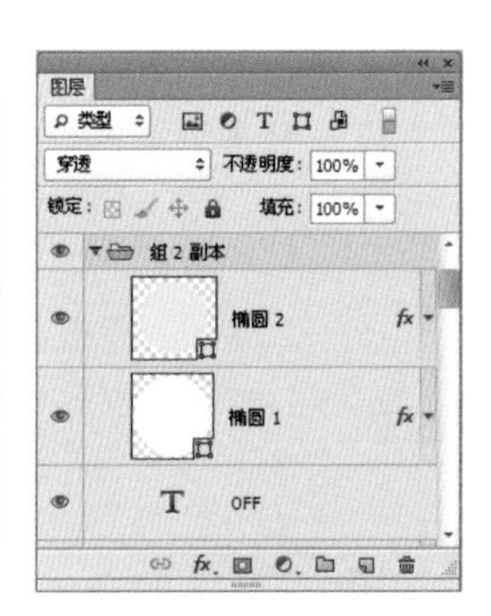

图 7.41

Step07 重置图层样式效果。将 OFF 所在的按钮选中，执行“清除图层样式”命令，改变其颜色为 R:153　G:153　B:153，打开“图层样式”对话框，选择“描边”“内阴影”选项，设置参数，添加效果，如图 7.42 所示。

❶ 清除图层样式，改变颜色

❷ 选择“描边”选项，设置大小为 3 像素、不透明度为 15%、填充类型为“渐变”，设置渐变条，颜色从左到右为 R:153　G:153　B:153、R:255　G:255　B:255

❸ 选择“内阴影”选项，设置混合模式为“正常”、不透明度为 15%、角度为 90°，取消选中“使用全局光”复选框，设置距离为 2 像素、大小为 5 像素

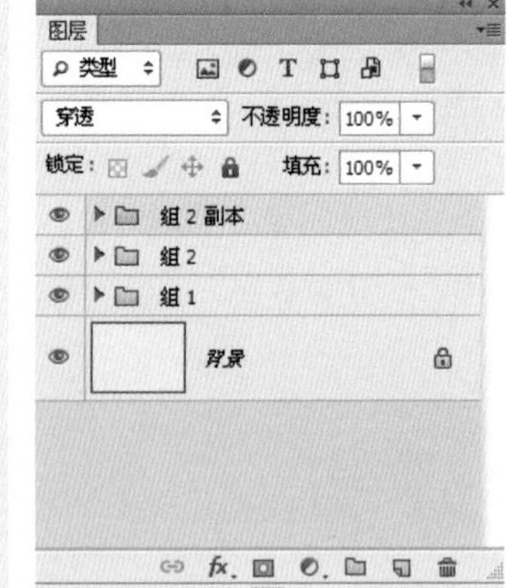

图 7.42

效果 3

Step01 绘制基本形。选择“圆角矩形工具”，在选项栏中设置半径为 100 像素，在图像上绘制圆角矩形，得到“圆角矩形 1”图层，将该图层的填充降低为 0，如图 7.43 所示。

Step02 添加效果。打开“椭圆 1”图层的“图层样式”对话框，在左侧列表中分别选择“描边”“颜色叠加”“图案叠加”“投影”选项，设置参数，为椭圆形状添加效果，如图 7.44 所示。

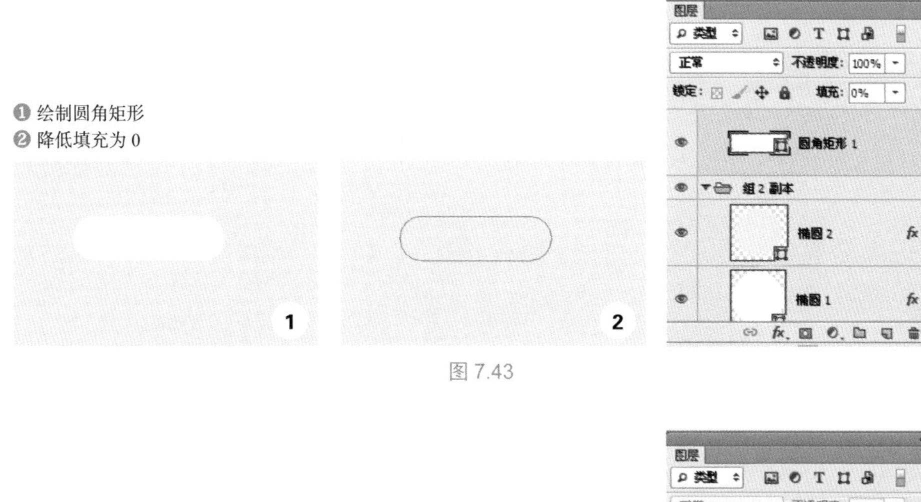

图 7.43

❶ 选择“内阴影”选项，设置颜色为 R:103　G:89　B:82、不透明度为 5%、距离为 10 像素、大小为 20 像素
❷ 选择“投影”选项，设置混合模式为“正常”、颜色为“白色”、距离为 1 像素

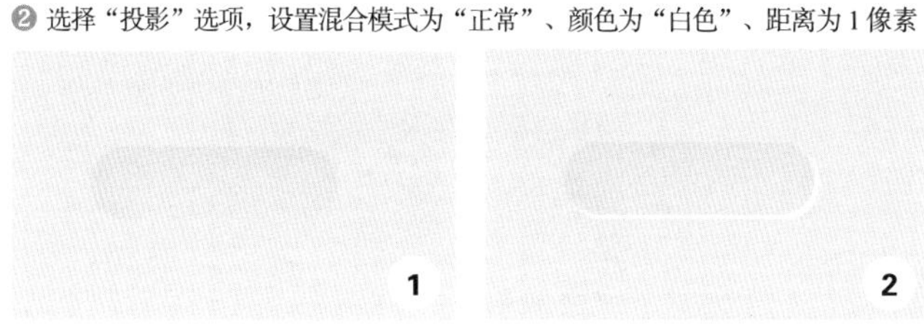

图 7.44

Step03 添加效果。选择“圆角矩形工具”，设置颜色为 R:203　G:203　B:203，绘制形状，打开“图层样式”对话框，选择“内阴影”选项，设置参数，添加效果，如图 7.45 所示。

❶ 再次使用圆角矩形工具绘制按钮内部
❷ 选择“内阴影”选项，设置颜色为 R:61　G:56　B:54、不透明度为 20%、距离为 2 像素、大小为 4 像素

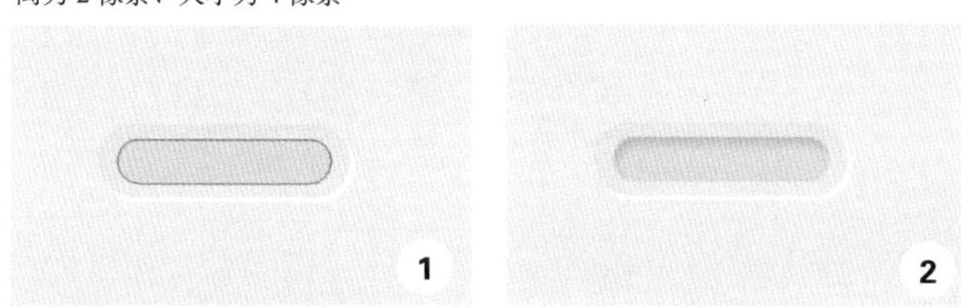

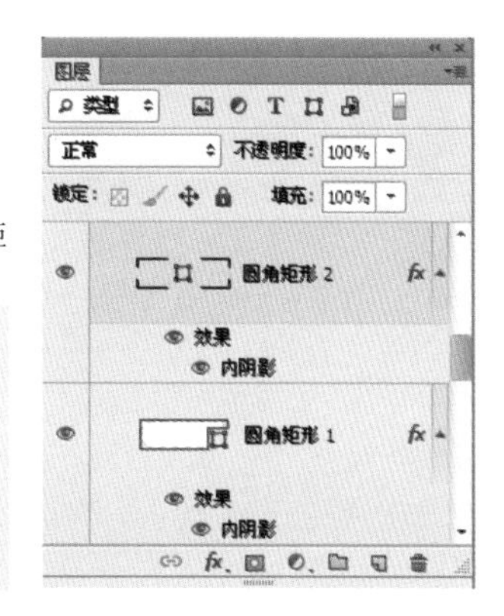

图 7.45

Step04 绘制按钮开关。选择“圆角矩形工具”，绘制按钮开关外形，打开“图层样式”对话框，选择“颜色叠加”“投影”选项，设置参数，增加按钮立体感，然后使用

“钢笔工具”绘制形状，如图 7.46 所示。

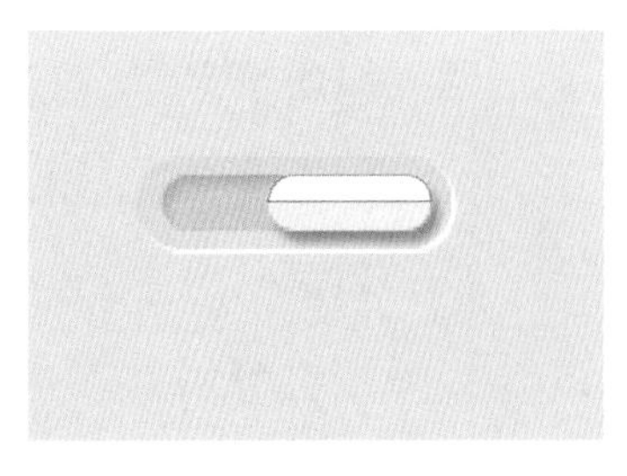

❶ 使用圆角矩形工具绘制按钮开关

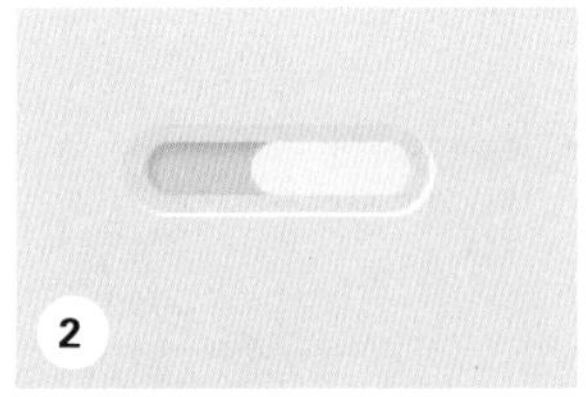

❷ 选择“颜色叠加”选项，设置颜色 R:237 G:232 B:230

❸ 选择“投影”选项，设置混合模式为“正常”、颜色为 R:76 G:76 B:76，设置不透明度为 47%、距离为 4 像素、大小为 3 像素

❹ 选择钢笔工具绘制按钮开关上面的形状

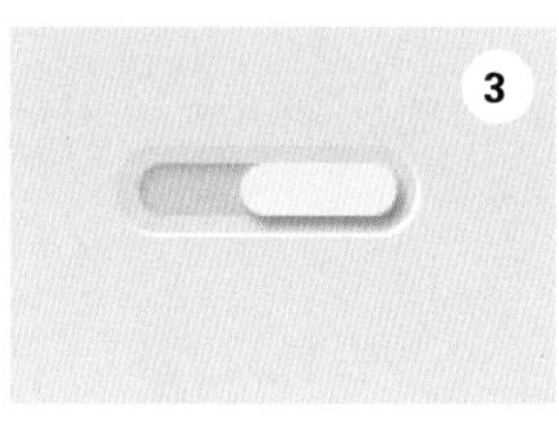

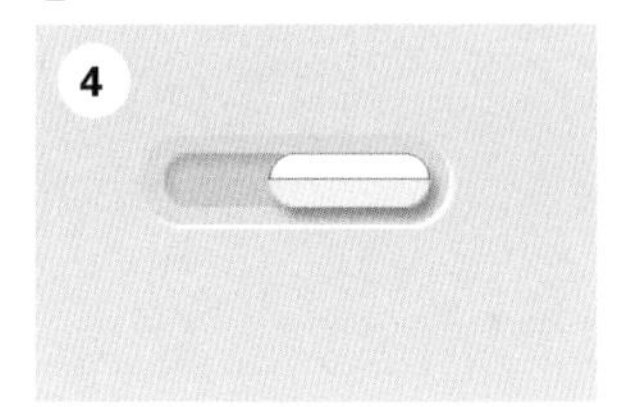

图 7.46

Step 05 输入文字。选择“横排文字工具”，在按钮左右两侧输入文字，新建“组 3”，如图 7.47 所示。

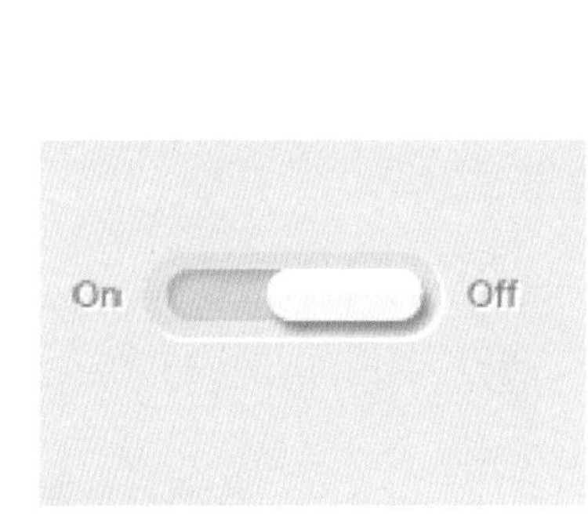

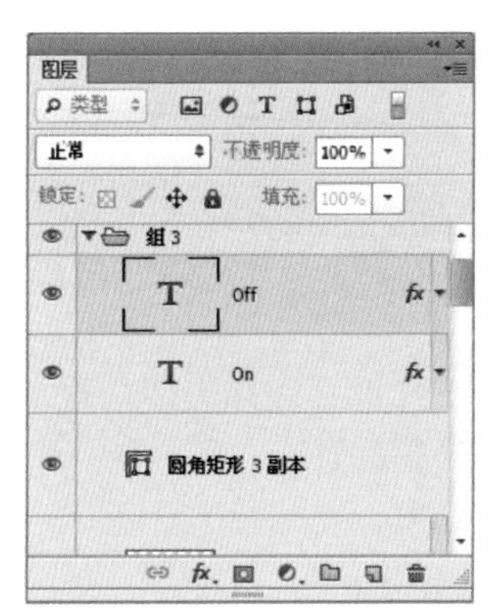

图 7.47

Step 06 复制组。将其“组 3”进行复制，得到“组 3 副本”，移动组中按钮及文字的位置，完成效果，如图 7.48 所示。

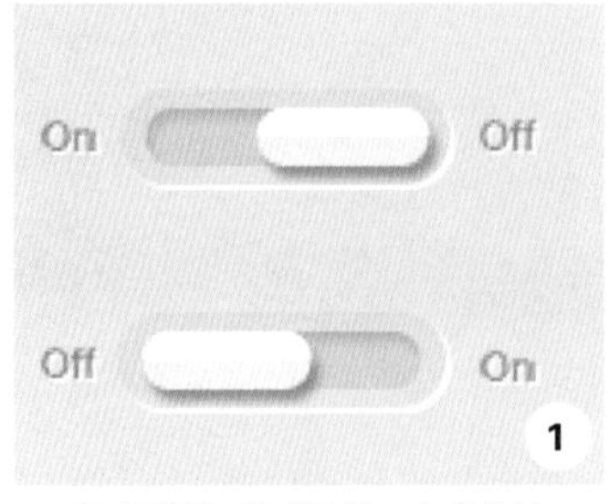

❶ 复制组，移动按钮、文字位置

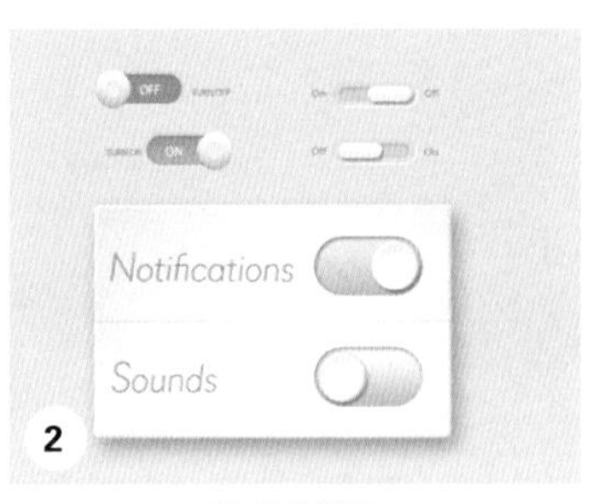

❷ 完成效果

图 7.48

7.4 高调旋钮

案例综述

在本例中，我们将制作一个高调的乳白色旋钮。这种设计在苹果系统的界面中被多次应用，简约的造型和色彩搭配展现了播放器的清新素雅风格，如图 7.49 所示。

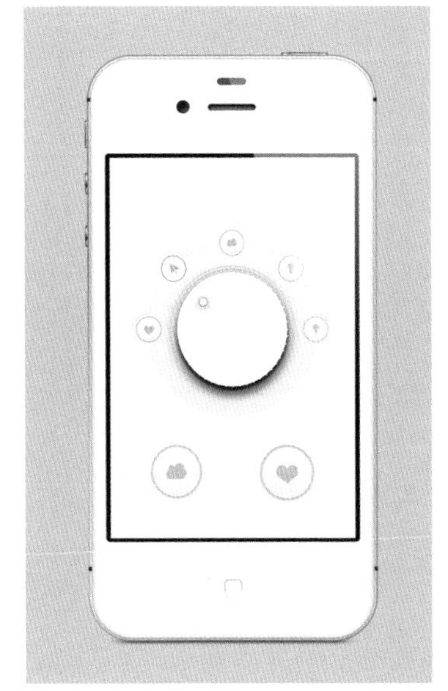

图 7.49

设计规范

尺寸规范	650×560 像素
主要工具	圆形工具、图层样式
文件路径	Chapter07/7-4.psd
视频教学	7-4.avi

配色分析

在本例中，我们采用了清新的蓝色和简约的灰色进行色彩搭配，从而为整个视觉效果带来了轻松而安静的氛围。

操作步骤：

Step01 新建文档。执行“文件”→“新建”命令，或按下快捷键 Ctrl+N，打开“新建”对话框，设置宽度和高度分别为 650 像素和 560 像素、分辨率为 72 像素 / 英寸，完成后单击“确定”按钮，新建一个空白文档，如图 7.50 所示。

Step02 为背景填充颜色。单击前景色图标，在打开的“拾色器（前景色）”对话框中设置参数，改变前景色，按下快捷键 Alt+Delete 为背景填充前景色，如图 7.51 所示。

图 7.50

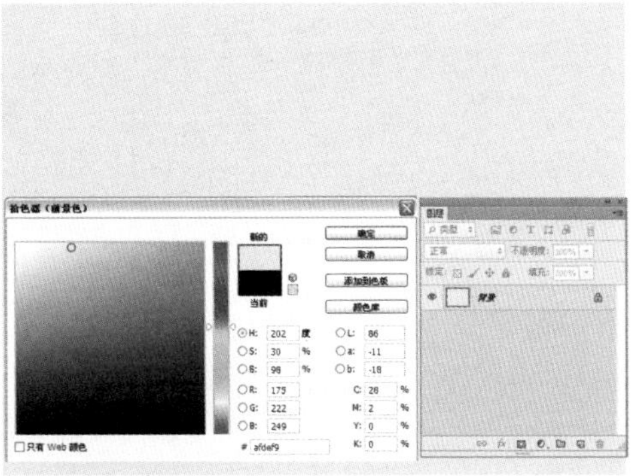

图 7.51

Step 03 绘制基本形。选择“椭圆工具”，在画布上绘制正圆，然后在选项栏中选择“合并形状”选项，再次绘制正圆，使用同样的方法连续绘制4次，得到基本形，打开“图层样式”对话框，选择“内阴影”“渐变叠加”选项，设置参数，添加效果，如图7.52所示。

❶ 使用椭圆工具绘制基本形

❷ 选择“内阴影”选项，设置不透明度为15%、角度为90°，取消选中“使用全局光”复选框，设置距离为2像素、大小为4像素

❸ 选择“渐变叠加”选项，设置渐变条，颜色从左到右依次为R:228 G:228 B:228、R:238 G:238 B:238、R:247 G:247 B:247，设置角度为 -90°

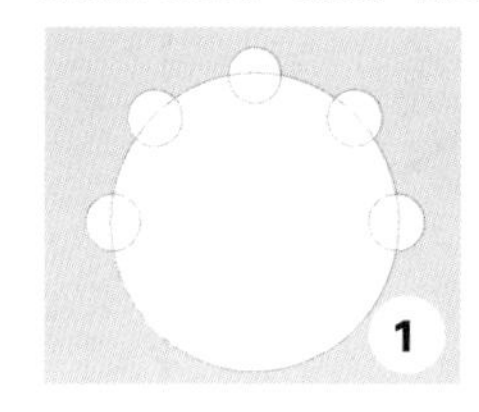

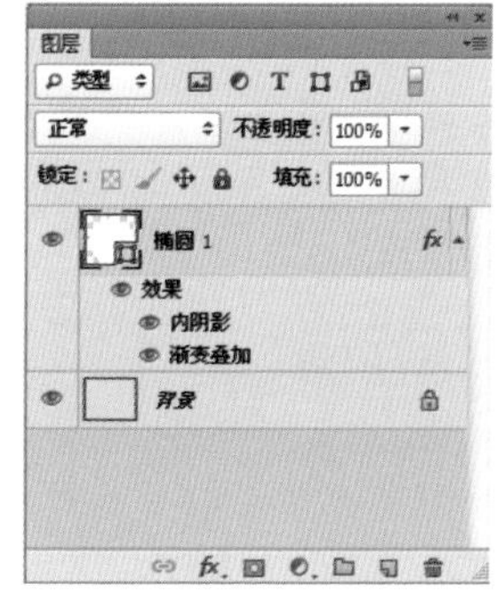

图 7.52

Step 04 绘制内部形状。再次选择“椭圆工具”，绘制正圆，移动位置到基本形的中央位置，打开“图层样式”对话框，选择“内阴影”“渐变叠加”“投影”选项，设置参数，添加效果，如图7.53所示。

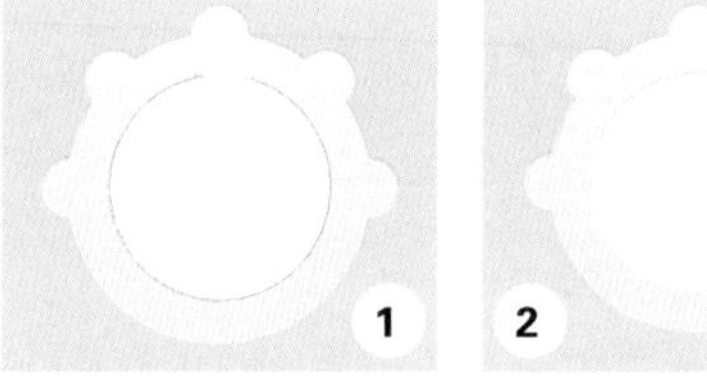

❶ 用椭圆工具绘制内部形状

❷ 选择“内阴影”选项，设置不透明度为28%、角度为90°，取消选中“使用全局光”复选框，设置距离为2像素、阻塞为9%、大小为5像素

❸ 选择“渐变叠加”选项，设置渐变条，颜色从左到右依次为R:89 G:89 B:89、R:227 G:227 B:227、R:255 G:255 B:255、勾选“反向”复选框。设置角度为 -90°、缩放为150%

❹ 选择“投影”选项，设置混合模式为“叠加”、颜色为白色、不透明度为61%、距离为3像素

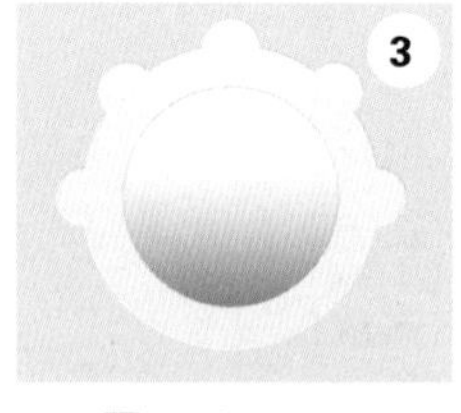

图 7.53

Step 05 添加立体效果。选择“椭圆工具”绘制同心圆，打开“图层样式”对话框，选择“内阴影”“外发光”选项，设置参数，为按钮添加效果，如图7.54所示。

Step 06 绘制阴影。选择“椭圆工具”绘制黑色椭圆，得到“椭圆 4”图层，右击，在弹出的快捷菜单中选择“转换为智能对象”命令，执行“滤镜”→“模糊”→“高斯模糊”命令，设置半径为28像素，单击“确定”按钮，模糊图像，如图7.55所示。

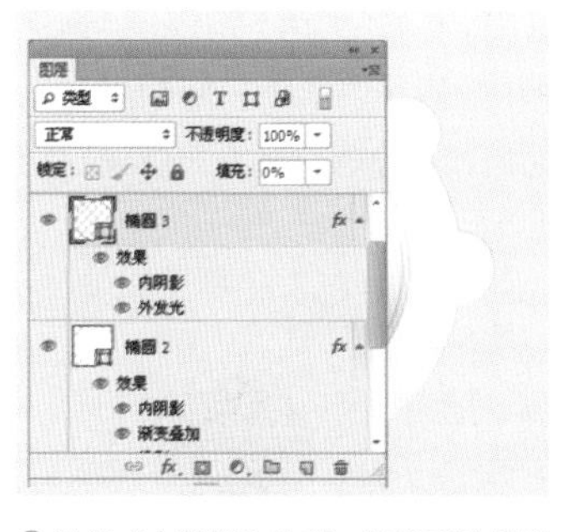

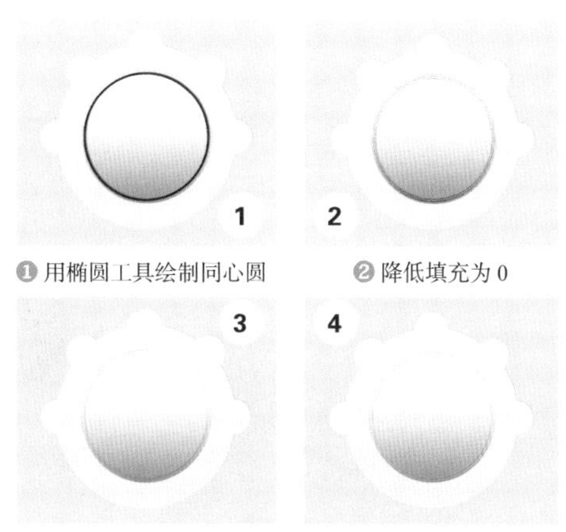

❶ 用椭圆工具绘制同心圆　❷ 降低填充为 0

❸ 选择“内阴影”选项，设置不透明度为 15%、距离为 5 像素、大小为 5 像素
❹ 选择“外发光”选项，设置混合模式为“正常”、颜色为白色、大小为 2 像素

图 7.54

❶ 选择椭圆工具绘制黑色正圆　❷ 将椭圆进行高斯模糊

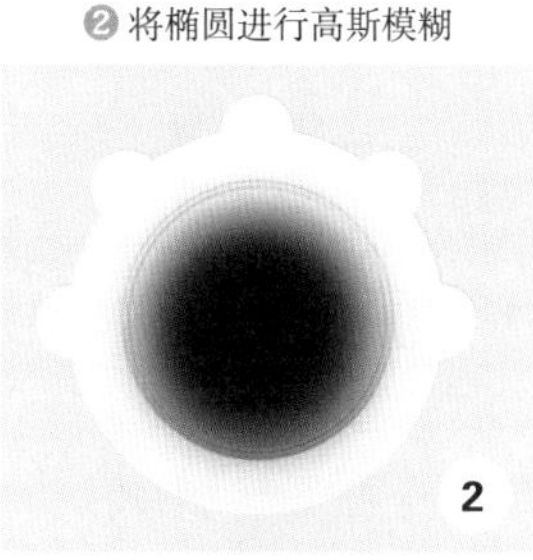

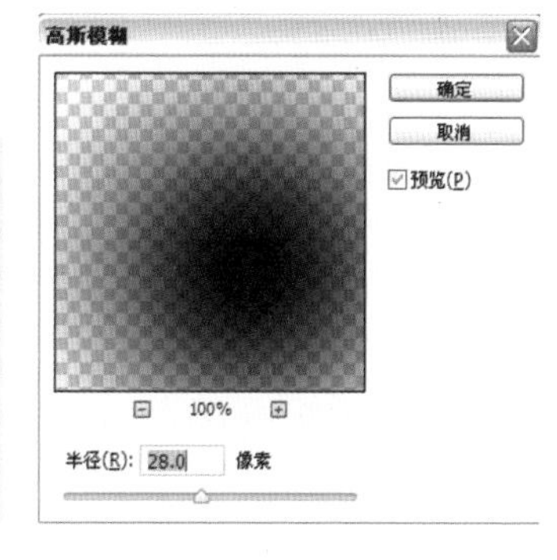

图 7.55

提示

在“高斯模糊”对话框中，设置半径的值越大，模糊效果越强烈，半径值的范围为 0.1 ～ 250。

Step07 添加阴影。再次使用“椭圆工具”，绘制黑色正圆，将填充降低为 0，打开“图层样式”对话框，选择“投影”选项，设置参数，添加投影效果，如图 7.56 所示。

❶ 使用椭圆工具绘制正圆
❷ 降低填充为 0
❸ 选择“投影”选项，设置不透明度为 60%、距离为 9 像素、大小为 10 像素

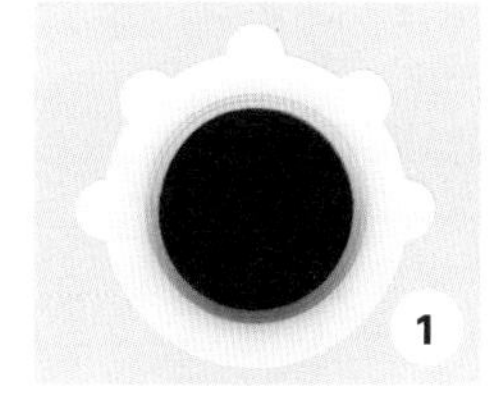

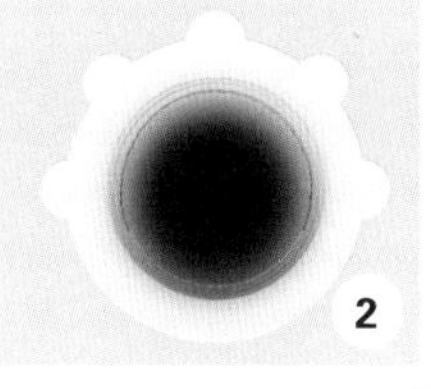

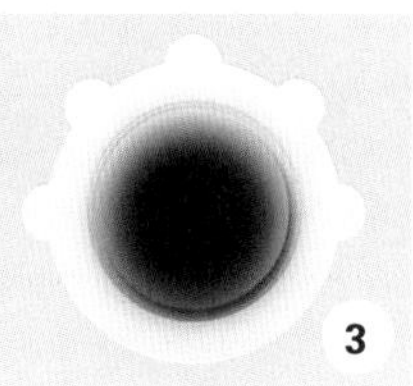

图 7.56

Step08 绘制旋钮。选择“矩形工具”，在按钮的中央位置绘制一个细小的矩形框，将其复制，旋转角度，按下 Enter 键确认，然后不断按下快捷键 Ctrl+Alt+Shift+T，可再次得到旋转的矩形，完成后，选择“椭圆工具”，在圆盘下方绘制白色正圆，得到旋钮，如图 7.57 所示。

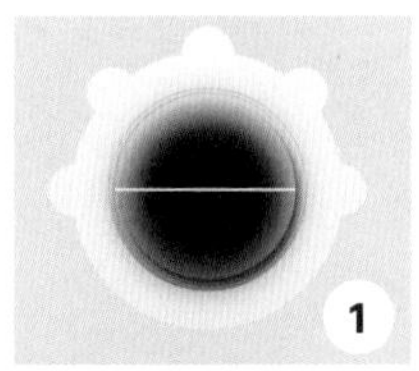

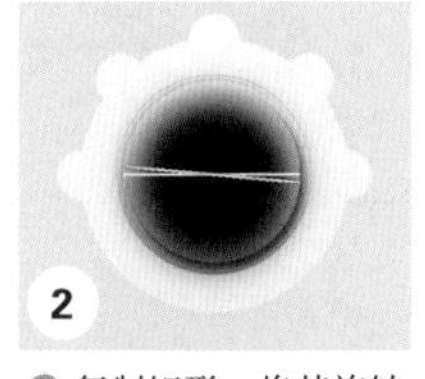

❶ 选择矩形工具，绘制矩形

❷ 复制矩形，将其旋转一个角度

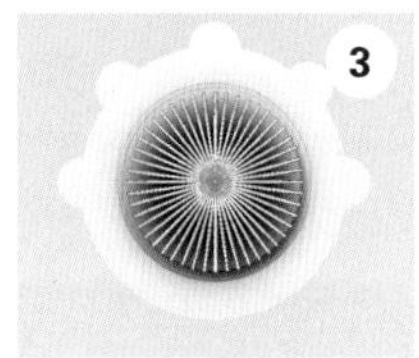

❸ 按下快捷键 Ctrl+Alt+Shift+T，得到圆盘

❹ 使用椭圆工具绘制旋钮背景

图 7.57

Step09 添加质感。将刚才绘制的图层合并，打开“图层样式”对话框，选择“渐变叠加”“外发光”“投影”选项，设置参数，添加效果，如图 7.58 所示。

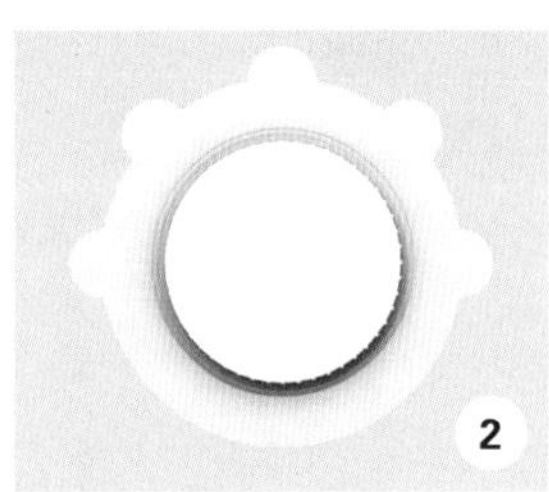

❶ 选择“渐变叠加”选项，设置不透明度为 18%，设置渐变条，颜色从左到右依次为 R:211 G:211 B:211、R:242 G:242 B:242

❷ 选择“外发光”选项，设置混合模式为“正片叠加”、不透明度为 12%、颜色为黑色、大小为 10 像素

❸ 选择“投影”选项，设置不透明度为 63%、角度为 95°，取消选中“使用全局光”复选框，设置距离为 21 像素、大小为 21 像素

图 7.58

Step10 表现厚度感。再次使用“椭圆工具”，绘制正圆，将填充度降低为 0，打开“图层样式”对话框，选择“渐变叠加”选项，设置不透明度为 12%，设置渐变条，颜色从左到右依次为 R:188 G:188 B:188、R:117 G:117 B:117，角度为 -90°，单击“确定”按钮，表现旋钮的厚度感，如图 7.59 所示。

提示

将“样式”面板中的一个样式拖动到“删除样式”按钮上，即可将其删除，此外，按住 Alt 键单击一个样式，也可直接将其删除。

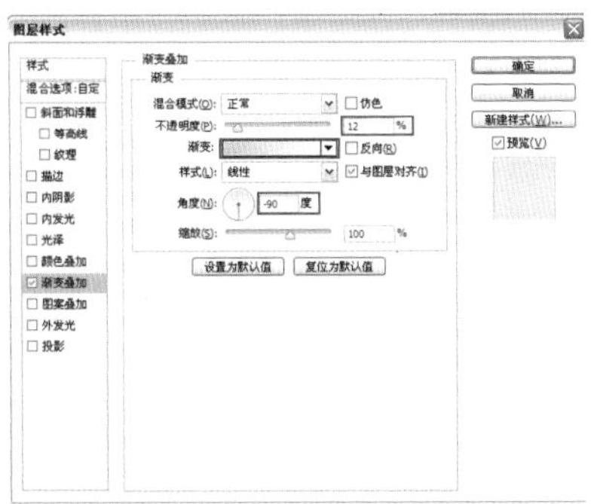

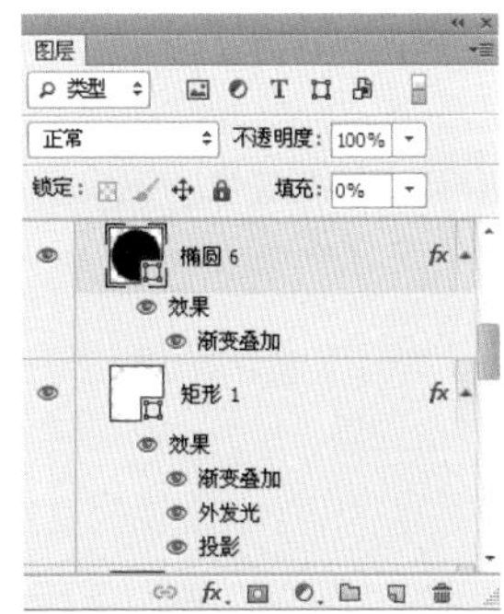

图 7.59

Step 11 绘制按钮。再次使用“椭圆工具”，设置前景色为 R:217　G:235　B:243，在旋钮上绘制正圆，打开“图层样式”对话框，选择“斜面和浮雕”选项，设置高光模式为“颜色减淡”、不透明度为 33%、阴影模式为“正片叠底”、不透明度为 22%，单击“确定”按钮，为按钮添加质感，如图 7.60 所示。

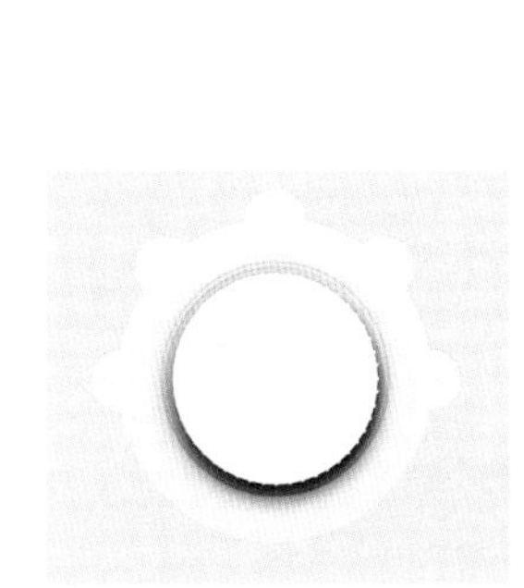
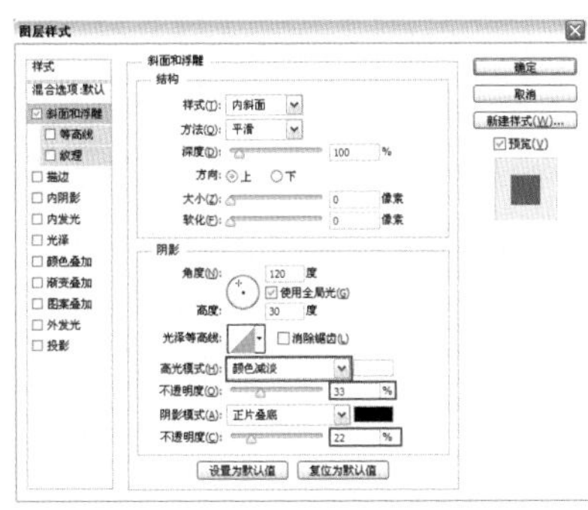

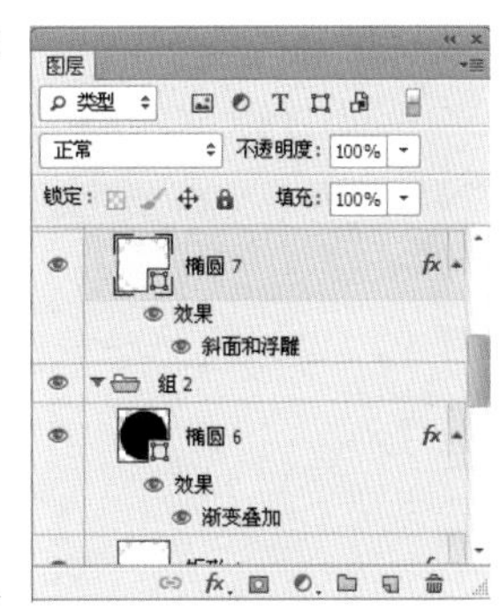

图 7.60

Step 12 添加立体效果。将“椭圆 7”图层复制 4 次，改变大小，改变颜色，从而表现出按钮的立体效果，如图 7.61 所示。

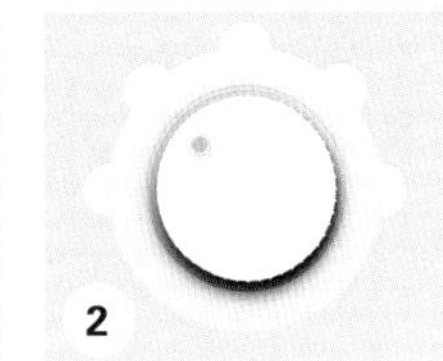

❶ 改变颜色为 R:182　G:225　B:244

❷ 改变颜色为 R:44　G:184　B:250

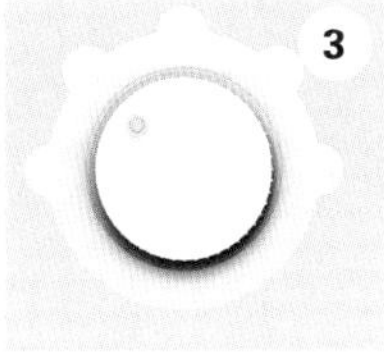

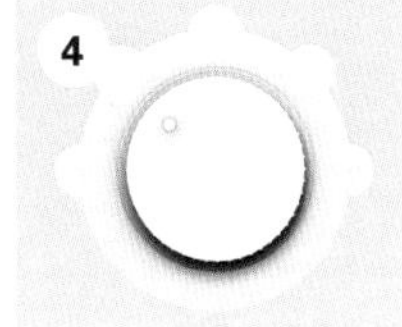

❸ 改变颜色为 R:149　G:219　B:253

❹ 改变颜色为 R:255　G:255　B:255

图 7.61

提示

在 Photoshop 中，图层组不仅可以用于对图层进行管理，还可以将不同类型的图像进一步归类整理。通过再次创建图层组，可以形成类似于树状结构和目录的层级结构，从而方便管理和查看。

Step 13 绘制收藏图标。再次使用“椭圆工具”，设置前景色为 R:233　G:233　B:233 绘制正圆，打开“图层样式”对话框，选择“渐变叠加”“内阴影”选项，设置参数，如图 7.62 所示。

❶ 选择“渐变叠加”选项，设置渐变条，颜色从左到右依次为 R:228　G:228　B:228、R:238　G:238　B:238、R:247　G:247　B:247，选中“反向”复选框，设置角度为 -90°
❷ 选择“内阴影”选项，设置不透明度为 15%、角度为 90°，取消选中“使用全局光”复选框、设置距离为 2 像素、大小为 4 像素

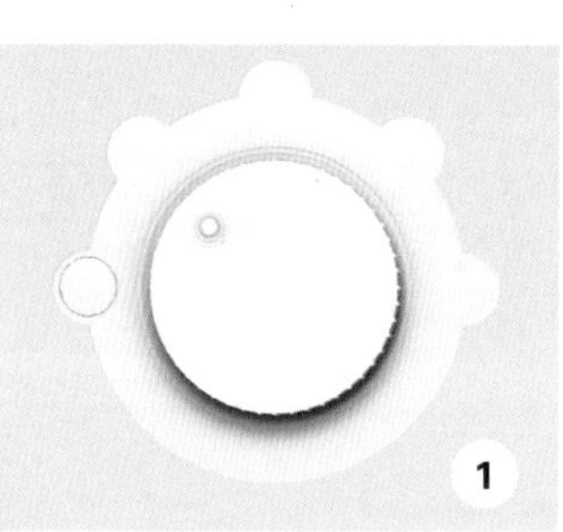

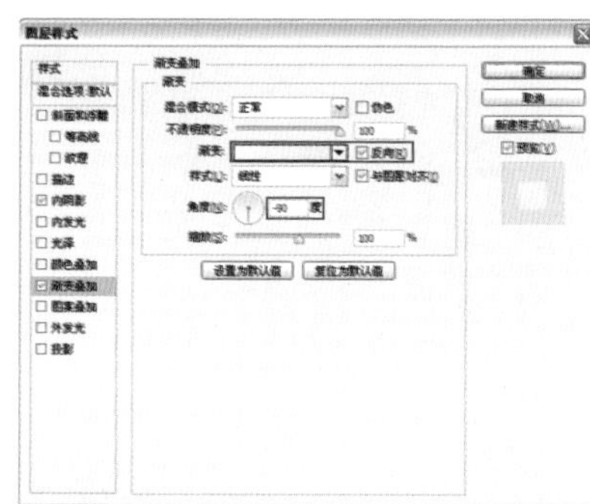

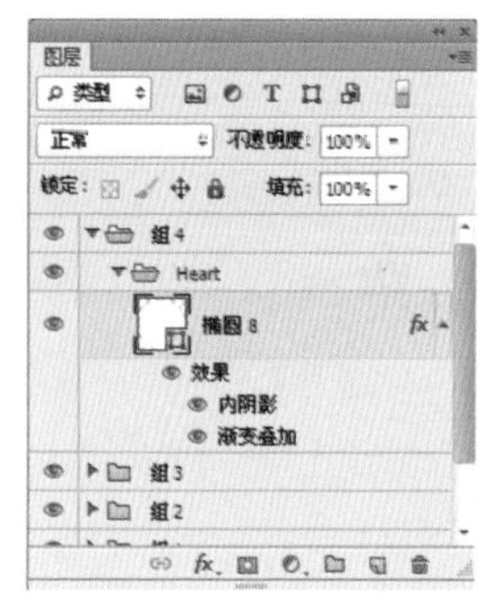

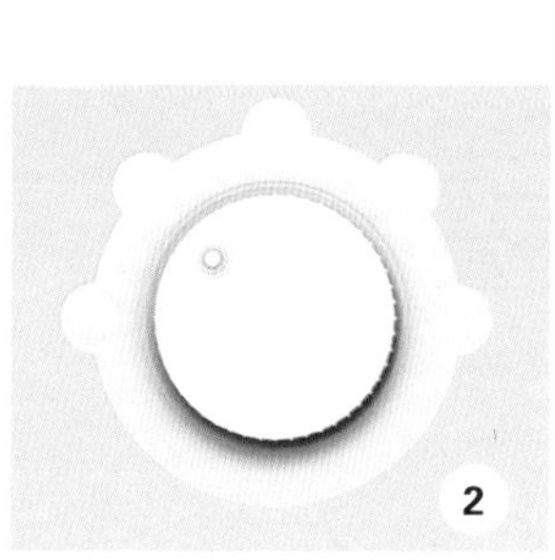

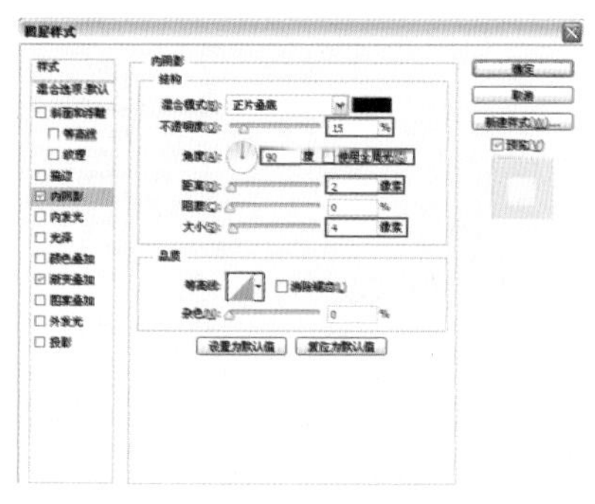

图 7.62

Step 14 绘制心形。选择“自定义形状”工具，在选项栏中选择心形形状，进行绘制，打开“图层样式”对话框，选择“内阴影”选项，设置不透明度为 23%、距离为 1 像素、大小为 2 像素，单击“确定”按钮，如图 7.63 所示。

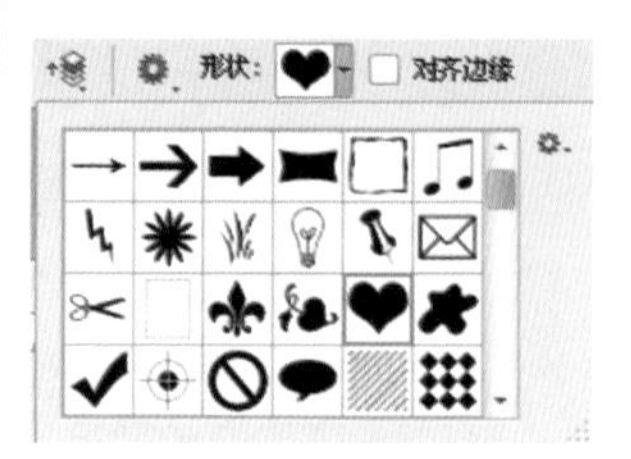

图 7.63

Step15 绘制图标外围。选择“椭圆工具”，绘制同心圆，设置同心圆的颜色，降低填充度为 35%，如图 7.64 所示。

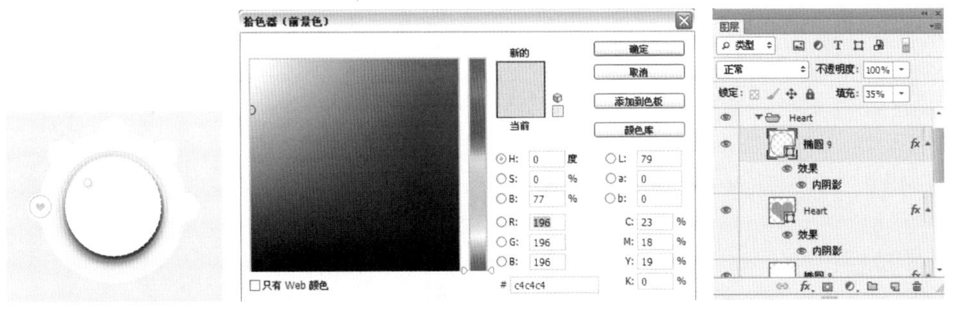

图 7.64

Step16 绘制其他图标。将刚才绘制的图标进行复制，移动位置，将心形所在图层删除，然后绘制其他图标，地图图标绘制的颜色改为蓝色，绘制方法相同，完成效果如图 7.65 所示。

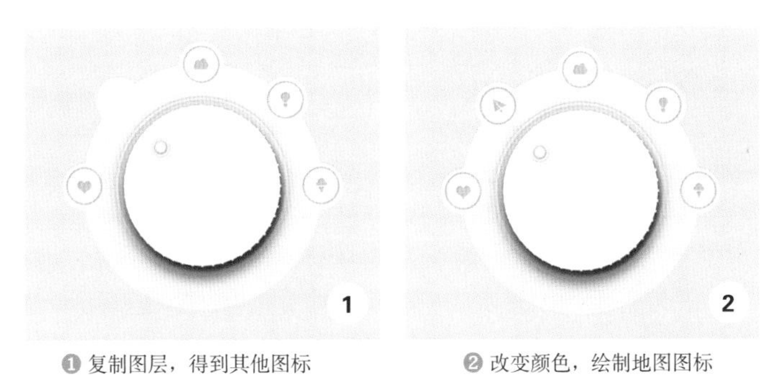

❶ 复制图层，得到其他图标　　❷ 改变颜色，绘制地图图标

图 7.65

最终效果图如图 7.66 所示。

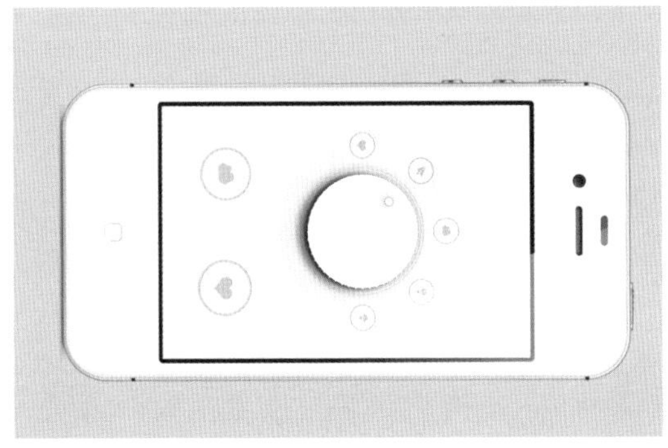

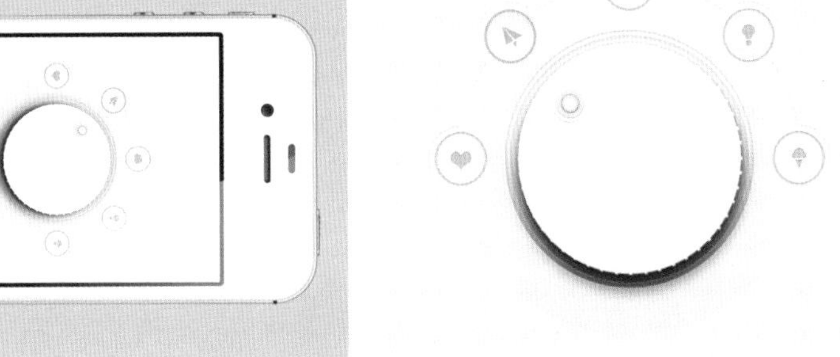

图 7.66

图标分解示意图如图 7.67 所示。

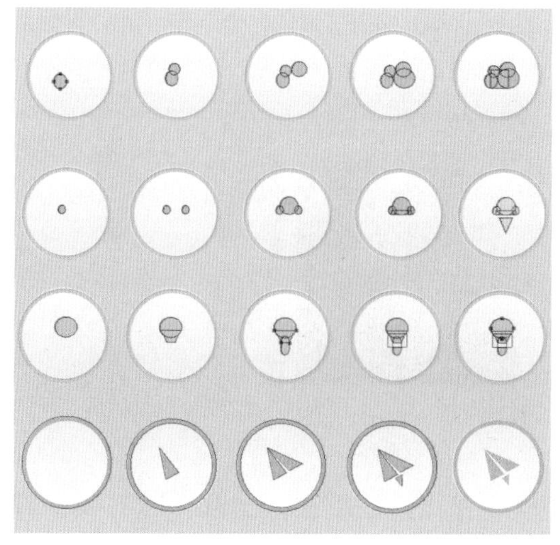

图 7.67

7.5 如何设计和谐的交互

要设计出和谐的交互体验，需要注意以下 4 方面。

1. 避免强迫用户与产品进行对话，让用户直接使用产品

对于用户来说，产品是实现目标所需的工具，而不是一个对话的对象。他们不希望工具过于冗长或缺乏知识。他们喜欢的工具应该能够以最高的效率帮助他们实现目标。如果工具还能提供一些贴心的过程服务和额外的惊喜，那就更好了。在用户实现目标的过程中，最理想的交互场景是用户快速使用工具，然后离开。如果强行将用户融入某个对话过程中，或者使用粗暴的对话框形式，用户会非常反感。

2. 提供非模态的反馈

模态反馈是一种用户界面设计中的反馈形式，它通过弹出窗口要求用户必须对其进行响应才能继续进行其他操作。

模态和非模态反馈是一种严谨的表达方式。关于模态和非模态的使用场景以及在不同场景下所呈现的具体形式，都有一定的要求。非模态反馈简单来说就是改变原有的生硬反馈，让用户更容易在情感上接受，此外，非模态反馈不会打断用户任务的流程。对于用户来说，反馈是有帮助的，但不是必需的，所以非模态反馈不仅要满足必要性，还要给用户提供选择的空间。

3. 为可能的设计做好准备

每个设计师都知道要为“可能性”做设计。但是这个“可能性”有多大呢？可能性和常规操作的比重一样吗？其实不是的，就像关闭 Word 文档时弹出的保存提示一样，虽然用户在辛苦编辑几个小时后故意选择不保存的概率接近 0，但也是有必要的。

4. 提供选择，而不是提问

在用户看来，不断提问会让他们感到厌烦，这并不是设计师对用户意愿的尊重。一

个软件不断提问只能说明这个软件的功能很弱小，只会突显出软件的无知、健忘和过分的要求。 其次，软件应该以用户的目标为中心，而不是以任务为中心。因为任务导向会使设计模型向技术模型靠拢，从而忽略了用户在使用过程中的可用性和易用性。软件应该尽可能地接近用户的心理模型，这样就可以保证用户在最简单的操作中实现目标。如果任务是软件本身赋予的，那么对于用户来说，就显得有些强制了，如图 7.68 所示为一款只需看图片就能操作的 UI 设计。

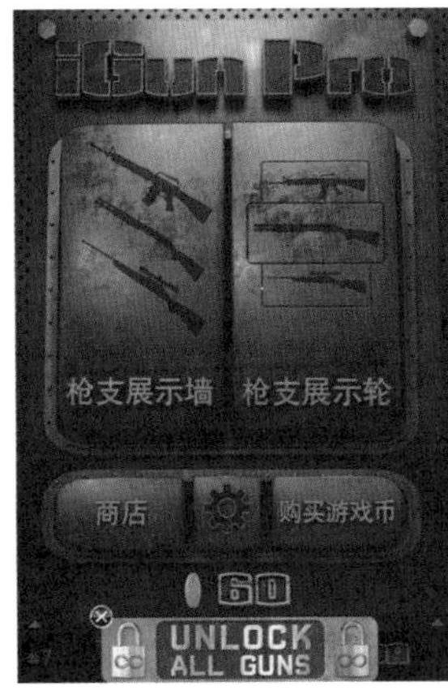

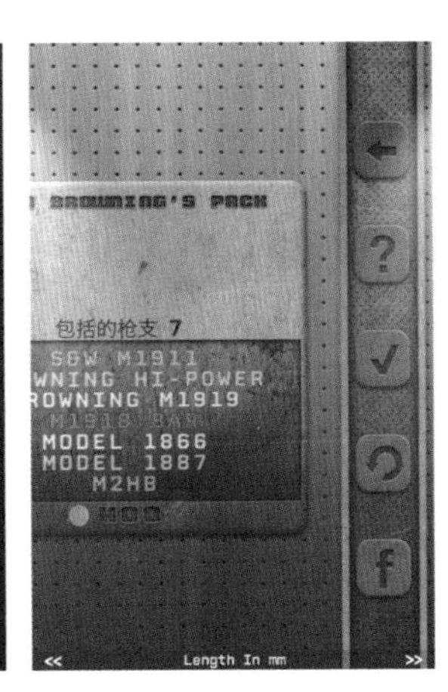

图 7.68

7.6 设计师关于按钮设计的建议

在设计按钮时，除了追求美观，还需要根据它们的功能来进行一些人性化的设计，例如分组、醒目、用词等。下面将提供一些关于按钮设计的几点建议。

1. 关联分组

可以将相关的按钮放在一起，以展示它们之间的紧密联系和亲密性，如图 7.69 所示。

图 7.69

2. 层级关系

将没有关联的按钮之间保持一定的间距，这样可以更好地区分它们，并展示出按钮之间的层级关系，如图 7.70 所示。

图 7.70

3. 善用阴影

阴影可以起到对比的作用，从而引导用户将目光集中在明亮的区域。

4. 圆角边界

使用圆角来定义边界可以使边界清晰且明显，而直角通常被用来分隔内容，如图 7.71 所示。

5. 强调重点

对于同一级别的按钮，我们应该强调其中最重要的一个，如图 7.72 所示，红色的按钮是最重要的一个。

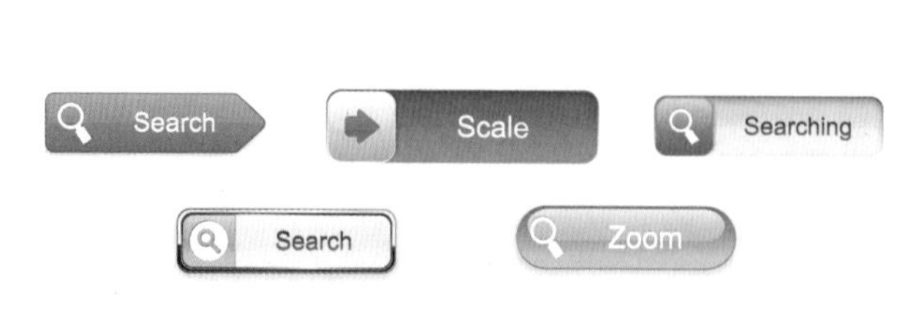

图 7.71

图 7.72

6. 按钮尺寸

因为点击面积增大了，所以块状按钮让用户点击得更加容易，如图 7.73 所示。

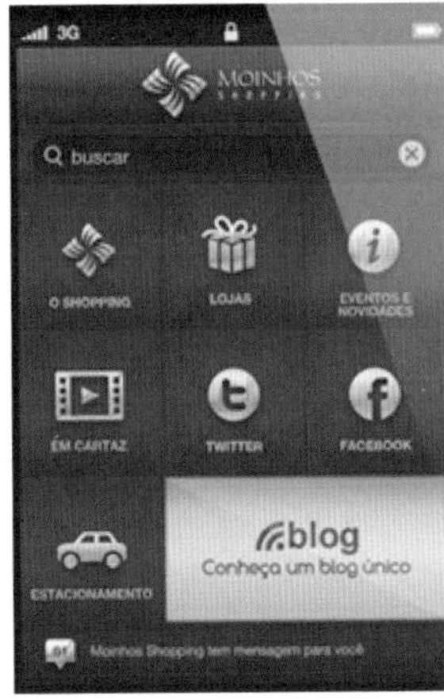

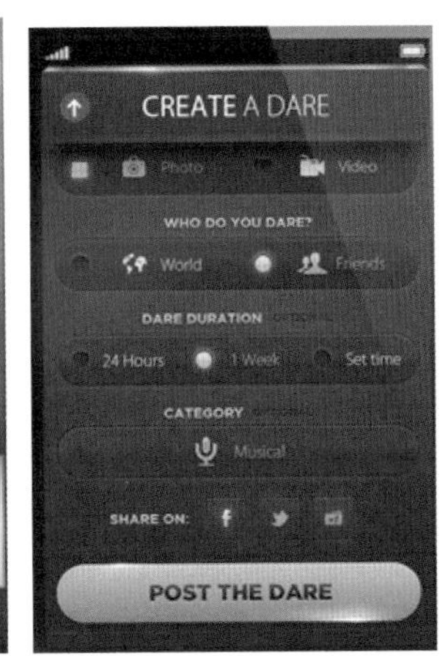

图 7.73

7. 表述必须明确

当用户看到“确定”“取消”“是”和“否”等提示按钮时，他们需要再三思考才能做出决定。然而，如果按钮上显示的是“保存”或“付款”等明确的词语，用户就可以直接做出决策。因此，确保按钮的表述清晰明了非常重要。

第 8 章

App UI 零件设计大集合

业界的专家曾强调：细节决定成败。App UI 只有微小的空间，因此只有通过精细、再精细的设计才能吸引用户。在本章中，作者将全力以赴，将自己的专业技能和经验分享给大家。此外，不要错过每章后面的知识拓展部分，它们将有助于提升你在设计思路上的能力。

8.1 进度条

案例综述

在本例中，我们将制作一系列有趣的进度条。与其他控件不同，进度条需要在等待过程中为用户提供乐趣，因此它的设计需要更加巧妙和有趣，如图 8.1 所示。

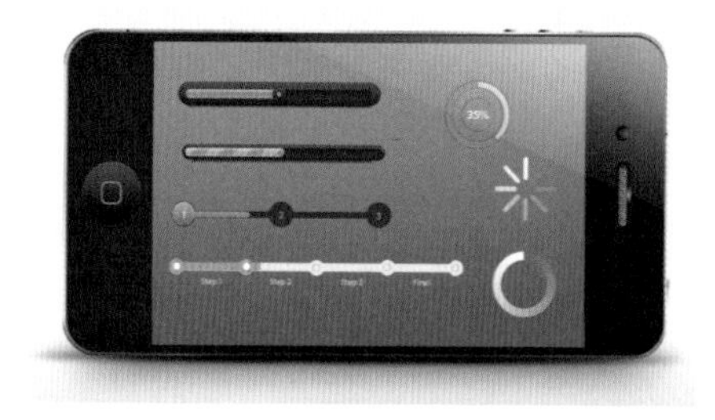

图 8.1

设计规范

尺寸规范	多种规格的尺寸
主要工具	多种矢量工具、图层样式
文件路径	Chapter08/8-1.psd
视频教学	8-1.avi

造型分析

在本例中，我们选择了多种不同形状的进度条，包括节点式（能够让用户在读取进度时感受到进程的细节）、温度计式以及圆形进度条。在临摹时，请注意细节，并深入理解用户体验的重要性。

操作步骤：

效果 1

Step01 绘制输入框。选择“圆角矩形工具”，在选项栏中设置半径为 100 像素，绘制进度条基本形，打开“图层样式”对话框，选择“描边”“内阴影”“渐变叠加”选项，设置参数，添加效果，如图 8.2 所示。

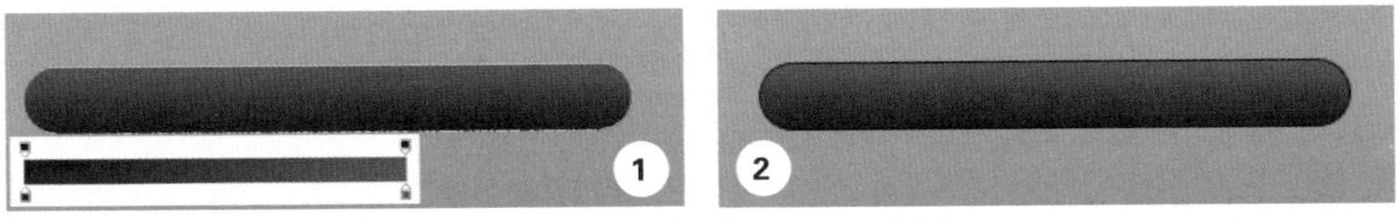

❶ 使用圆角矩形工具绘制进度条基本形，填充渐变，设置渐变条，从左到右依次为 R:17　G:17　B:17、R:68　G:68　B:68
❷ 选择“描边”选项，设置大小为 1 像素

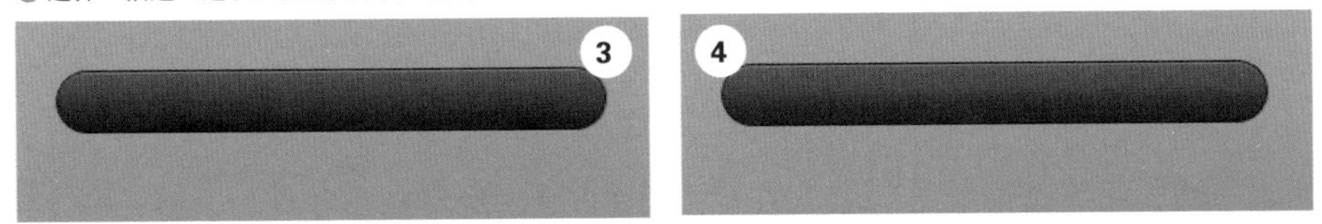

❸ 选择“内阴影”选项，设置混合模式为“滤色”、颜色为白色、不透明度为 15%，角度为 90°，取消选中“使用全局光”复选框，设置距离为 1 像素、大小为 0 像素
❹ 选择“渐变叠加”选项，设置混合模式为“正常”、不透明度为 5%，设置渐变条，左右两边都是白色，不透明度为 20%、25%

图 8.2

Step 02 添加阴影。选择“矩形工具”，在基本形下方绘制黑色矩形条，将该图层的不透明度降低为 50%，为该图层添加图层蒙版，使用黑色画笔工具在蒙版上进行涂抹，得到阴影，如图 8.3 所示。

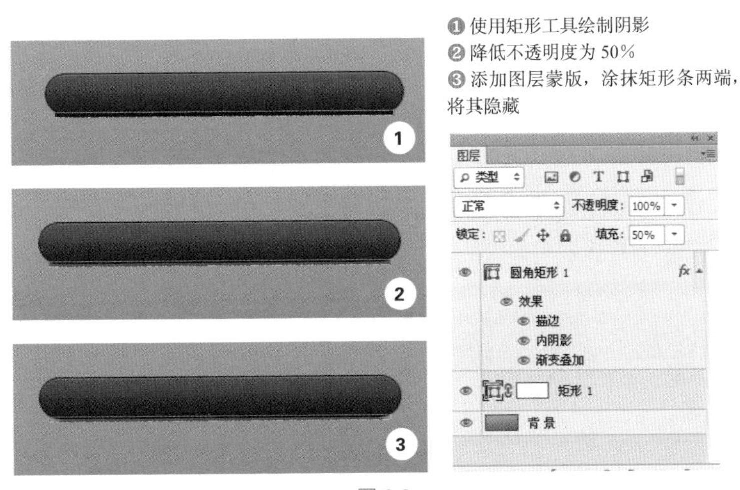

❶ 使用矩形工具绘制阴影
❷ 降低不透明度为 50%
❸ 添加图层蒙版，涂抹矩形条两端，将其隐藏

图 8.3

Step 03 绘制进度框。再次选择“圆角矩形工具”，保持半径参数不变，在基本形上绘制进度框，得到“圆角矩形 2”图层，添加渐变效果后，打开“图层样式”对话框，选择“内阴影”“投影”选项，设置参数，添加凹陷效果，如图 8.4 所示。

Step 04 绘制进度。将“圆角矩形 2”图层进行复制，得到“圆角矩形 2 副本”图层，改变该形状的颜色为蓝色，为该图层添加“斜面和浮雕”“颜色叠加”选项，设置参数，绘制进度效果，如图 8.5 所示。

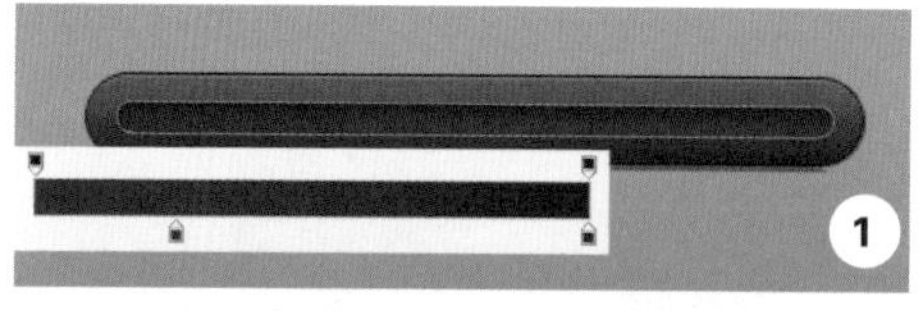

❶ 使用圆角矩形工具绘制进度框，填充渐变，设置渐变条，从左到右依次为 R:34　G:34　B:34、R:17　G:17　B:17
❷ 选择“内阴影”选项，设置不透明度为 100%、角度为 90°、距离为 1 像素、大小为 2 像素
❸ 选择“投影”选项，设置混合模式为“滤色”、颜色为白色、不透明度为 14%、角度为 90°、距离为 1 像素、大小为 0 像素

图 8.4

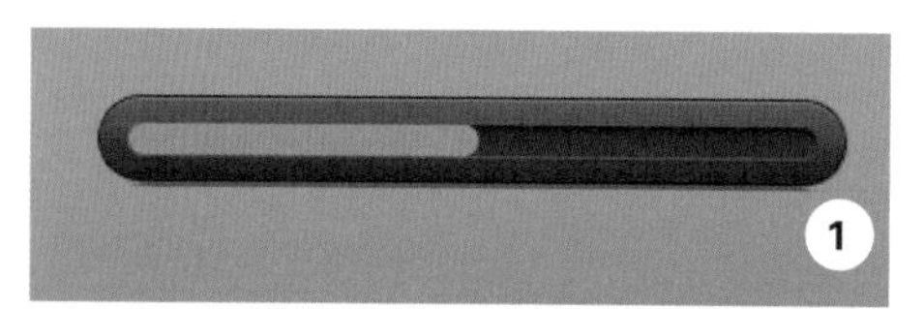

❶ 复制“圆角矩形 2 ”图层，改变颜色为 R:0　G:130　B:231
❷ 选择“斜面和浮雕”选项，设置大小为 1 像素、角度为 90°、不透明度为 50%、不透明度为 0
❸ 选择“渐变叠加”选项，设置不透明度为 5%，设置渐变条，左右两边都是白色，不透明度为 20%、25%

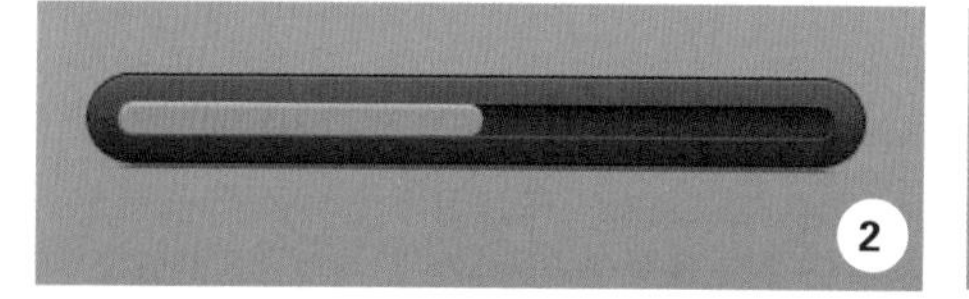

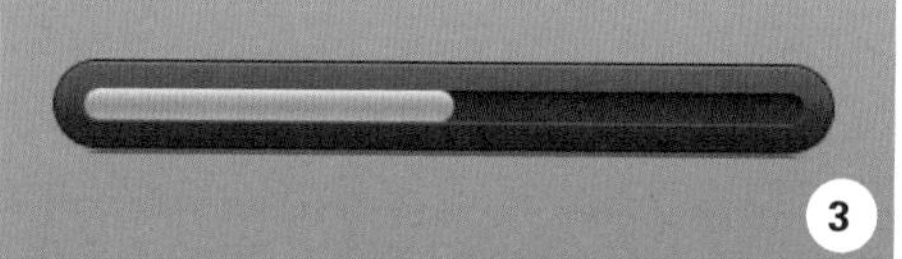

图 8.5

Step 05 绘制进度点。选择“椭圆工具”，在绘制进度的地方绘制正圆，添加渐变，打开“图层样式”对话框，选择“斜面和浮雕”“描边”“内阴影”“投影”选项，设置参数，添加立体效果，如图 8.6 所示。

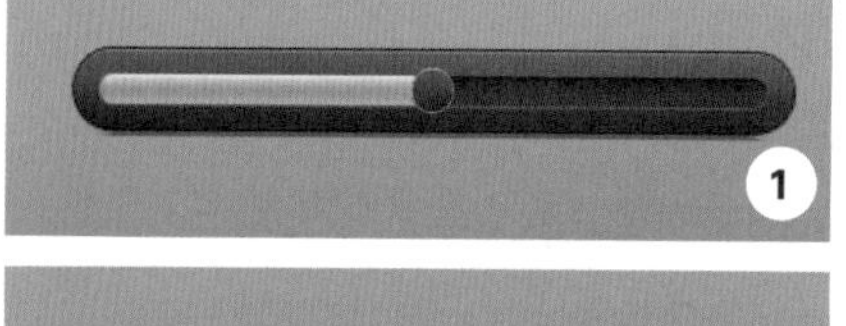

❶ 用椭圆工具绘制进度点
❷ 选择“斜面和浮雕”选项，设置大小为 1 像素、软化为 3 像素、角度为 90°、高光模式颜色为白色、不透明度为 10%、阴影模式为“滤色”、颜色为白色、不透明度为 10%
❸ 选择“描边”选项，设置大小为 1 像素
❹ 选择“内阴影”选项，设置混合模式为“滤色”、颜色为白色、不透明度为 25%、角度为 90°、距离为 1 像素、大小为 1 像素
❺ 选择“投影”选项，设置不透明度为 100%、角度为 45°，取消选中“使用全局光”复选框，设置距离为 1 像素、大小为 3 像素

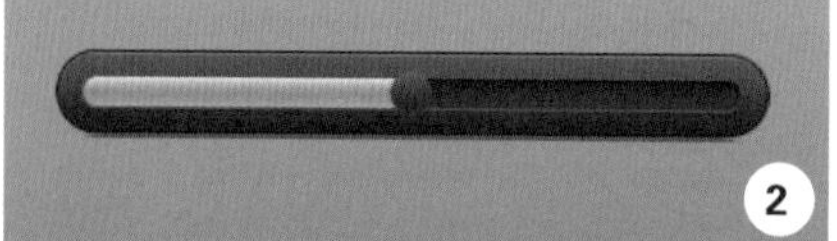

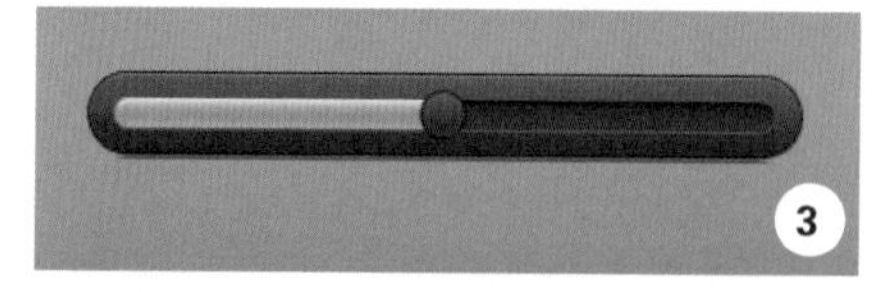

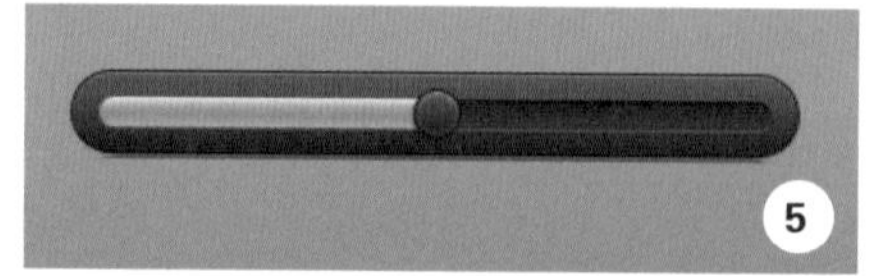

图 8.6

Step 06 制作圆点。选择“椭圆工具”，绘制蓝色小圆点，打开“图层样式”对话框，选择“斜面和浮雕”“内阴影”“渐变叠加”选项，设置参数，添加效果，如图 8.7 所示。

❶使用椭圆工具绘制小圆点
❷选择“斜面和浮雕”选项，设置样式为“外斜面”、方向为“下”、大小为 1 像素、软化为 0 像素、角度为 90°、不透明度为 35%、不透明度为 70%

❸选择“内阴影”选项，设置混合模式为“滤色”、颜色为白色、不透明度为 40%、角度为 90°，取消选中“使用全局光”复选框，设置距离为 1 像素、大小为 1 像素
❹选择“渐变叠加”选项，设置混合模式为“正常”、不透明度为 5%，设置渐变条，左右两边都是白色，不透明度为 20%、25%

图 8.7

效果 2

Step 01 绘制进度条。使用“圆角矩形工具”绘制基本形和进度条，将刚才绘制进度条的图层样式效果进行复制，粘贴到该形状上，将刚才绘制的阴影进行复制，移动到该进度条下方，如图 8.8 所示。

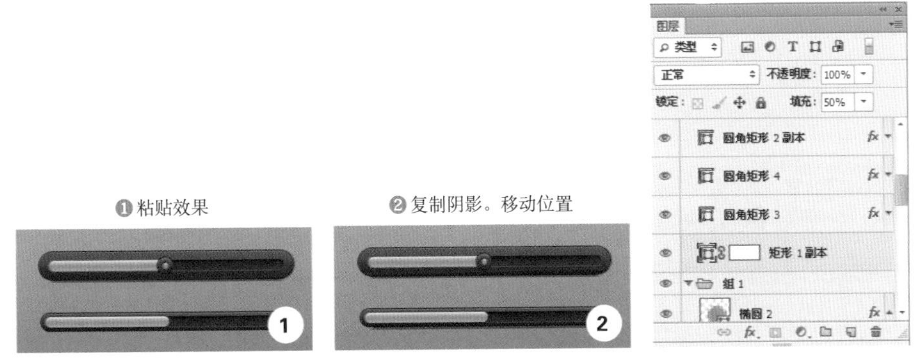

图 8.8

Step 02 绘制进度。选择“矩形工具”绘制矩形框，执行“变形”命令，将其变形，不断复制、移动位置，得到条形状，将该图层的混合模式设置为“滤色”，降低不透明度为 40%，右击，在弹出的快捷菜单中选择“创建剪贴蒙版”选项，完成制作，如图 8.9 所示。

效果 3

Step 01 绘制进度条形状。选择“椭圆工具”，设置前景色为 R:37　G:42　B:50，按住 Shift 键在图像上绘制正圆，然后按住 Alt 键移动正圆将其复制 2 次，选择“矩形工具”，在选项栏中选择“合并形状”选项，绘制矩形条，打开“图层样式”对话框，选择“内阴影”“投影”选项，设置参数，添加效果，如图 8.10 所示。

❶ 使用矩形工具绘制条形状
❷ 改变混合模式和不透明度
❸ 创建剪贴蒙版

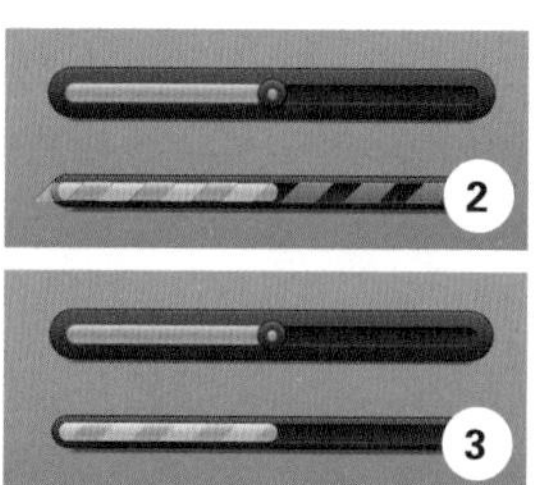

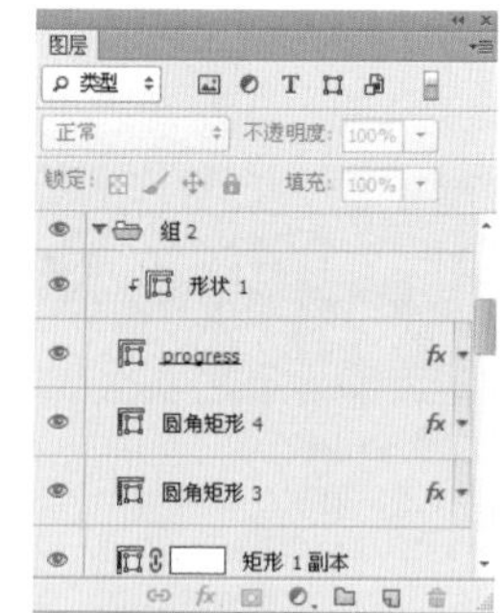

图 8.9

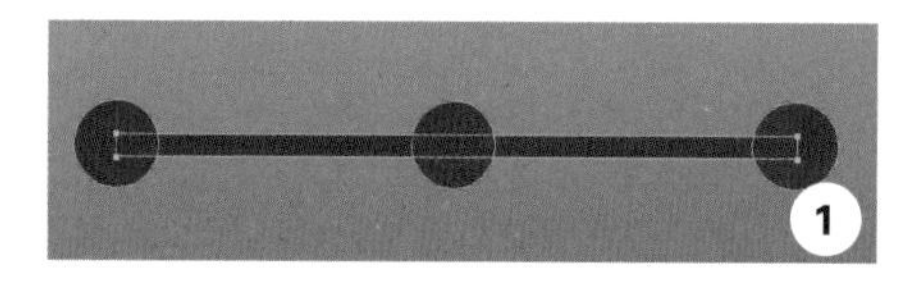

❶ 使用椭圆工具和矩形工具绘制进度条形状
❷ 选择“内阴影”选项，设置混合模式为“叠加”、不透明度为 25%、角度为 90°，取消选中“使用全局光”复选框，设置距离为 2 像素、大小为 8 像素
❸ 选择“投影”选项，设置混合模式为“叠加”、颜色为白色、不透明度为 25%、角度为 90°，取消选中“使用全局光”复选框，设置距离为 1 像素、大小为 0 像素

图 8.10

Step02 制作进度。选择“椭圆工具”和“圆角矩形工具”绘制进度，打开“图层样式”对话框，选择“内阴影”“渐变叠加”“投影”选项，设置参数，添加效果，如图 8.11 所示。

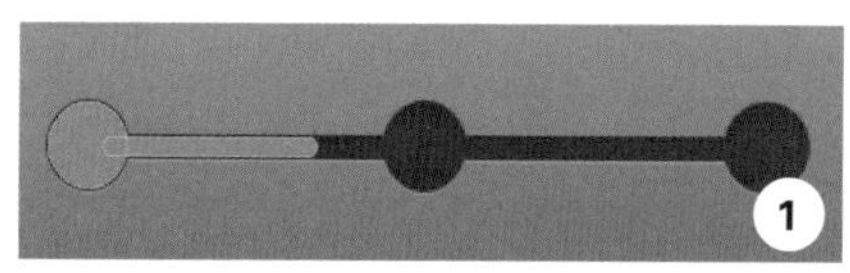

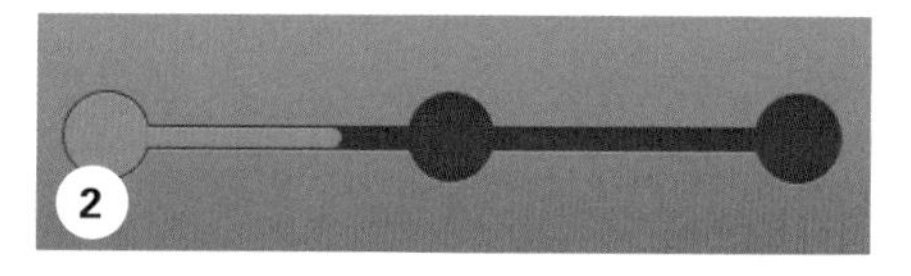

❶ 使用椭圆工具和圆角矩形工具绘制进度
❷ 选择“内阴影”选项，设置混合模式为“正常”、颜色为白色、不透明度为 20%，角度为 90°，取消选中“使用全局光”复选框，设置距离为 1 像素、大小为 0 像素

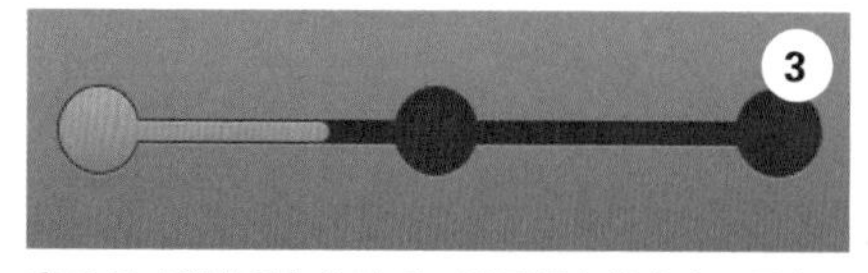

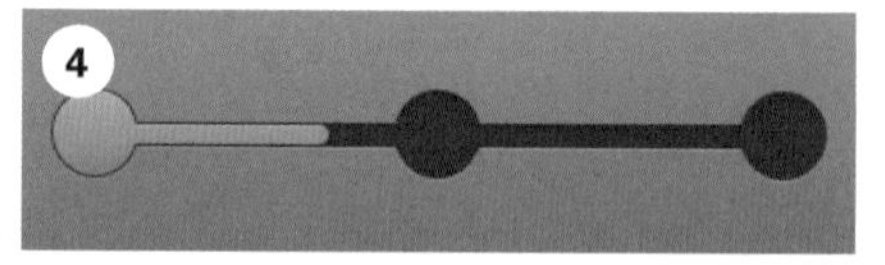

❸ 选择“渐变叠加”选项，设置混合模式为“叠加”、不透明度为 30%、缩放为 150%
❹ 选择“投影”选项，设置混合模式为“正片叠底”、不透明度为 30%、角度为 90°，取消选中“使用全局光”复选框，设置距离为 1 像素、大小为 1 像素

图 8.11

Step03 添加立体感。将进度条所在图层进行复制，得到“椭圆 2 副本”图层，重新打开“图层样式”对话框，选择“内阴影”“渐变叠加”选项，重新设置参数，添加效果，如图 8.12 所示。

提示

调出某个图层的选区，只需要按住 Ctrl 键的同时单击该图层的图层缩览图，即可选择该图层的选区。

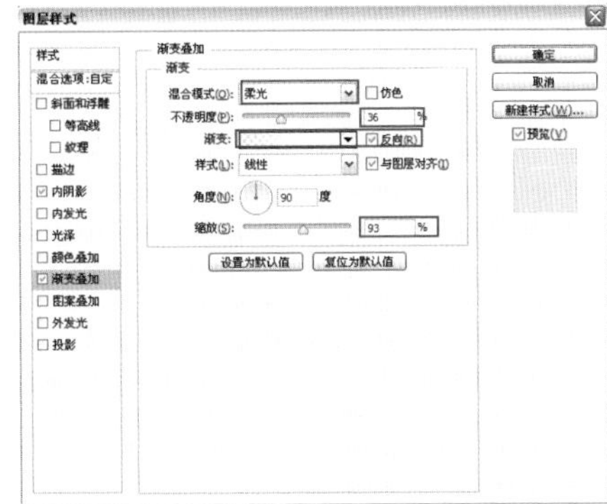

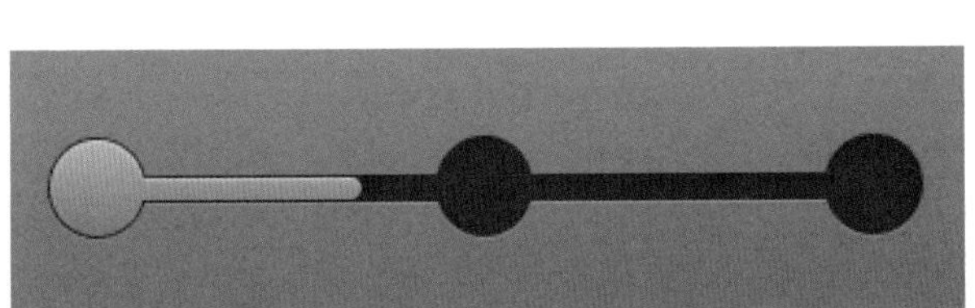

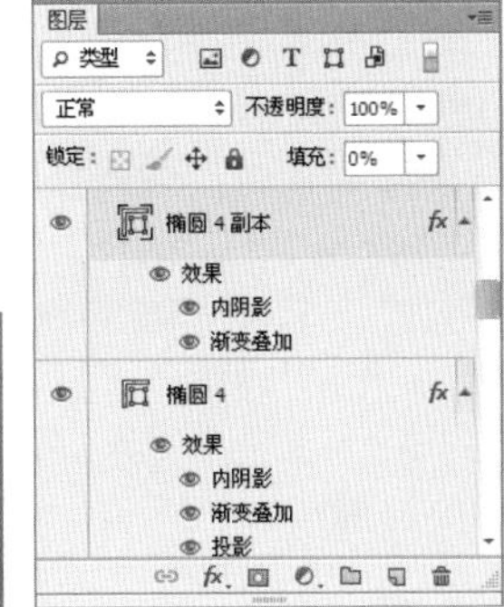

图 8.12

Step 04 添加效果。将进度条所在图层进行复制，得到“椭圆 2 副本 2”图层，重新打开“图层样式”对话框，选择“渐变叠加”选项，设置混合模式为“柔光”、不透明度为 39%、颜色由黑到白，不透明度分别为 100%、0，缩放为 93%，设置完成后，单击“确定”按钮，添加效果，如图 8.13 所示。

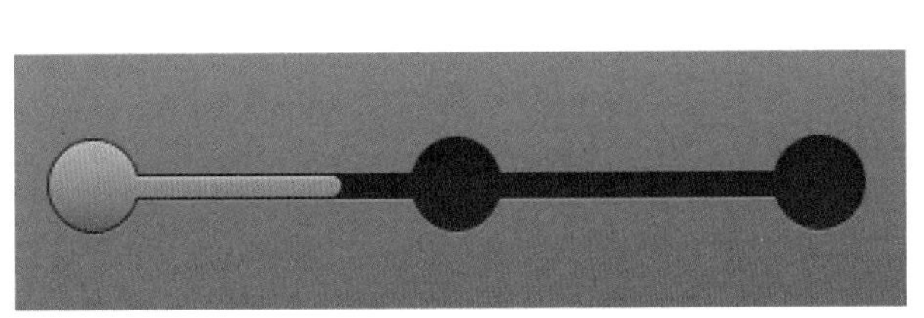

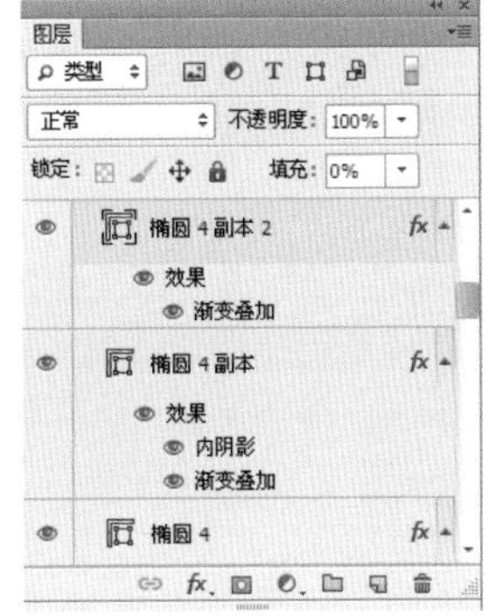

图 8.13

Step05 添加进度文字。选择“横排文字工具”，输入文字，为文字添加“图层样式”中的“投影”效果，设置不透明度为 30%、角度为 90°，取消选中“使用全局光”复选框，设置距离为 1 像素、大小为 0 像素，单击“确定”按钮，为文字添加投影效果，如图 8.14 所示。

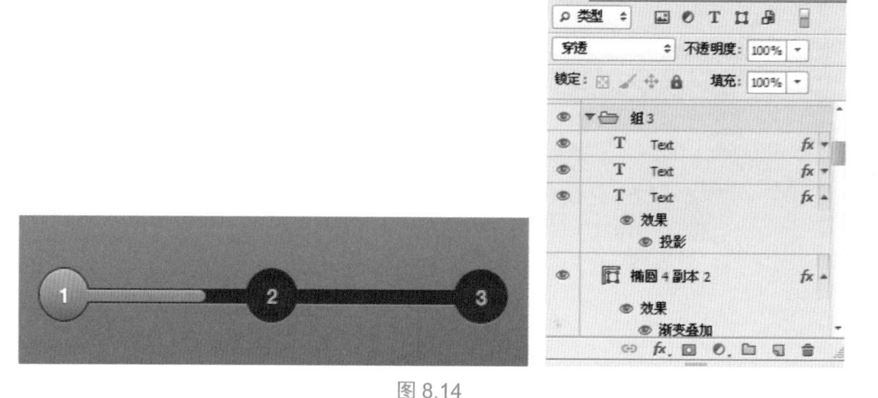

图 8.14

效果 4

Step01 绘制进度条外形。选择“椭圆工具”和“圆角矩形工具”绘制进度条外形，打开“图层样式”对话框，选择“投影”选项，设置混合模式为“正常”、颜色为白色、不透明度为 86%、角度为 90°，取消选中“使用全局光”复选框，设置距离为 1 像素、大小为 0 像素，单击“确定”按钮，添加效果，如图 8.15 所示。

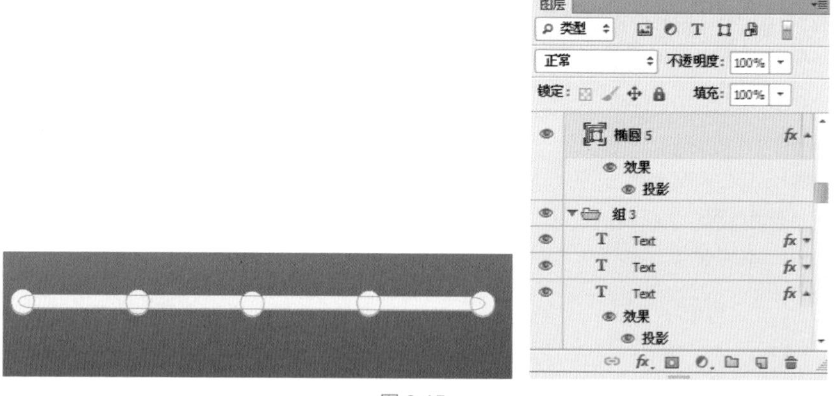

图 8.15

Step02 绘制进度框。选择“矩形工具”，设置前景色为 R:21　G:160　B:246，在图像上绘制蓝色矩形框，得到“矩形 2”图层，右击，在弹出的快捷菜单中选择“创建剪贴蒙版”选项，得到进度框，如图 8.16 所示。

Step03 绘制完成进度。选择“椭圆工具”，设置前景色为白色，在进度条上绘制正圆，按住 Alt 键移动圆点，将圆点复制 4 次，为完成的圆点添加“描边”图层样式效果，如图 8.17 所示。

❶ 使用矩形工具绘制蓝色矩形框

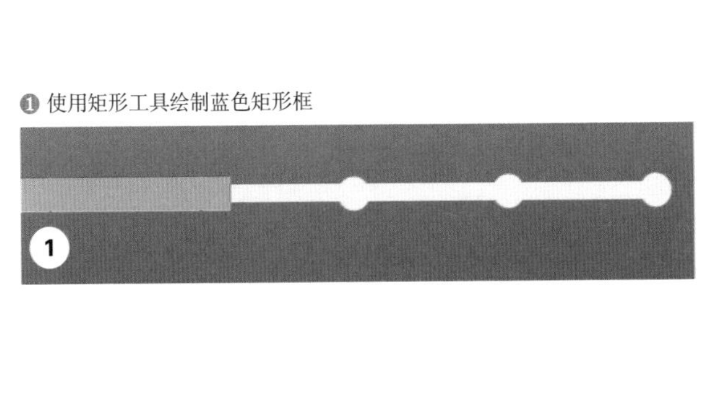

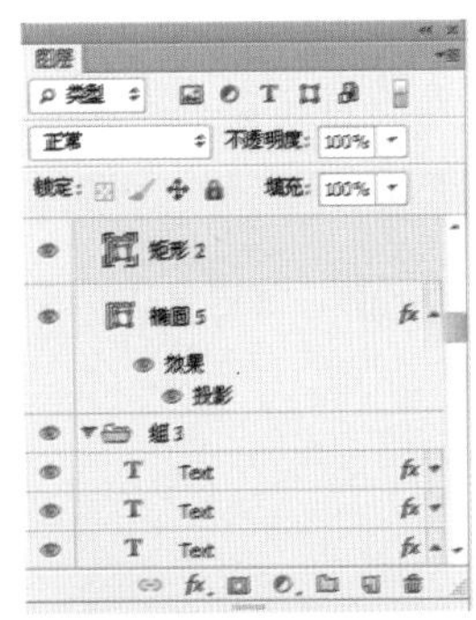

❷ 创建剪贴蒙版，得到进度框

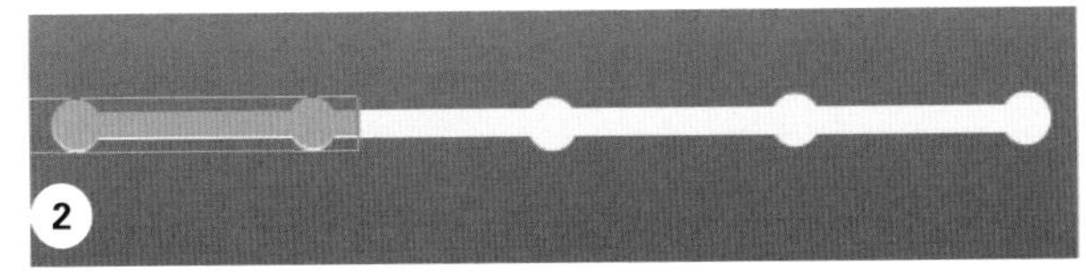

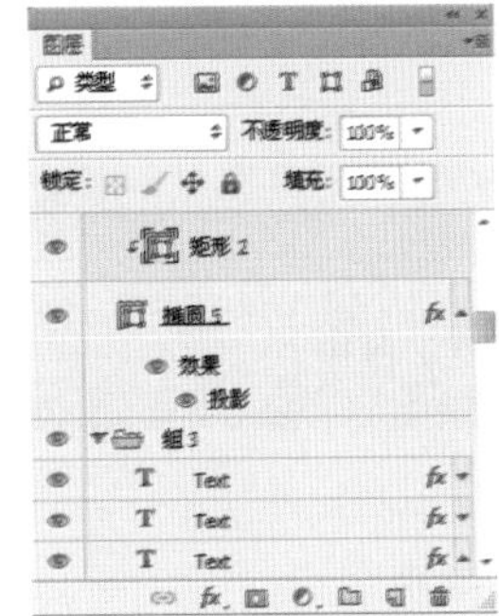

图 8.16

❶ 使用椭圆工具绘制正圆，复制正圆，移动位置

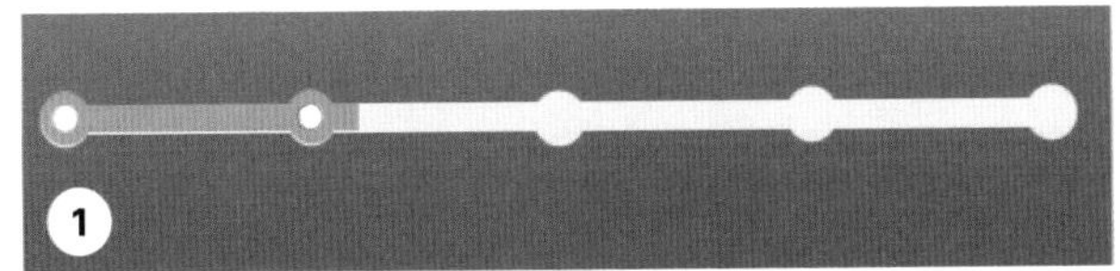

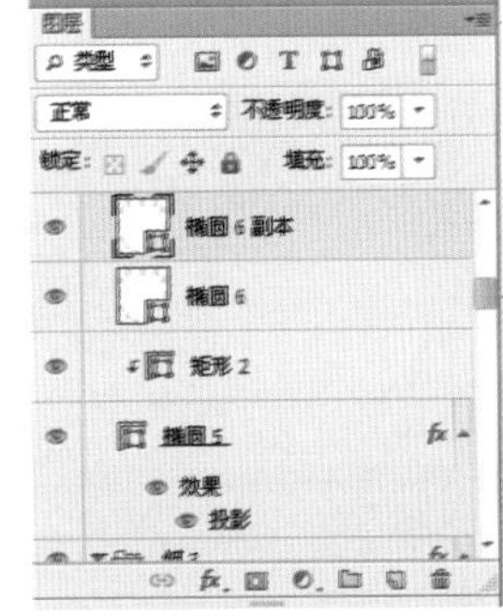

❷ 选择“描边”选项，设置大小为 1 像素、位置为“内部”、混合模式为“明度”、颜色为 R:149 G:149 B:149

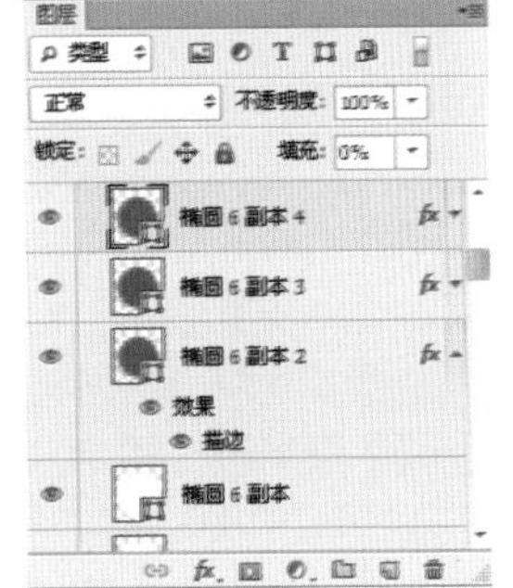

图 8.17

提示

使用快捷键复制图层：除了在“图层”面板中复制图层外，还可以按下快捷键Ctrl+J来复制图层。

Step04 添加进度文字。选择“横排文字工具”，输入文字，完成制作，如图 8.18 所示。

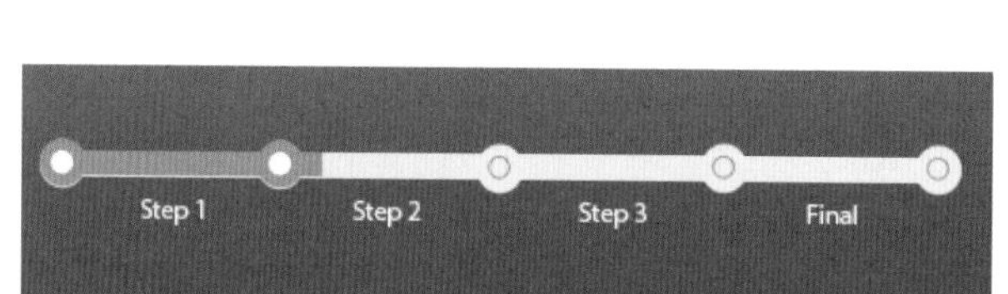

图 8.18

效果 5

Step01 绘制进度条形状。选择“椭圆工具”，在图像上绘制正圆，在选项栏中选择“减去顶层形状”选项，在正圆上进行绘制，可减去刚才绘制的区域，然后选择“合并形状”选项，再次绘制圆心，得到进度条形状，如图 8.19 所示。

❶ 使用椭圆工具绘制正圆

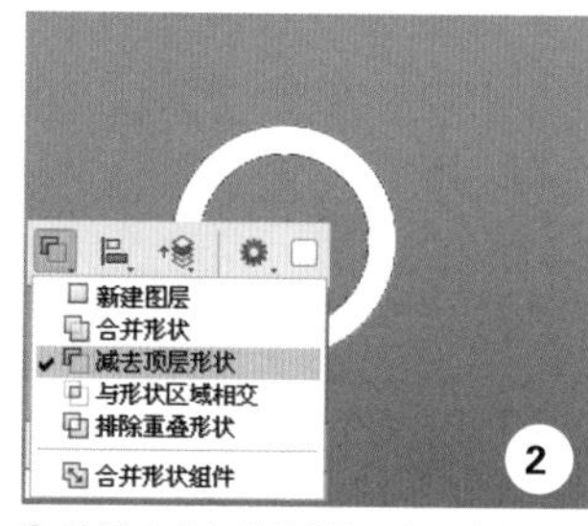

❷ 使用“减去顶层形状”选项减去形状

❸ 使用“合并形状”选项合并圆心

图 8.19

Step02 添加效果。选择“椭圆 5”图层，打开“图层样式”对话框，选择“描边”“内阴影”“渐变叠加”“投影”选项，设置参数，添加效果，如图 8.20 所示。

Step03 绘制进度。复制“椭圆 5”图层，得到“椭圆 5 副本”图层，将其变小，为该图层添加“图层蒙版”，选择黑色画笔工具将一部分隐藏，打开“图层样式”对话框，选择“渐变叠加”“投影”选项，设置参数，添加效果，如图 8.21 所示。

Step04 添加进度文字。选择“横排文字工具”，在进度条的中央位置输入文字，打开“图层样式”对话框，选择“投影”选项，设置颜色为 R:73　G:69　B:80，角度为 90°，取消选中“使用全局光”复选框，设置距离为 1 像素、大小为 0 像素，单击“确定”按钮，为文字添加投影效果，如图 8.22 所示。

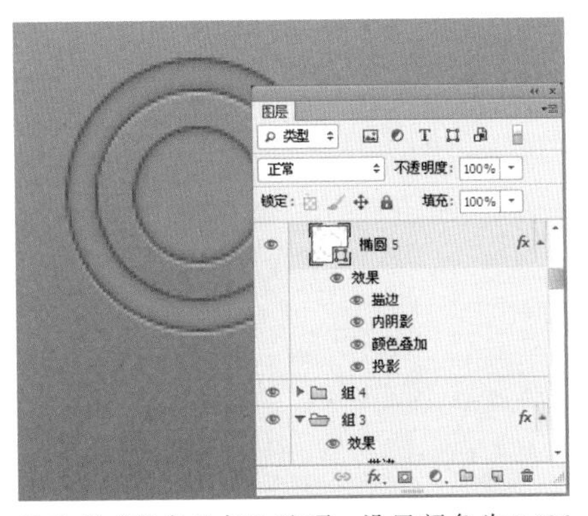

❶ 选择“描边”选项，设置大小为 1 像素、位置为“内部”、颜色为 R:73　G:69　B:80

❷ 选择“内阴影”选项，设置混合模式为“正常”、颜色为 R:63　G:85　B:73，不透明度为 100%、角度为 90°，取消选中“使用全局光”复选框，设置距离为 0 像素、大小为 5 像素

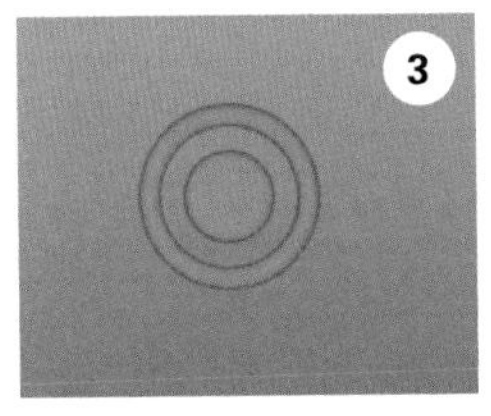

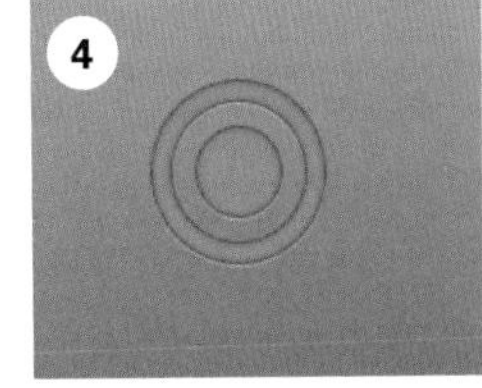

❸ 选择“颜色叠加”选项，设置颜色为 R:126　G:124　B:132，不透明度为 100%

❹ 选择“投影”选项，设置混合模式为“正常”、颜色为白色、不透明度为 34%、角度为 90°，取消选中“使用全局光”复选框，设置距离为 1 像素、大小 0 像素

图 8.20

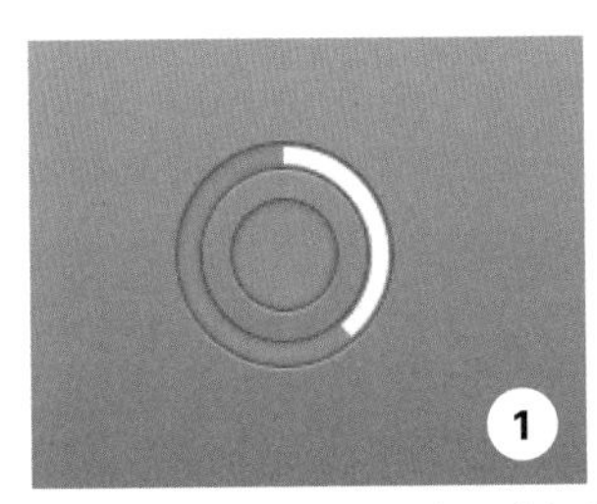

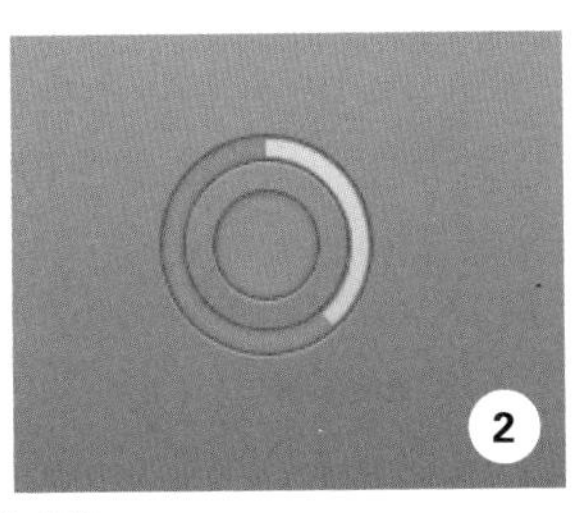

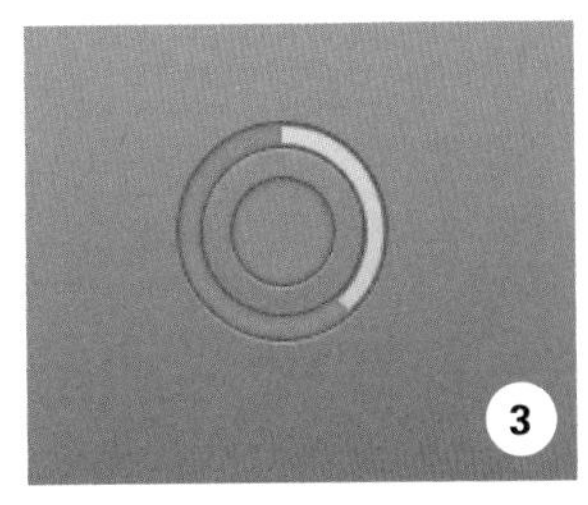

❶ 复制椭圆，将其变小，使用蒙版隐藏部分

❷ 选择“渐变叠加”选项，设置渐变条，从左到右依次为 R:140　G:201　B:80、R:173　G:219　B:123

❸ 选择“投影”选项，设置不透明度为 35%、角度为 90°、距离为 0 像素、大小为 3 像素

图 8.21

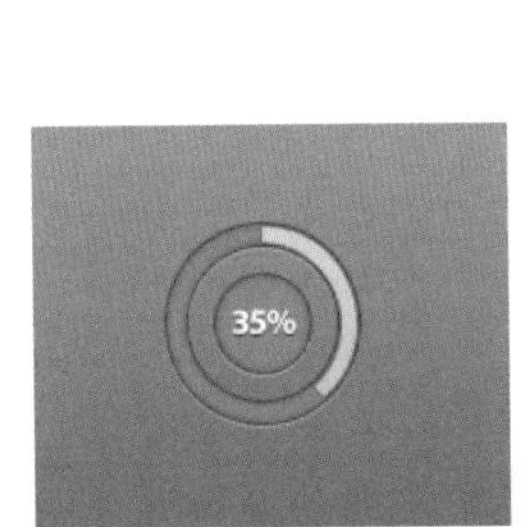

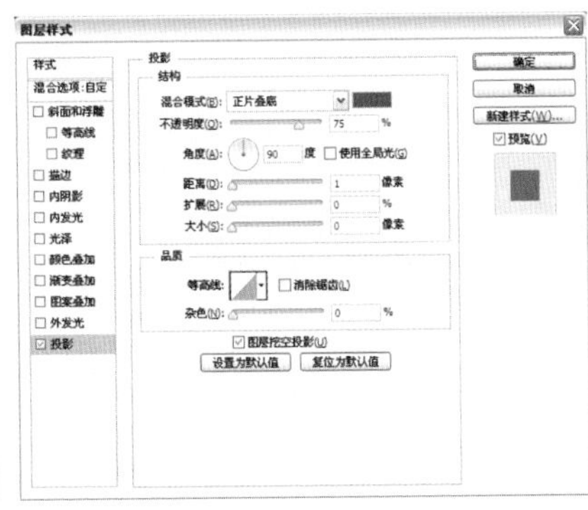

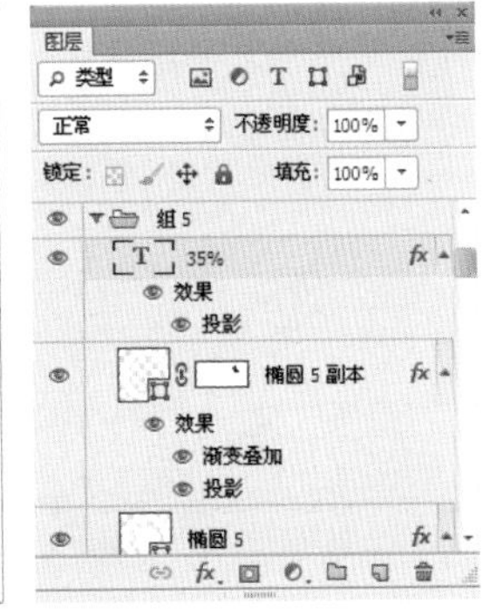

图 8.22

效果 6

绘制进度条。使用同样的方法绘制同心圆，降低填充为 0，打开“图层样式”对话框，选择“渐变叠加”选项，设置参数，添加效果，如图 8.23 所示。

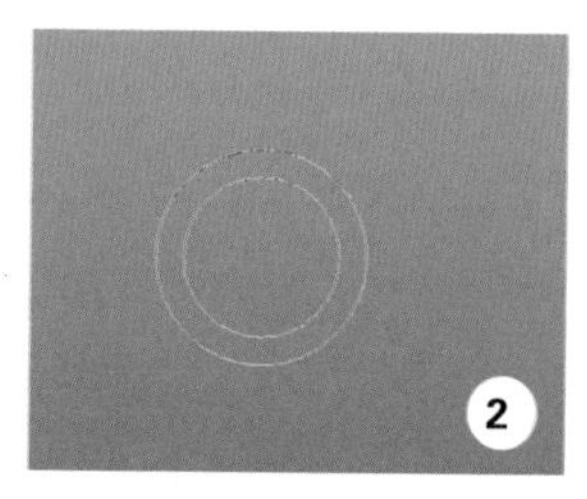

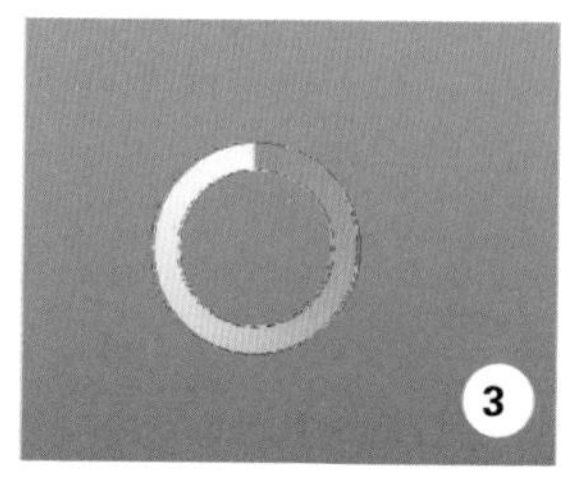

❶使用椭圆工具绘制同心圆
❷降低填充为 0
❸选择“渐变叠加”选项，设置参数渐变条为白色，不透明度从左到右为 100%、0，选中“反向”复选框

图 8.23

效果 7

Step 01 绘制进度条。打开标尺工具，拉出辅助线，选择“圆角矩形工具”，绘制形状，将形状进行复制，旋转角度，移动位置，按住 Alt 键将中心点移动到原点的位置，按下 Enter 键确认，如图 8.24 所示。

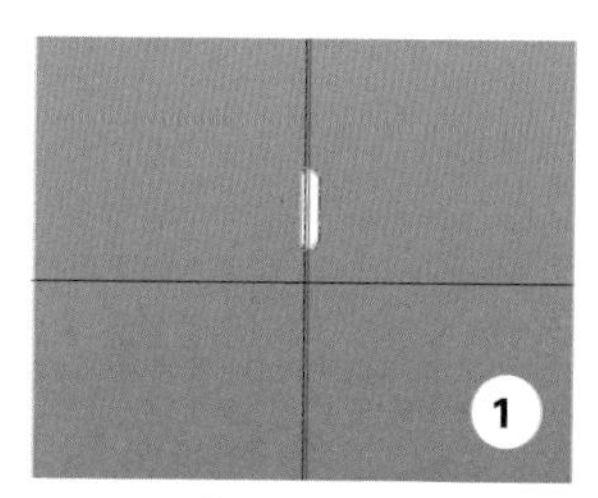

❶绘制基本形

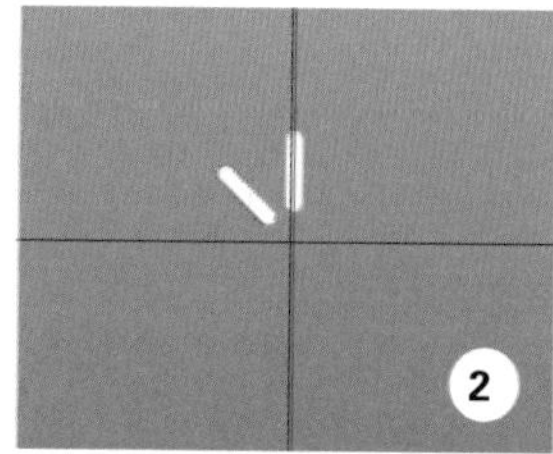

❷复制图层，旋转角度、移动位置

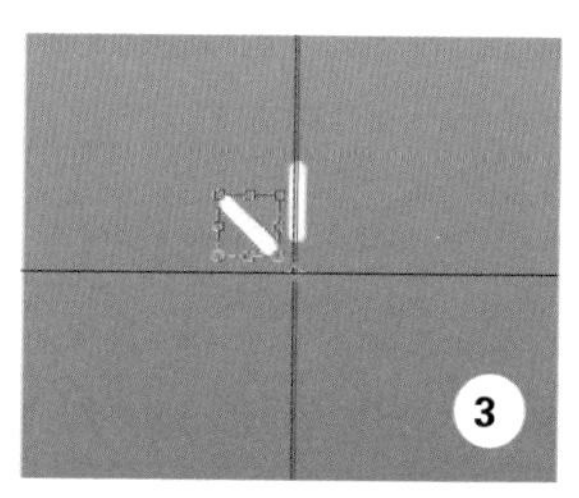

❸移动中心点的位置

图 8.24

Step 02 绘制进度。按下快捷键 Ctrl+Alt+Shift+T，得到进度，将该图层的填充降低为 0%，粘贴刚才图层的图层样式，完成制作，如图 8.25 所示。

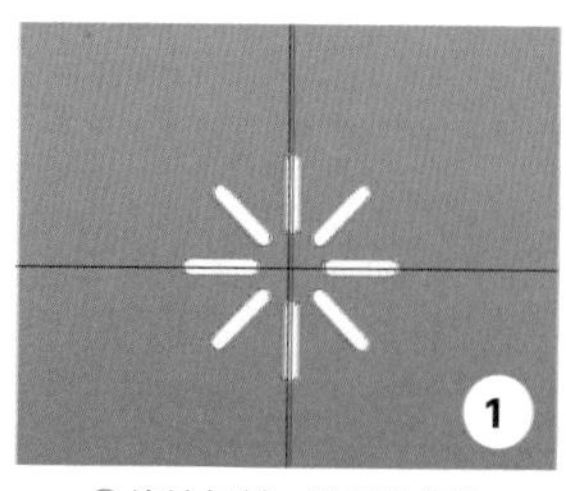

❶旋转复制，得到进度条

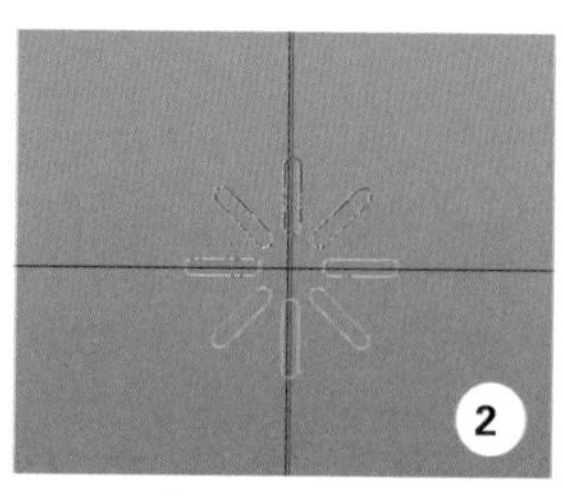

❷降低填充为 0

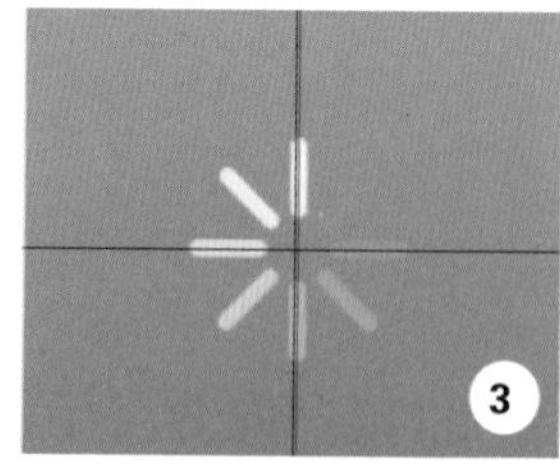

❸粘贴图层样式效果

图 8.25

最终效果如图 8.26 所示。

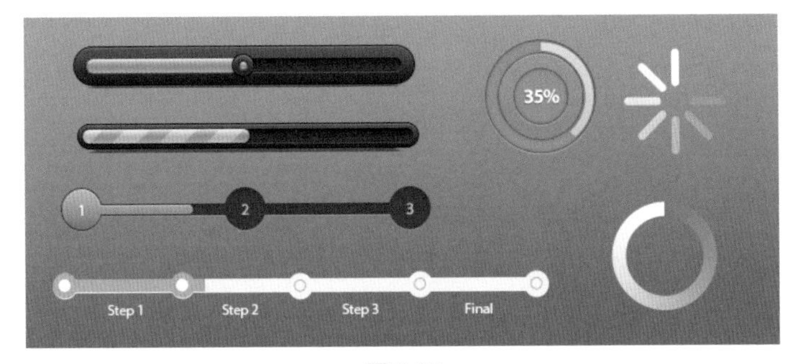

图 8.26

8.2 音量设置

案例综述

在本例中，我们将制作一系列音量设置图标。在移动应用程序中，音量设置经常被使用，特别是在音乐和视频软件中，它是必不可少的控件之一，如图 8.27 所示。

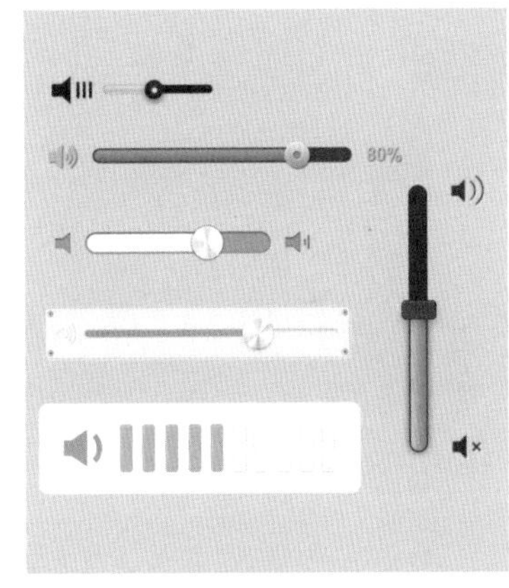

图 8.27

案例综述

尺寸规范	多种规格的尺寸
主要工具	多种矢量工具、图层样式
文件路径	Chapter08/8-2.psd
视频教学	8-2.avi

造型分析

在设计控件时，必须考虑一些关键问题。例如，触摸屏幕的感应问题非常重要，因为按钮过小可能会严重影响用户的交互体验。此外，在恶劣环境下使用控件也可能带来困难，比如在颠簸的公交车上或行走时。

操作步骤：

效果 1

Step01 新建文档。执行“文件”→“新建”命令，在打开的“新建”对话框中，设置宽度和高度分别为 600 像素和 800 像素，单击“确定”按钮，新建文档，为其填充颜色，如图 8.28 所示。

Step02 绘制音量符号。选择“钢笔工具”，绘制音量符号，打开“图层样式”对话框，选择“描边”“颜色叠加”选项，设置参数，添加效果，如图 8.29 所示。

❶ 新建空白文档　　❷ 背景填充颜色为 R:192　G:192　B:192

图 8.28

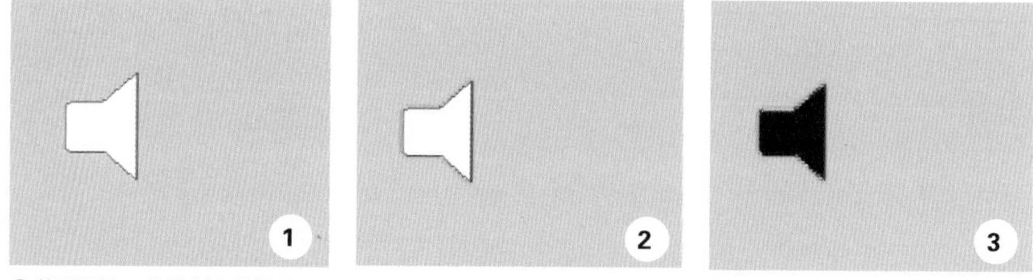

❶ 使用钢笔工具绘制音量符号
❷ 选择“描边”选项，设置大小为 1 像素、不透明度为 20%、颜色为 R:65　G:63　B:71
❸ 选择“颜色叠加”选项，设置颜色为 R:0　G:0　B:0

图 8.29

提示

默认情况下前景色为黑色，背景为白色，单击切换前景色和背景色图标，或按下 X 键，可以切换前景色和背景色的颜色。

Step03 绘制音波。选择“圆角矩形工具”，在选项栏中设置半径为 100 像素，绘制圆角矩形，按住 Alt 键移动并进行复制，得到音波，粘贴图层样式效果，如图 8.30 所示。

Step04 绘制音量基本形。选择“圆角矩形工具”，绘制基本形，得到“圆角矩形 2”图层，粘贴图层样式效果，如图 8.31 所示。

Step05 绘制音量大小。将“圆角矩形 2”图层进行复制，得到“圆角矩形 2 副本”图层，将其变小，打开“图层样式”对话框，选择“渐变叠加”选项，设置参数，如图 8.32 所示。

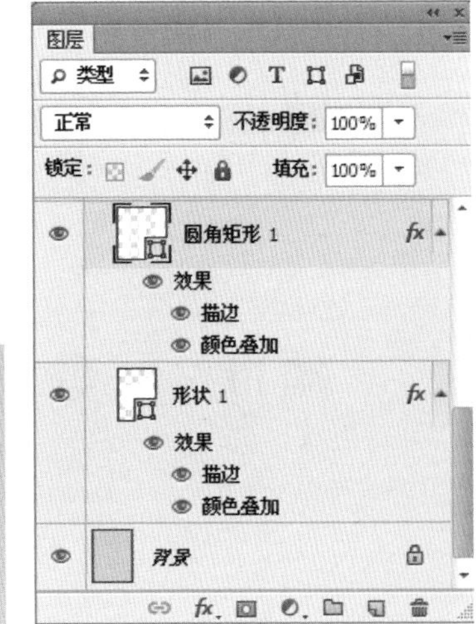

❶ 使用圆角矩形工具绘制音波

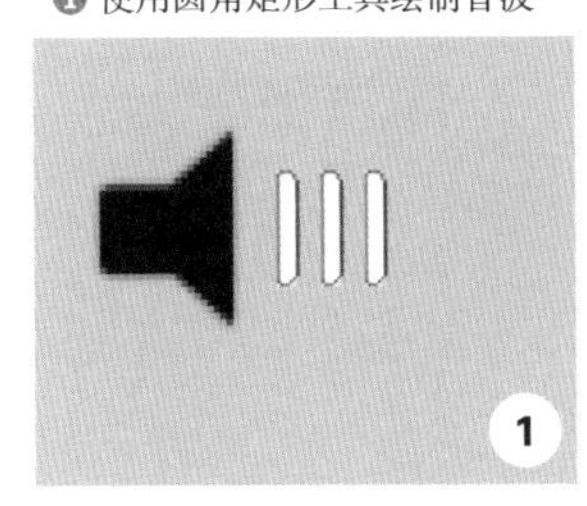

❷ 粘贴图层样式效果

图 8.30

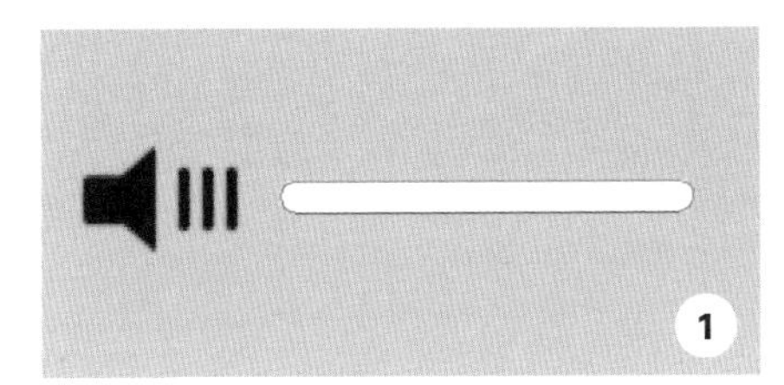

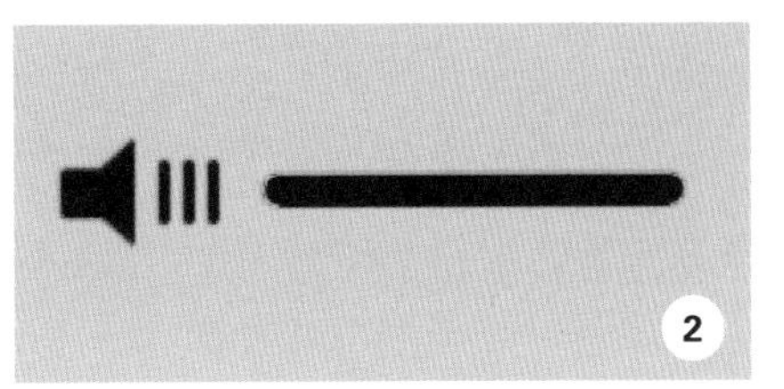

❶ 使用圆角矩形工具绘制基本形　　❷ 粘贴图层样式效果

图 8.31

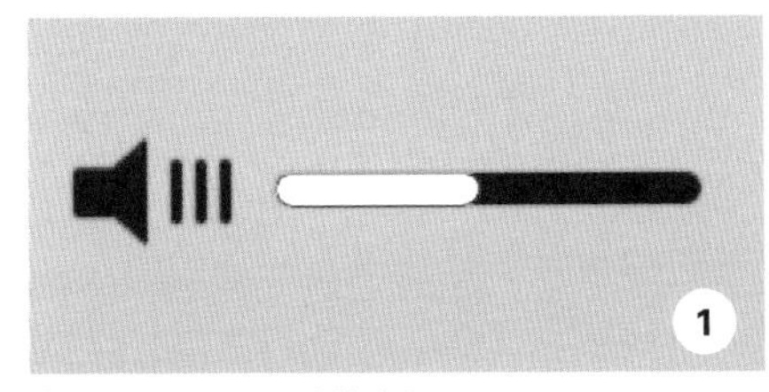

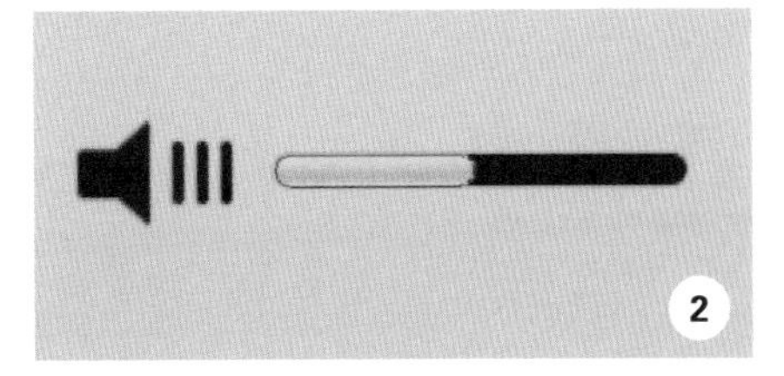

❶ 复制圆角矩形，将其缩小

❷ 选择“渐变叠加”选项，设置渐变条，从左到右依次为 R:109　G:207　B:246、R:13　G:170　B:237、R:0　G:222　B:255

图 8.32

Step06 绘制调节按钮。选择“椭圆工具”在音量调节的地方绘制正圆，为其粘贴图层样式效果，打开“图层样式”对话框，选择“投影”选项，设置参数，添加投影效果，如图 8.33 所示。

Step07 绘制圆点。将“椭圆 1”图层进行复制，得到“椭圆 1 副本”图层，将其缩小，改变圆点的颜色为青色，打开”图层样式“对话框，选择“外发光”选项，设置参数，添加效果，如图 8.34 所示。

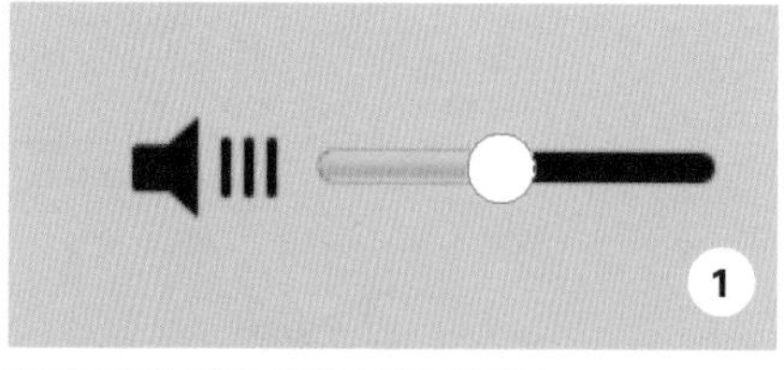

❶ 使用椭圆工具绘制可调节按钮
❷ 粘贴图层样式效果
❸ 选择“投影”选项，设置不透明度为 60%、角度为 90°，取消选中“使用全局光”复选框，设置距离为 3 像素、大小为 7 像素

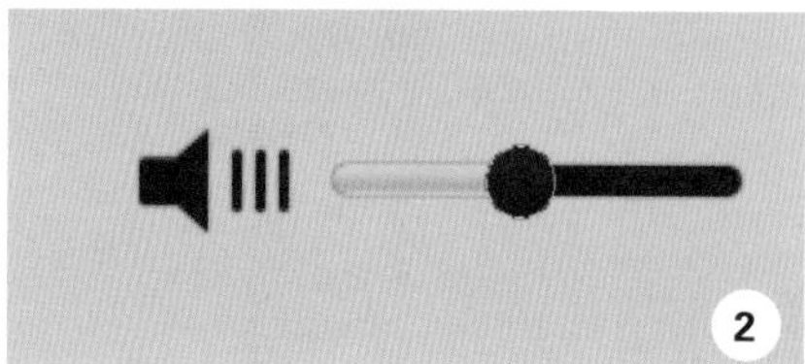

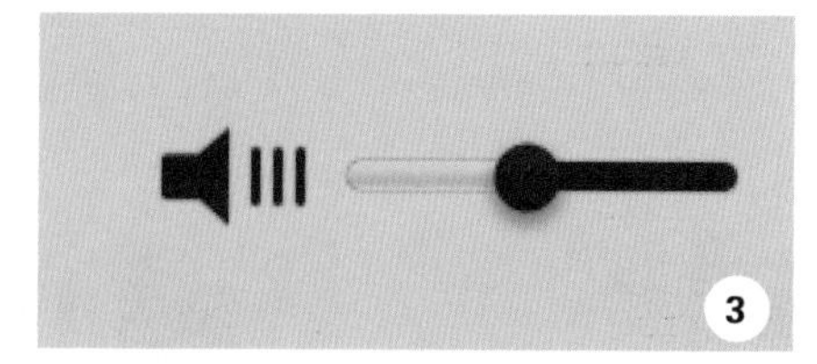

图 8.33

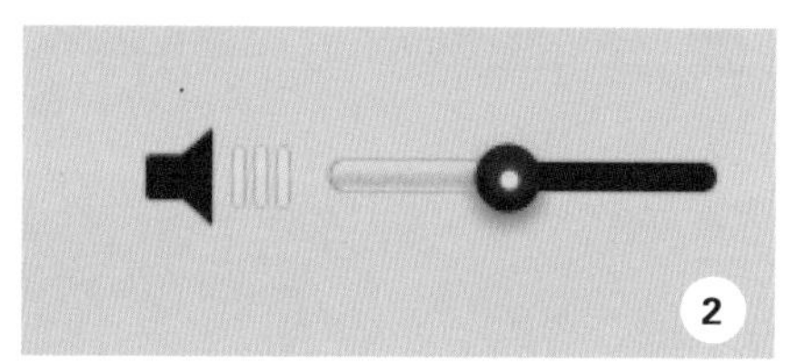

❶ 复制椭圆，将其缩小，改变颜色为 R:76　G:221　B:255
❷ 选择“外发光”选项，设置不透明度为 33%、颜色为 R:0　G:216　B:255、大小为 6 像素

图 8.34

效果 2

Step01 绘制音量符号。选择“钢笔工具”，绘制音量符号，选择“椭圆工具”绘制音波，最后选择“钢笔工具”，在选项栏中选择“减去顶层形状”选项，绘制形状，得到音量符号，如图 8.35 所示。

❶ 使用钢笔工具绘制音量符号
❷ 使用椭圆工具绘制第一层音波
❸ 使用同样的方法绘制第二层音波
❹ 使用同样的方法绘制第三层音波
❺ 使用钢笔工具减去顶层形状

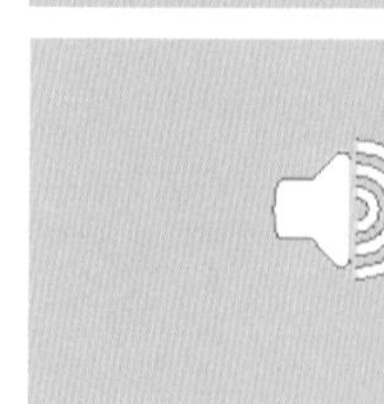

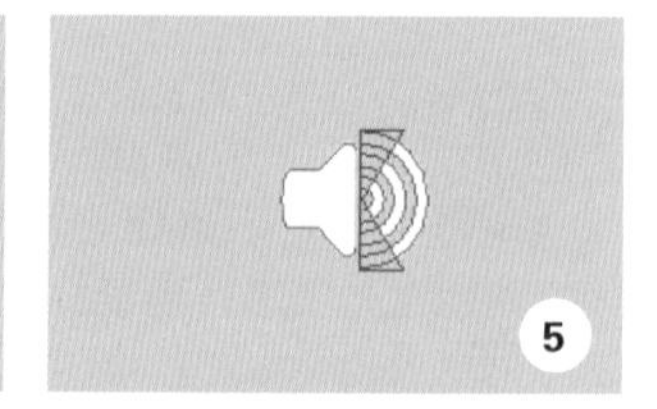

图 8.35

Step02 添加立体效果。绘制完成后得到“形状 1”图层，打开“图层样式”对话框，选择“颜色叠加”“内阴影”“投影”选项，设置参数，添加立体效果，如图 8.36 所示。

❶ 选择“颜色叠加”选项，设置颜色参数为 R:159　G:164　B:168
❷ 选择“内阴影”选项，设置混合模式为“正常”、颜色为白色、不透明度为 27%、距离为 1 像素、大小为 0 像素
❸ 选择“投影”选项，设置混合模式为“正常”、不透明度为 71%、距离为 1 像素、大小为 1 像素

图 8.36

Step03 绘制音量。选择“圆角矩形工具”，绘制形状，打开“图层样式”对话框，选择“颜色叠加”选项，设置颜色参数为 R:37　G:40　B:42，单击“确定”按钮，添加效果，如图 8.37 所示。

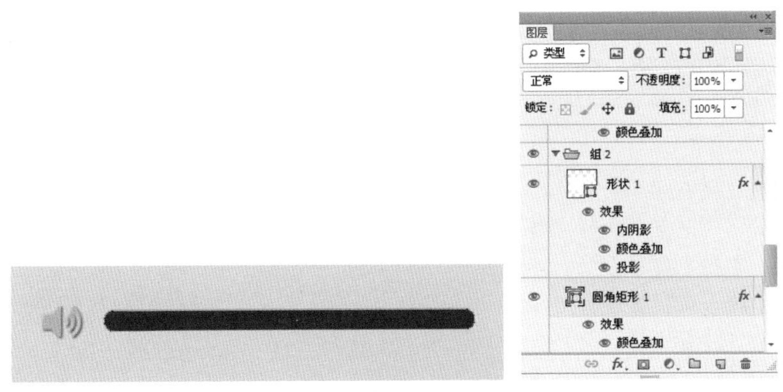

图 8.37

Step04 绘制音量大小。将刚才绘制的形状进行复制，得到“圆角矩形 1 副本”图层，将其缩小，打开“图层样式”对话框，选择“渐变叠加”选项，设置参数，如图 8.38 所示。

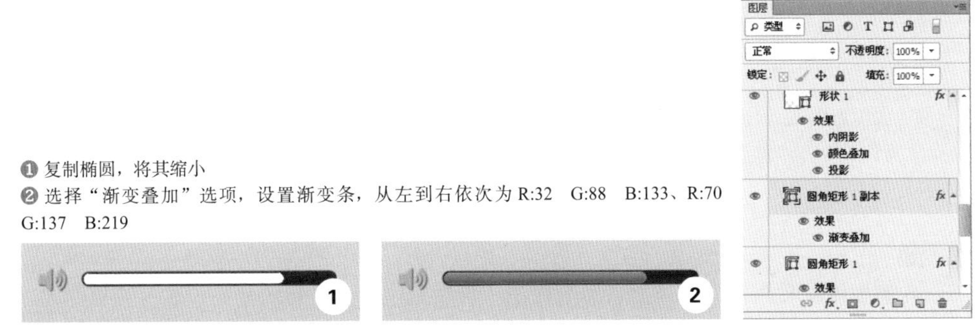

❶ 复制椭圆，将其缩小
❷ 选择“渐变叠加”选项，设置渐变条，从左到右依次为 R:32　G:88　B:133、R:70　G:137　B:219

图 8.38

Step05 绘制调节点。选择“椭圆工具”图层，绘制调节点，打开“图层样式”对话框，选择“颜色叠加”“内阴影”“投影”选项，设置参数，添加效果，如图 8.39 所示。

提示

图层样式是非常灵活的，我们可以随时修改效果的参数，隐藏效果，或者删除效果，这些操作都不会对图层中的图像造成任何破坏。

❶ 使用椭圆工具绘制可调节点
❷ 选择“颜色叠加”选项，设置颜色参数为 R:159　G:164　B:168、不透明度为 100%
❸ 选择“内阴影”选项，设置混合模式为“正常”、颜色为白色、不透明度为 27%、距离为 1 像素、大小为 0 像素
❹ 选择“投影”选项，设置混合模式为“正常”、不透明度为 71%、距离为 1 像素、大小为 1 像素

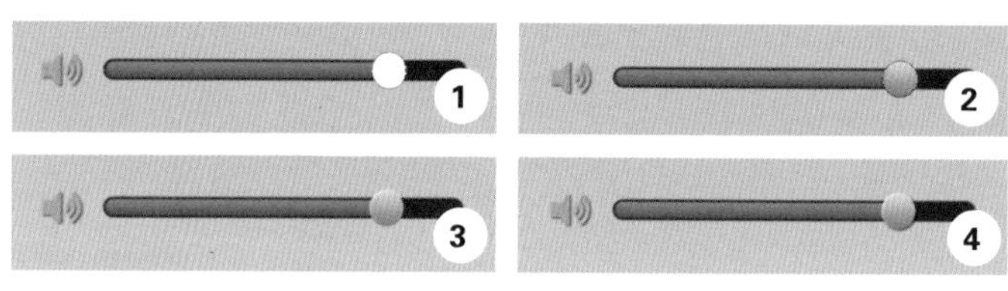

图 8.39

Step 06 绘制小圆点。将“椭圆 1”图层进行复制，得到“椭圆 1 副本”图层，打开“图层样式”对话框，选择“颜色叠加”选项，设置颜色参数为 R:109　G:113　B:115，添加效果，如图 8.40 所示。

Step 07 输入文字。选择“横排文字工具”，输入文字，粘贴图层样式效果，完成制作，如图 8.41 所示。

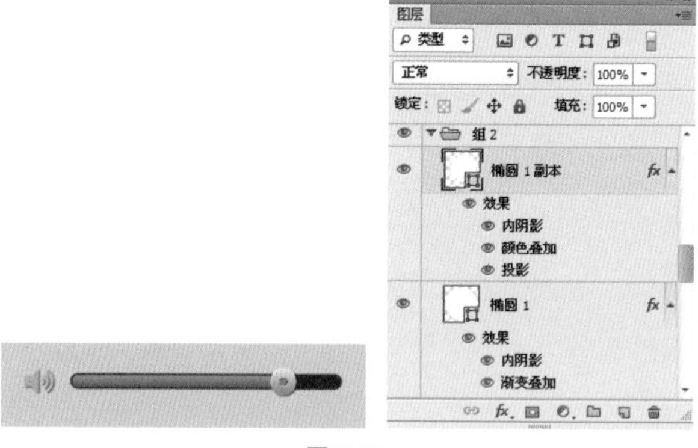

图 8.40

图 8.41

提示

在制作的过程中，常常需要将其他图层进行隐藏来观看画面的效果，这里我们学习一个小技巧：如何快速隐藏其他图层，按住 Alt 键单击一个图层的眼睛图标，可以将该图层外的其他所有图层都隐藏；按住 Alt 键再次单击同一眼睛的图标，可恢复其他图层的可见性。

效果 3

Step01 绘制音量符号。选择“钢笔工具”，绘制音量符号，打开“图层样式”对话框，选择“斜面和浮雕”“内阴影”“图案叠加”选项，设置参数，添加效果，如图 8.42 所示。

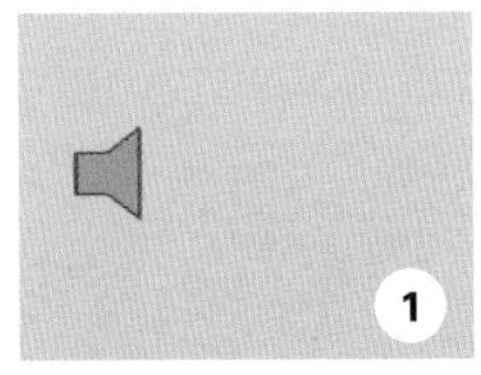

❶ 使用钢笔工具绘制音量符号
❷ 选择“斜面和浮雕”选项，设置方法为“雕刻清晰”、深度为 1%、角度为 90°，取消选中“使用全局光”复选框，设置高度为 20°、高光模式为“正常”、颜色为黑色、不透明度为 100%、阴影模式为“正常”、不透明度为 38%

❸ 选择“内阴影”选项，设置不透明度为 58%、角度为 90°，取消选中“使用全局光”复选框，设置距离为 1 像素、大小为 3 像素
❹ 选择“图案叠加”选项，设置混合模式为“正片叠加”、不透明度为 100%、图案为“木炭斑纹纸”

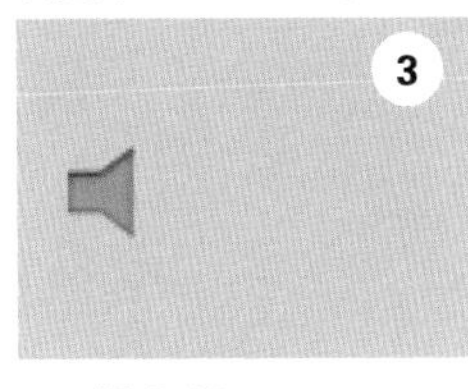

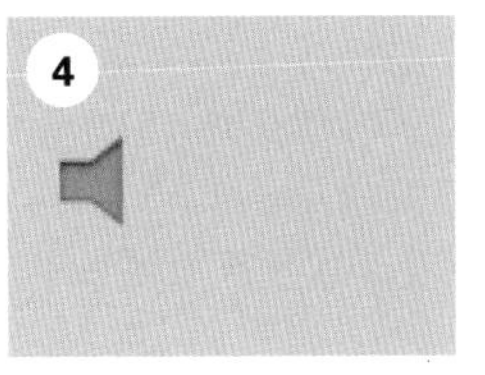

图 8.42

Step02 绘制音量。选择“圆角矩形工具”，设置半径为 100 像素，绘制圆角矩形，为其粘贴音量符号的图层样式效果，将该圆角矩形进行复制，缩小，添加“渐变叠加”图层样式效果，如图 8.43 所示。

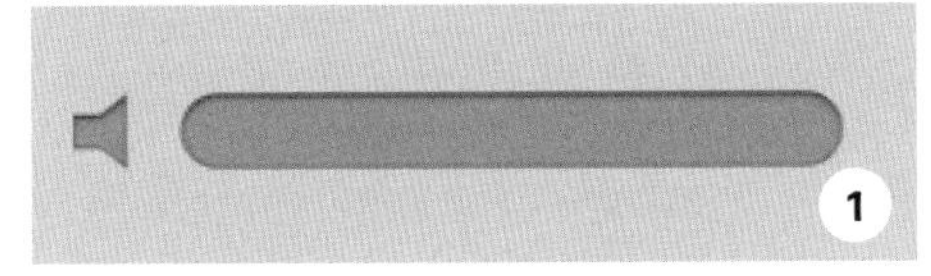

❶ 使用圆角矩形工具绘制形状，粘贴效果
❷ 复制圆角矩形形状，将其缩小，添加“渐变叠加”选项，设置混合模式为“叠加”、不透明度为 100%、缩放为 150%

图 8.43

Step03 绘制可调节点。选择“椭圆工具”，绘制白色正圆，打开“图层样式”对话框，选择“渐变叠加”“斜面和浮雕”“描边”“内阴影”“投影”选项，设置参数，添加效果，如图 8.44 所示。

提示

“斜面和浮雕”面板中的“样式”下拉列表中有个“描边浮雕”选项，若是要使用“描边浮雕”效果，需要先为“图层”添加“描边”图层样式效果。

Step04 绘制静音符号。选择“钢笔工具”绘制音量符号，然后选择“圆角矩形工具”绘制音波，得到静音符号，为其粘贴音量符号的图层样式效果，完成制作，如图 8.45 所示。

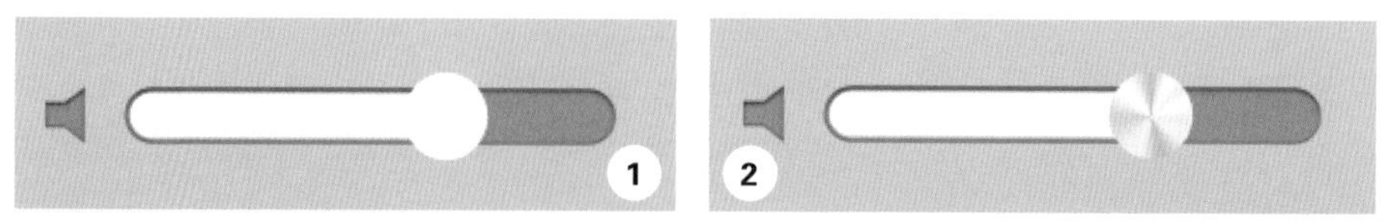

❶ 使用椭圆工具绘制白色正圆

❷ 选择“斜面和浮雕”选项，设置方法为“雕刻清晰”、深度为 10%、大小为 2 像素、角度为 90°，取消选中“使用全局光”复选框，设置高度为 30°、高光模式为“正常”、不透明度为 60%、不透明度为 0

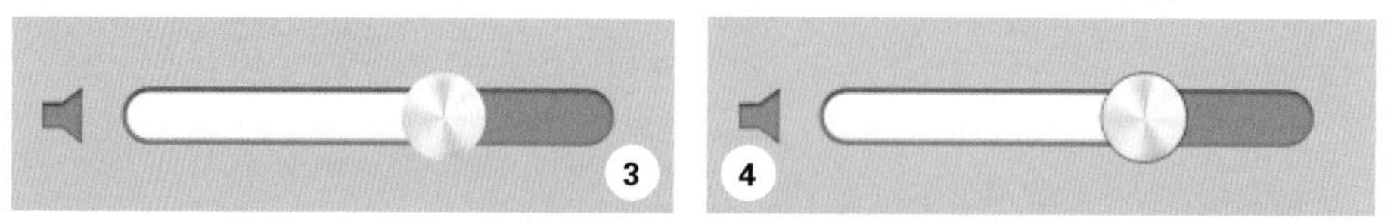

❸ 选择“描边”选项，设置大小为 1 像素、位置为“外部”、混合模式为“正片叠加”、不透明度为 45%

❹ 选择“内阴影”选项，设置混合模式为“正常”、颜色为白色，不透明度为 80%、角度为 90°，取消选中“使用全局光”复选框，设置距离为 0 像素、阻塞为 100%、大小为 1 像素

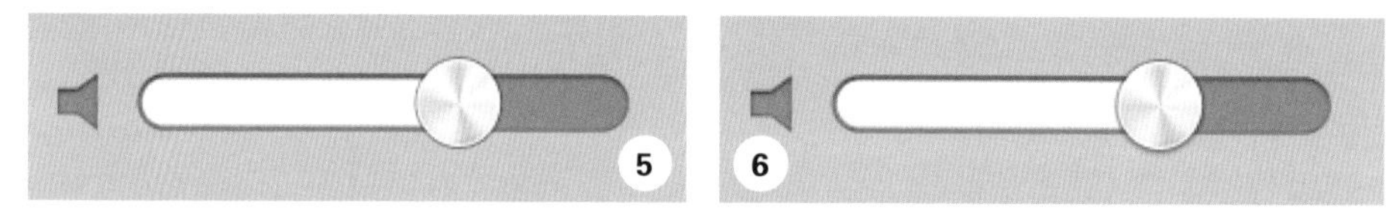

❺ 选择“渐变叠加”选项，设置样式为“角度”、设置渐变条，从左到右依次为 R:180 G:181 B:184、R:239 G:240 B:242、R:226 G:226 B:226、R:246 G:247 B:249、R:223 G:223 B:223、R:229 G:230 B:231、R:180 G:181 B:184、R:229 G:230 B:231、R:197 G:197 B:199、R:247 G:247 B:247、R:180 G:181 B:184，缩放为 150%

❻ 选择“内阴影”选项，设置不透明度为 70%、角度为 90°，取消选中“使用全局光”复选框，设置距离为 1 像素、大小为 3 像素

图 8.44

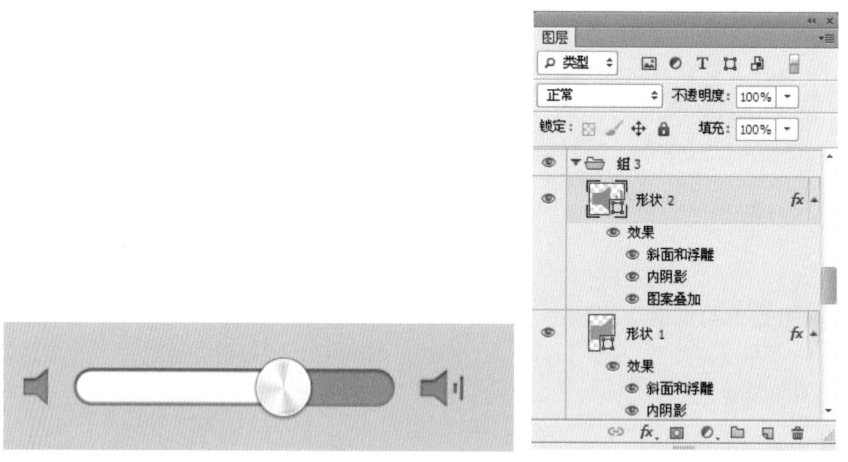

图 8.45

效果 4

Step01 绘制基本形状。选择“圆角矩形工具”，设置半径为 10 像素，打开“图层样式”对话框，选择“颜色叠加”“描边”“内发光”“外发光”“投影”选项，设置参数，添加效果，如图 8.46 所示。

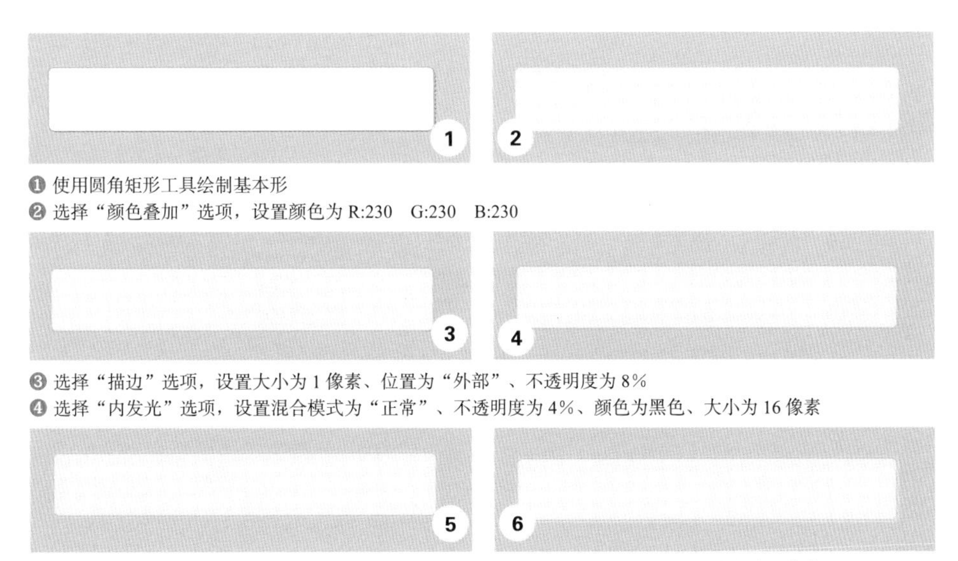

❺ 选择“外发光”选项，设置混合模式为“正常”、不透明度为 38%、颜色为白色、大小为 1 像素
❻ 选择“投影”选项，设置混合模式为“正常”、颜色为白色、不透明度为 37%、距离为 1 像素、大小为 1 像素

图 8.46

提示

“外发光”效果中的“发光颜色”是通过“杂色”选项下面的颜色块和颜色条来控制的。如果要创建单色发光，可单击左侧的颜色块，在打开的“拾色器”中设置发光颜色；如果要创建渐变发光，可单击右侧的渐变条，在打开的“渐变编辑器”中设置渐变颜色。

Step02 绘制音量进度条。再次选择“圆角矩形工具”，设置半径为 100 像素，在基本形上绘制形状，将填充减低为 0、不透明度降低为 30%，如图 8.47 所示。

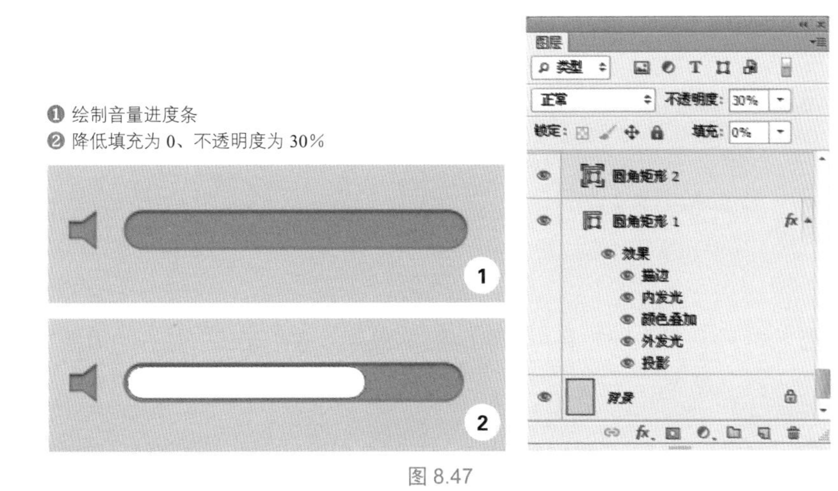

图 8.47

Step03 添加效果。打开“圆角矩形 2”图层的“图层样式”对话框，选择“内阴影”“投影”选项，设置参数，添加凹陷效果，如图 8.48 所示。

❶ 选择“内阴影”选项，设置混合模式为“正常”、不透明度为 100%、距离为 2 像素、大小为 4 像素
❷ 选择“投影”选项，设置混合模式为“正常”、颜色为白色、不透明度为 82%、距离为 1 像素、大小为 1 像素

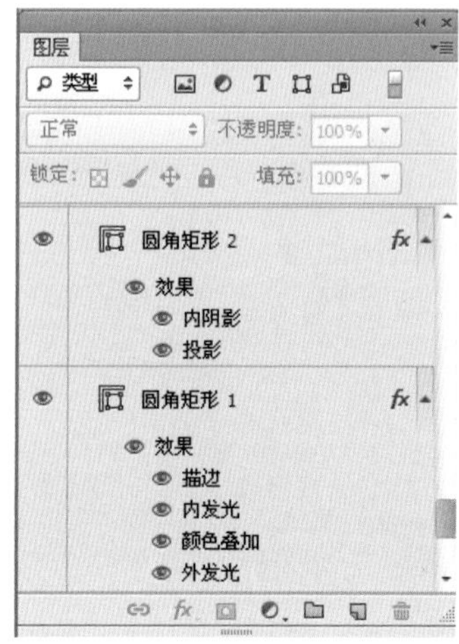

图 8.48

Step 04 绘制音量大小。将“圆角矩形 2”图层进行复制。得到“圆角矩形 2 副本”图层，将其缩小，改变颜色为紫色，将其转换为智能对象，选择“图案叠加”选项，添加图案，执行“滤镜”→“杂色”→“添加杂色”命令，在弹出的对话框中设置参数，添加杂点，如图 8.49 所示。

❶ 复制形状，将其缩小，改变颜色为紫色
❷ 选择“图案叠加”选项，设置不透明度为 8%、选择自定义图案
❸ 设置“添加杂色”的数量 1%、高斯分布，勾选“单色”复选框

1
2
3

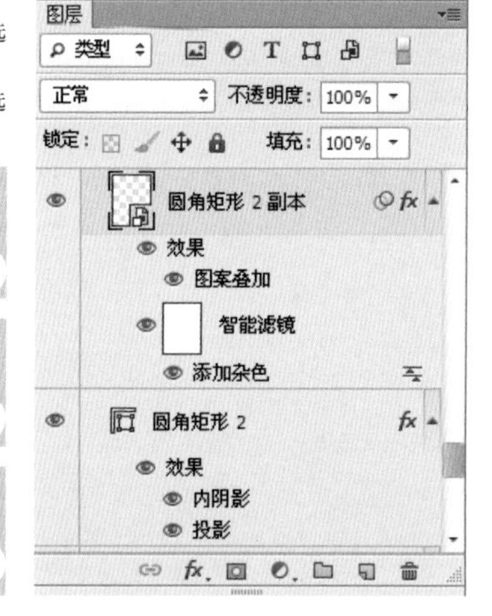

图 8.49

Step 05 绘制可调节点。选择“椭圆工具”，绘制浅灰色正圆，打开“图层样式”对话框，选择“渐变叠加”“斜面和浮雕”“投影”选项，设置参数，添加效果，如图 8.50 所示。

Step 06 添加螺丝。打开素材文件“8-2.png”，将螺丝素材拖入到当前绘制的文档中，改变大小和位置，得到左边螺丝，将该图层进行复制，移动位置，得到右边螺丝，如图 8.51 所示。

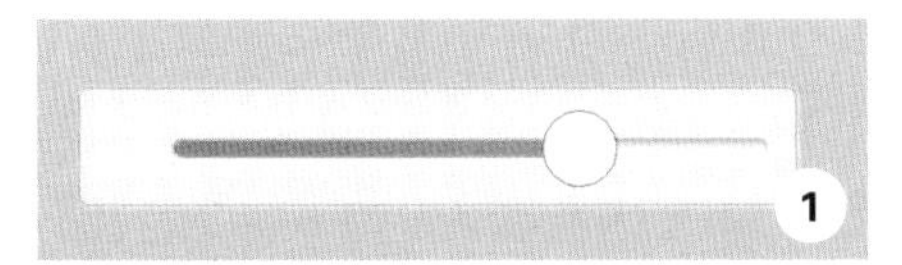

❶ 使用椭圆工具绘制浅灰色正圆
❷ 选择“斜面和浮雕”选项，设置大小为 1 像素、角度为 111°，取消选中“使用全局光”复选框，设置高度为 42°、高光模式为“正常”、不透明度为 100%、阴影模式为“正常”、不透明度为 32%

❸ 选择“渐变叠加”选项，样式为“角度”、设置渐变条，从左到右依次为 R:170　G:170　B:170、R:247　G:247　B:247、R:200　G:200　B:200、R:247　G:247　B:247、R:197　G:197　B:197、R:255　G:255　B:255、R:187　G:187　B:187、R:242　G:242　B:242、R:170　G:170　B:170，设置角度为 -97°
❹ 选择“投影”选项，设置混合模式为“正常”、不透明度为 15%、角度为 56°，取消选中“使用全局光”复选框，设置距离为 2 像素、大小为 10 像素

图 8.50

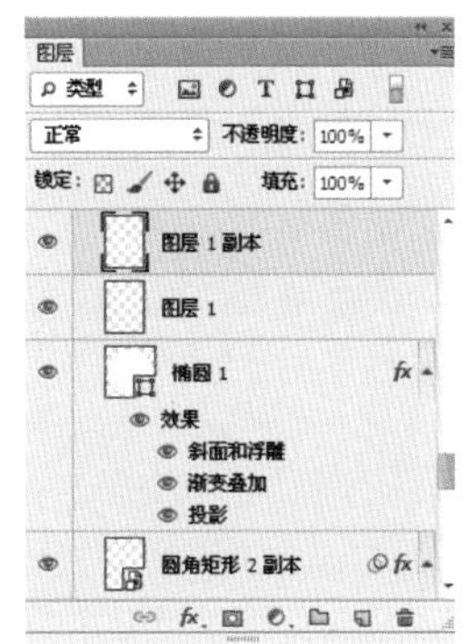

图 8.51

Step07 绘制音量符号。选择“钢笔工具”，绘制音量符号，打开“图层样式”对话框，选择“内发光”选项，设置混合模式为“正常”、不透明度为 5%、颜色为黑色、大小为 1 像素，设置完成后，单击“确定”按钮，完成制作，如图 8.52 所示。

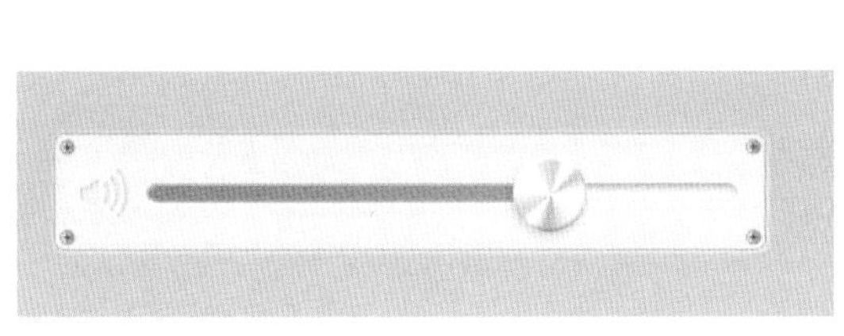

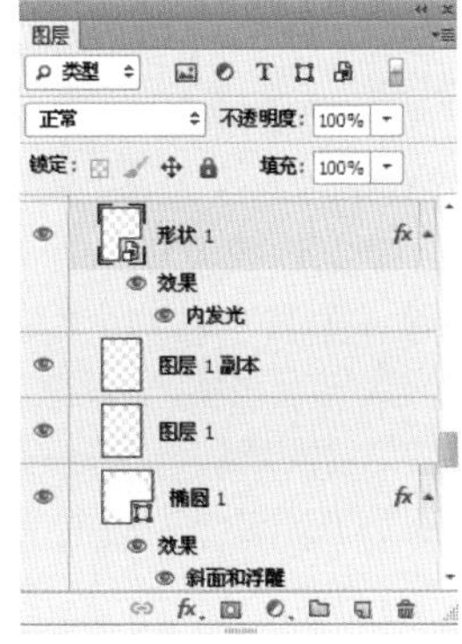

图 8.52

效果 5

Step 01 绘制可调节点。选择“圆角矩形工具”，设置半径为 10 像素、绘制圆角矩形，打开“图层样式”对话框，选择“内阴影”选项，设置参数，添加效果，如图 8.53 所示。

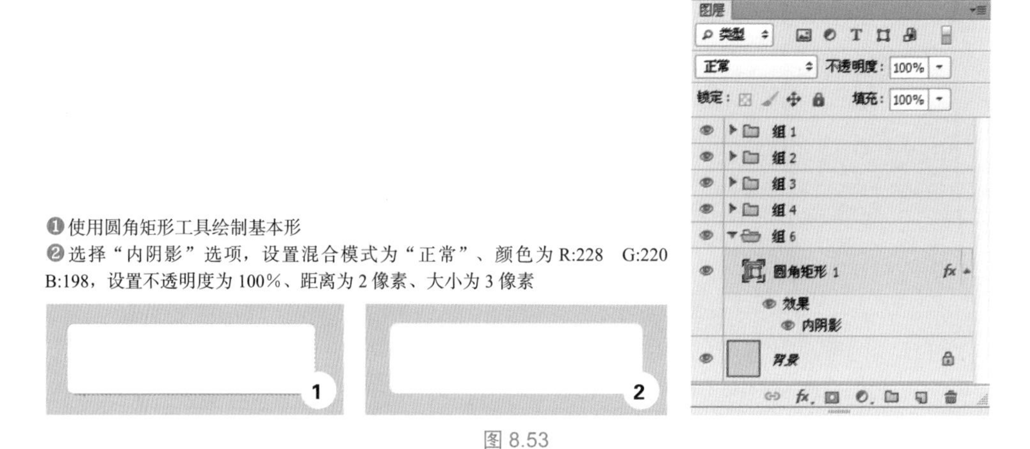

图 8.53

Step 02 绘制音量符号。选择“钢笔工具”，绘制音量符号，打开“图层样式”对话框，选择“颜色叠加”选项，设置参数，添加效果，如图 8.54 所示。

图 8.54

Step 03 绘制音量大小。选择“圆角矩形工具”，设置半径为 2 像素，打开“图层样式”对话框，选择“描边”“颜色叠加”“内阴影”选项，设置参数，添加效果，如图 8.55 所示。

Step 04 复制图层。将“圆角矩形 2”图层进行多次复制，移动位置，如图 8.56 所示。

Step 05 绘制音量选项。再次选择“圆角矩形工具”，绘制形状，得到“圆角矩形 3”图层，打开“图层样式”对话框，选择“描边”“颜色叠加”选项，设置参数，添加效果，如图 8.57 所示。

❶ 选择“描边”选项，设置大小为 1 像素、位置为“外部”、颜色为 R:226　G:146　B:4

❷ 选择“内阴影”选项，设置混合模式为“正常”、颜色为白色、不透明度为 37%、距离为 1 像素、大小为 0 像素

❸ 选择“颜色叠加”选项，设置颜色为 R:250　G:163　B:9

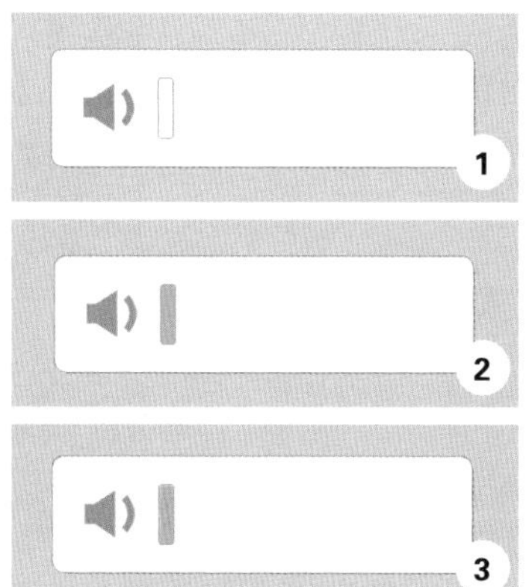

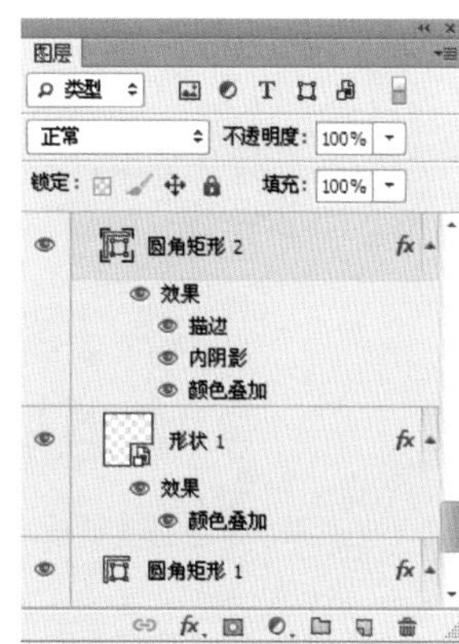

图 8.55

图 8.56

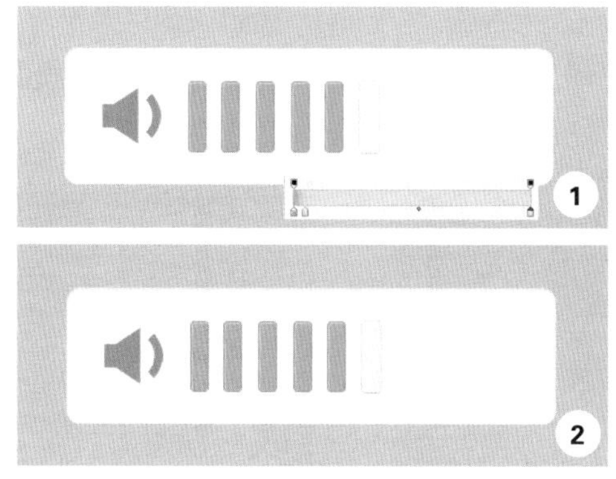

❶ 选择“描边”选项，设置大小为 1 像素、位置为“外部”、填充类型为“渐变”，设置渐变条，从左到右依次为 R:178　G:168　B:153、R:218　G:211　B:199、R:218　G:211　B:199

❷ 选择“颜色叠加”选项，设置颜色为 R:235　G:232　B:225

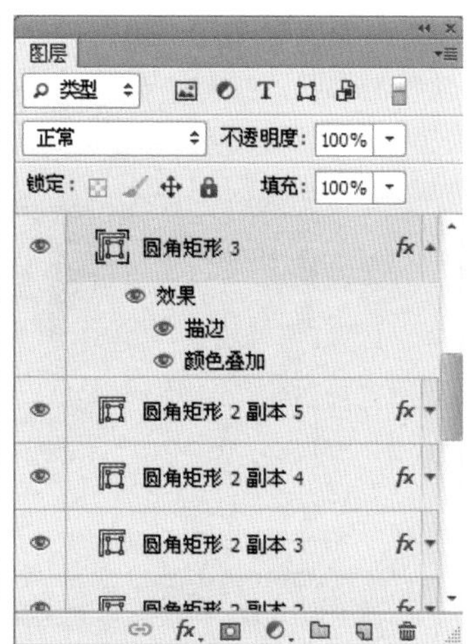

图 8.57

Step06 复制图层。将“圆角矩形 3”图层进行多次复制，移动位置，完成制作，如图 8.58 所示。

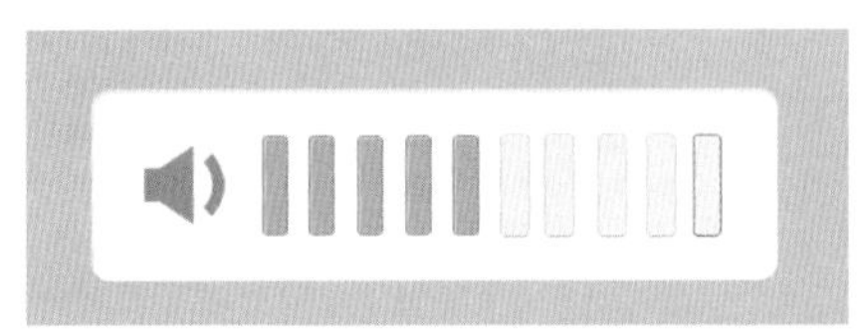

图 8.58

效果 6

Step01 绘制基本形。选择“圆角矩形工具”，设置前景色的颜色，在图像上绘制圆角矩形形状，得到“圆角矩形 1”图层，如图 8.59 所示。

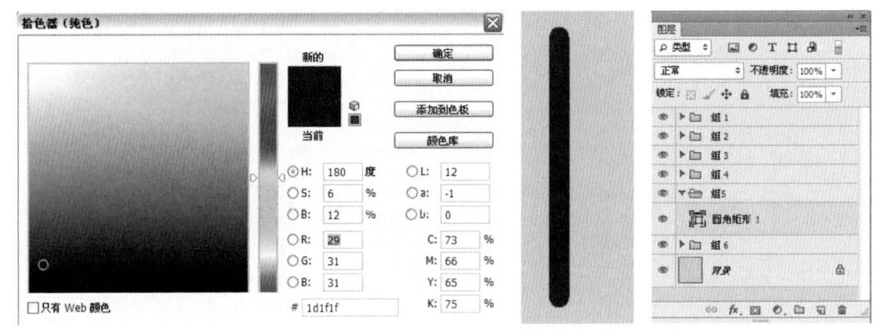

图 8.59

Step02 绘制音量大小。将“圆角矩形 1”图层进行复制，得到“圆角矩形 1 副本”图层，将其缩小，改变颜色为白色，打开“图层样式”对话框，选择“渐变叠加”“内阴影”“外发光”选项，设置参数，添加效果，如图 8.60 所示。

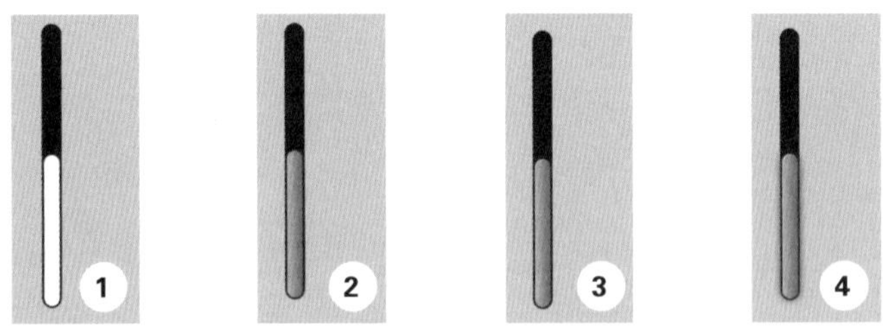

❶ 复制圆角矩形，将其缩小，改变颜色

❷ 选择“渐变叠加”选项，设置渐变条，从左到右依次为 R:42 G:183 B:255、R:0 G:101 B:196，设置角度为 0°

❸ 选择“内阴影”选项，设置混合模式为“正常”、颜色为白色、不透明度为 38%、角度为 135°，取消选中“使用全局光”复选框，设置距离为 1 像素、阻塞为 11%、大小为 0 像素

❹ 选择“外发光”选项，设置混合模式为“正常”、不透明度为 70%、颜色为 R:0 G:52 B:111，设置大小为 11 像素

图 8.60

Step 03 绘制音量符号。选择“钢笔工具”，绘制音量符号，打开“图层样式”对话框，选择“描边”“投影”选项，设置参数，添加效果，如图 8.61 所示。

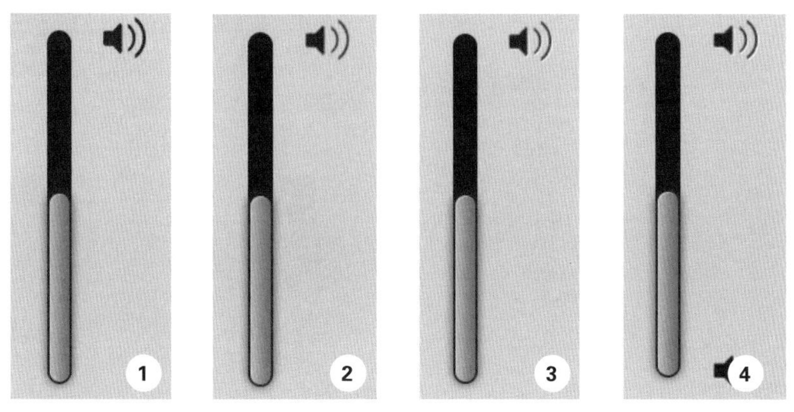

❶ 使用钢笔工具绘制音量符号
❷ 选择“描边”选项，设置大小为 1 像素、不透明度为 48%
❸ 选择“投影”选项，设置混合模式为“叠加”、颜色为白色、不透明度为 53%、角度为 135°，取消选中“使用全局光”复选框，设置距离为 1 像素、阻塞为 100%、大小为 0 像素
❹ 使用钢笔工具绘制静音符号。粘贴图层样式效果

图 8.61

Step 04 绘制可调节点。选择“圆角矩形工具”，设置半径为 2 像素，绘制圆角矩形，打开“图层样式”对话框，选择“描边”“内阴影”“投影”选项，设置参数，添加效果，如图 8.62 所示。

❶ 选择“描边”选项，设置大小为 1 像素、位置为“外部”、不透明度为 100%
❷ 选择“内阴影”选项，设置混合模式为叠加、颜色为白色、不透明度为 45%，取消选中“使用全局光”复选框，设置距离为 1 像素、阻塞为 100%、大小为 0 像素
❸ 选择“投影”选项，设置不透明度为 30%、角度为 90°，取消选中“使用全局光”复选框，设置距离为 5 像素、大小为 12 像素

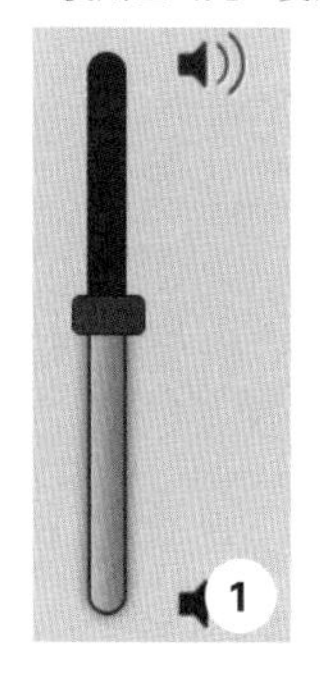

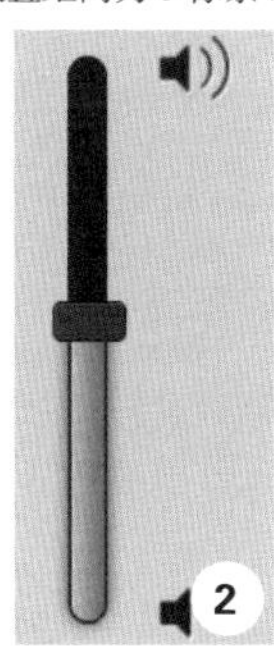

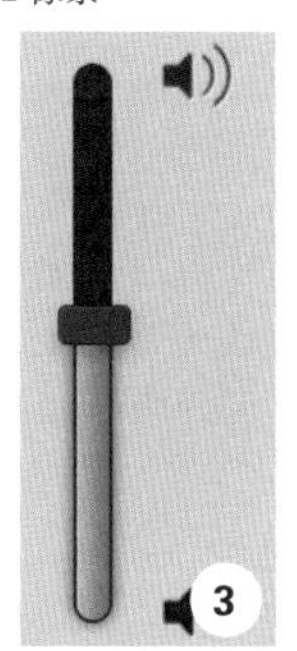

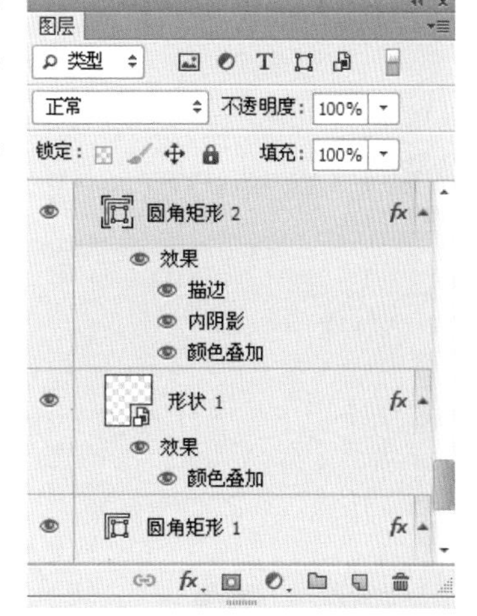

图 8.62

Step 05 绘制矩形。选择“矩形工具”工具，在可调节点上绘制矩形，打开“图层样式”对话框，选择“颜色叠加”“投影”选项，设置参数，添加效果，如图 8.63 所示。

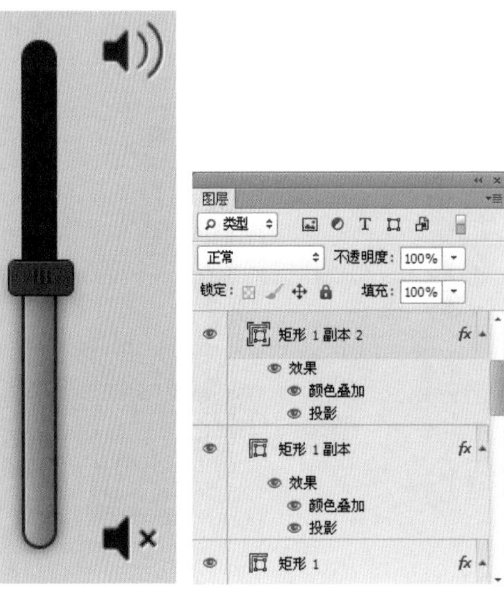

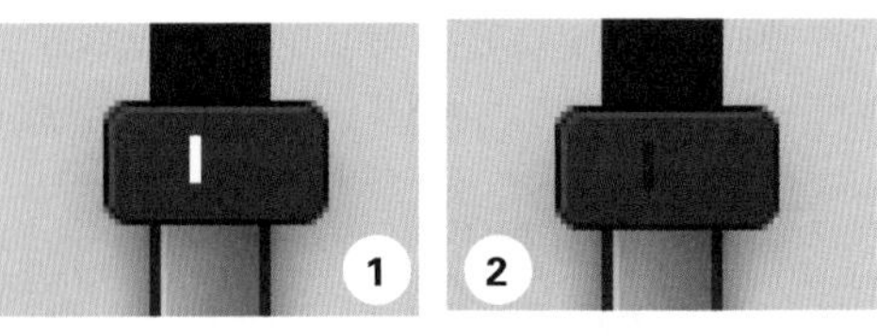

❶ 使用矩形工具绘制白色矩形框
❷ 选择“颜色叠加”选项，设置颜色为 R:31 G:35 B:35、不透明度为 100%

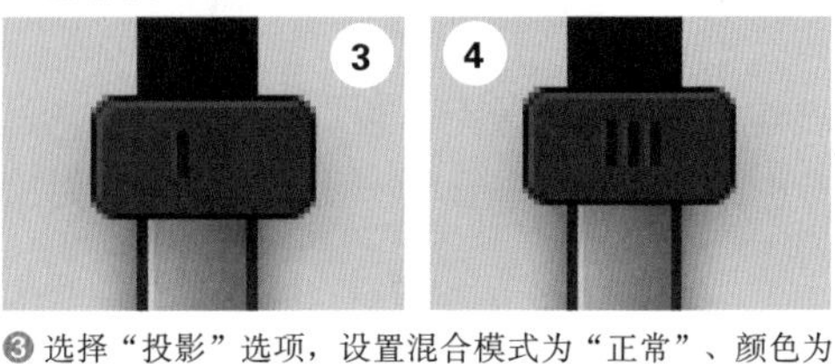

❸ 选择“投影”选项，设置混合模式为“正常”、颜色为 R:98 G:106 B:106、不透明度为 21%、角度为 0°，取消选中“使用全局光”复选框，设置距离为 1 像素、阻塞为 100%、大小为 0 像素
❹ 将该矩形形状进行复制，移动位置

图 8.63

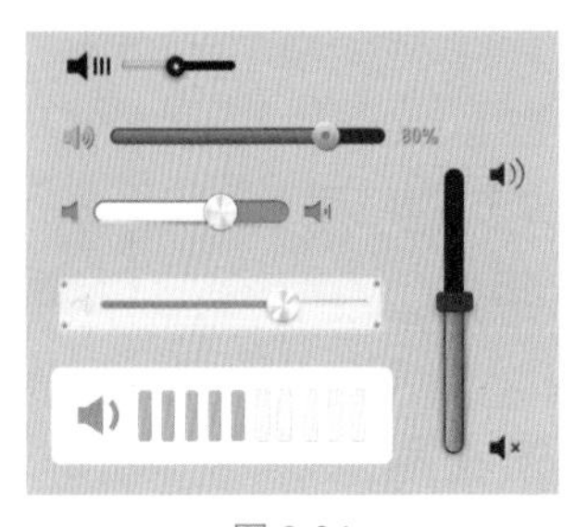

图 8.64

最终效果如图 8.64 所示。

8.3 选项设置按钮

案例综述

在本例中，我们将制作一系列选项按钮，这些按钮通常出现在应用程序的设置窗口中，用于选择和实现不同的功能。为了练习，我们提供了圆形、方形和椭圆形三种不同形状的按钮，如图 8.65 所示。

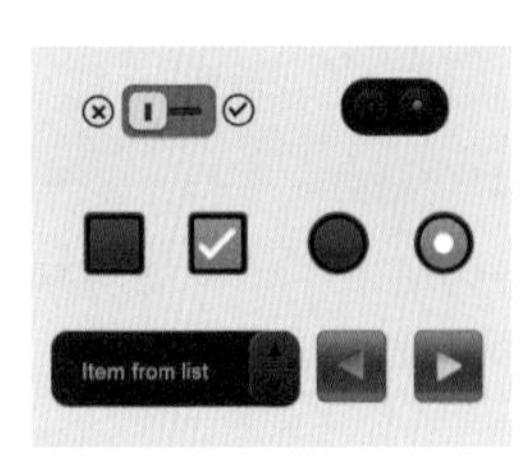

图 8.65

设计规范

尺寸规范	多种规格的尺寸
主要工具	多种矢量工具、图层样式
文件路径	Chapter08/8-3.psd
视频教学	8-3.avi

造型分析

选项按钮在被单击后，应该向用户提供视觉反馈以告知用户当前的变化状态。因此，在设计时，我们必须考虑按钮单击时的反馈效果。

操作步骤：

效果 1

Step01 绘制基本形。选择“圆角矩形工具”，设置半径为 10 像素，在图像上绘制圆角矩形，打开“图层样式”对话框，选择“内阴影”“投影”选项，设置参数，添加效果，如图 8.66 所示。

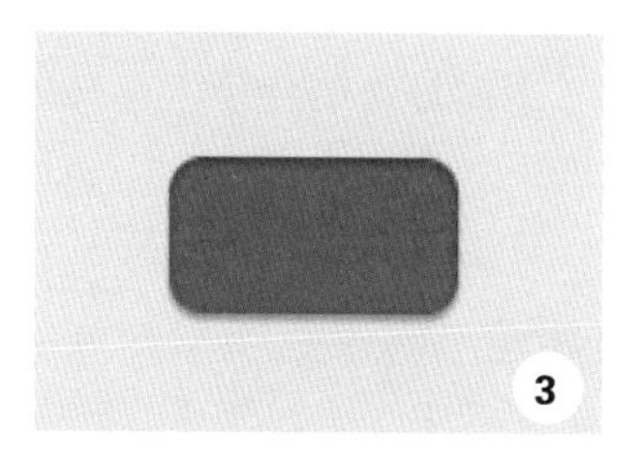

❶ 使用圆角矩形工具绘制基本形，设置颜色为 R:33　G:65　B:110

❷ 选择“内阴影”选项，设置混合模式为正常、不透明度为 100%、角度为 90°，取消选中“使用全局光”复选框，设置距离为 1 像素、大小为 4 像素

❸ 选择“投影”选项，设置混合模式为“正常”、不透明度为 40%、角度为 90°，取消选中“使用全局光”复选框，设置距离为 2 像素、大小为 2 像素

图 8.66

Step02 绘制选项。再次使用“圆角矩形工具”绘制形状，打开“图层样式”对话框，选择“描边”“内阴影”“投影”选项，设置参数，添加效果，如图 8.67 所示。

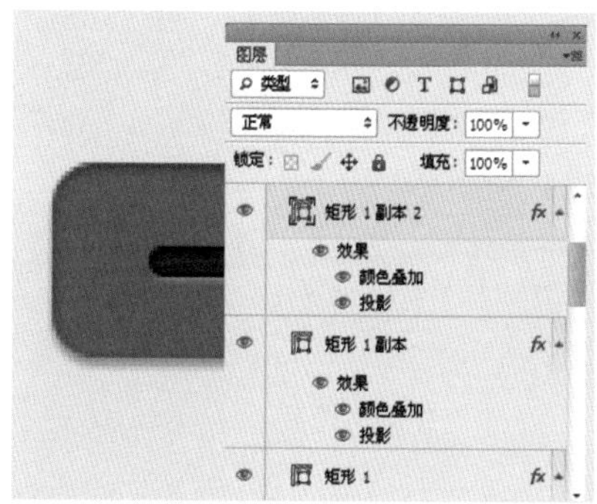

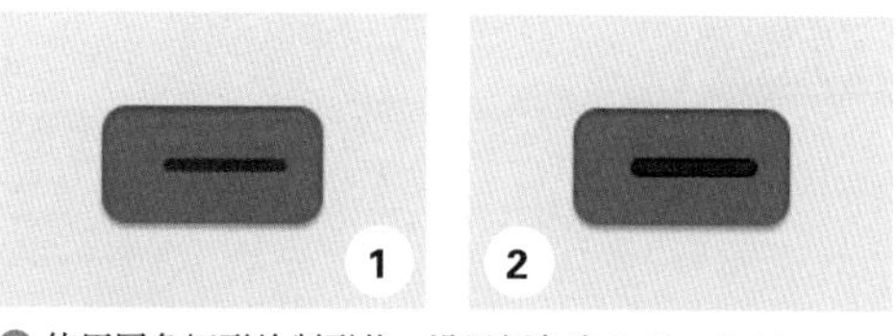

❶ 使用圆角矩形绘制形状，设置颜色为 R:39　G:44　B:51

❷ 选择“描边”选项，设置大小为 1 像素、位置为“外部”、不透明度为 100%

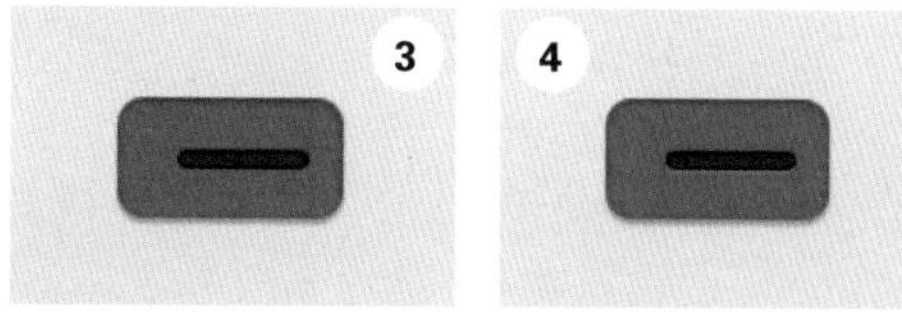

❸ 选择“投影”选项，设置混合模式为“叠加”、不透明度为 50%、角度为 90°，取消选中“使用全局光”复选框，设置距离为 2 像素、大小为 1 像素

❹ 选择“内阴影”选项，设置不透明度为 30%、角度为 90°，取消选中“使用全局光”复选框，设置距离为 1 像素、大小为 2 像素

图 8.67

Step03 绘制可调节点。使用圆角矩形工具绘制形状，打开“图层样式”对话框，选择“描边”“投影”选项，设置参数，添加立体效果，如图 8.68 所示。

❶ 使用圆角矩形绘制形状，设置颜色为 R:200 G:200 B:200
❷ 选择“描边”选项，设置大小为 1 像素、不透明度为 100%、颜色为 R:51 G:51 B:51
❸ 选择“投影”选项，设置混合模式为“正常”、不透明度为 40%、角度为 90°，取消选中“使用全局光”复选框，设置距离为 2 像素、大小为 2 像素

图 8.68

Step04 绘制矩形。选择矩形工具，设置前景色为黑色，在可调节控制框上绘制黑色矩形，得到“矩形 1”图层，如图 8.69 所示。

Step05 绘制选项。使用“椭圆工具”和矩形工具绘制开关图标，如图 8.70 所示。

提示

绘制图标时，首先使用椭圆工具选项的“减去顶层形状”得到外围同心圆，然后选择“矩形工具”绘制矩形条，复制矩形条，将其旋转，最后合并形状图层，得到图标效果。

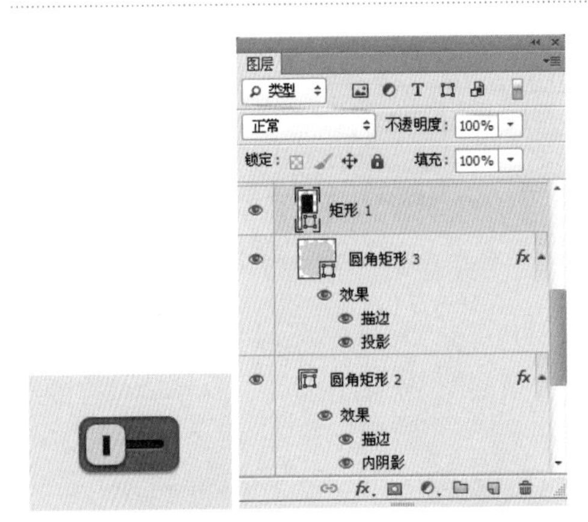

图 8.69

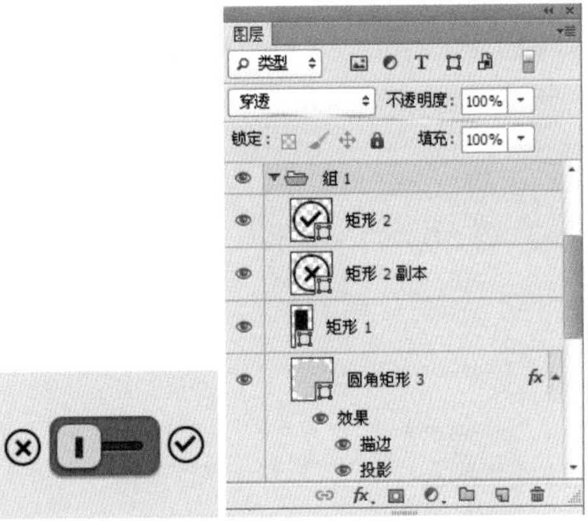

图 8.70

效果 2

Step01 绘制基本形。使用圆角矩形工具绘制形状，打开“图层样式”对话框，选择“描边”“投影”选项，设置参数，添加立体效果，如图 8.71 所示。

Step02 绘制按钮。选择“椭圆工具”绘制白色椭圆，将填充减低为 0，打开“图层样式”对话框，选择“投影”选项，设置混合模式为“正常”、不透明度为 72%、角度为 105°，取消选中“使用全局光”复选框，设置距离为 2 像素、大小为 5 像素，单击“确定”按钮，添加投影效果，如图 8.72 所示。

Step03 复制图层。将“椭圆 1”图层进行复制，得到“椭圆 1 副本”图层，打开“图层样式”对话框，选择“渐变叠加”“内阴影”“投影”选项，设置参数，添加效果，如图 8.73 所示。

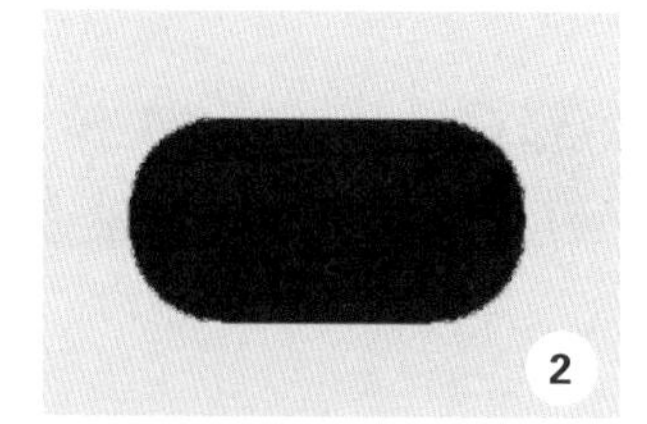

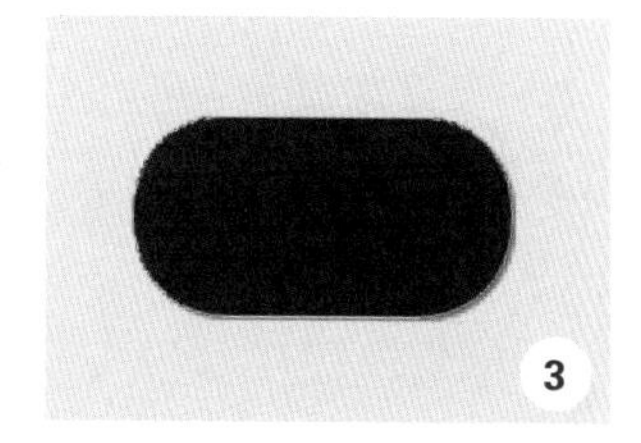

❶ 使用圆角矩形绘制形状，设置颜色为 R:255　G:255　B:255
❷ 选择“颜色叠加”选项，设置不透明度为 100%、颜色为 R:21　G:21　B:21
❸ 选择“投影”选项，设置混合模式为“正常”、颜色为 R:63　G:63　B:63、不透明度为 63%、距离为 1 像素、大小 0 像素

图 8.71

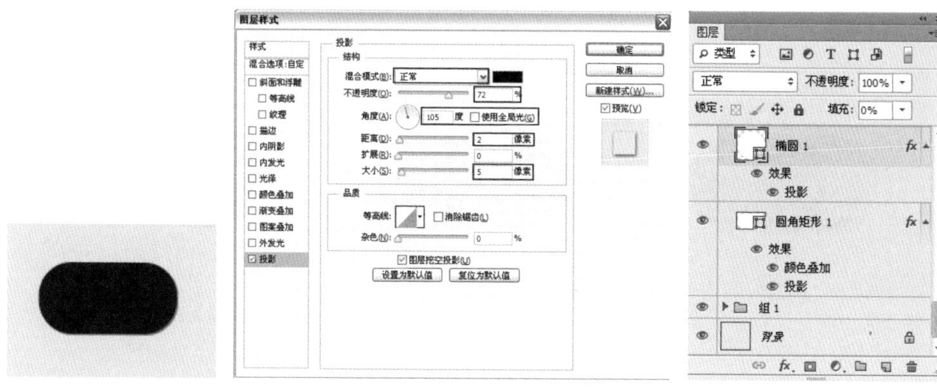

图 8.72

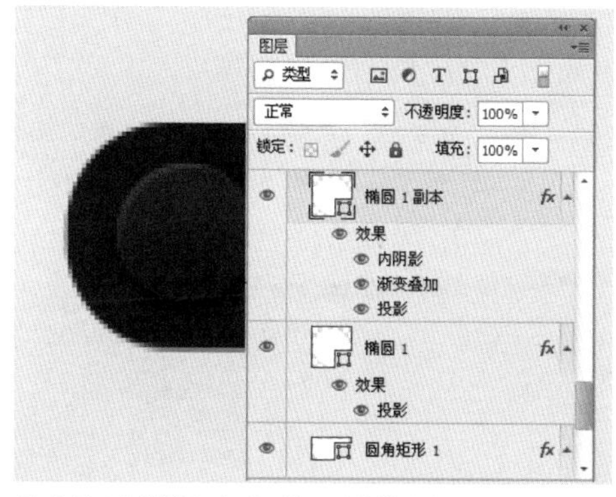

❸ 选择“内阴影”选项，设置混合模式为“叠加”、颜色为白色、不透明度为 72%、距离为 1 像素、大小为 0 像素
❹ 选择“投影”选项，设置混合模式为“正常”、不透明度为 69%、距离为 2 像素、大小为 1 像素

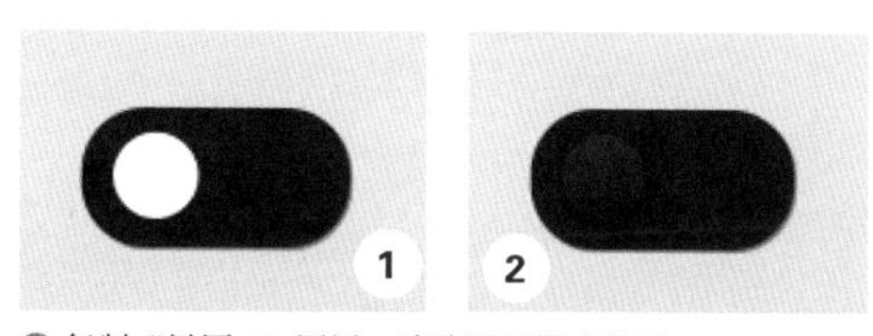

❶ 复制“椭圆 1”图层，清除图层样式效果
❷ 选择“渐变叠加”选项，设置渐变条，从左到右依次为 R:21　G:21　B:21、R:39　G:39　B:39

图 8.73

Step 04 绘制选项。再次使用“圆角矩形工具”绘制形状，打开“图层样式”对话框，选择“颜色叠加”“内阴影”“投影”选项，设置参数，添加效果，如图 8.74 所示。

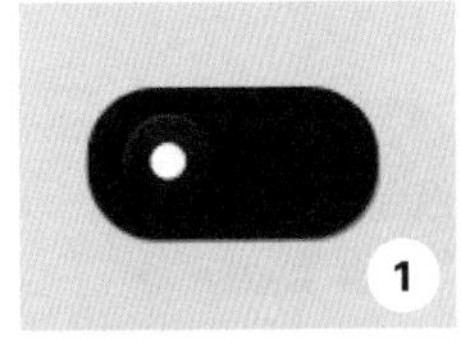

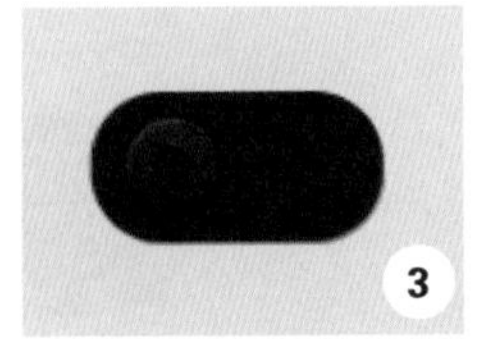

❶ 使用圆角矩形绘制正圆，设置颜色为 R:255　G:255　B:255
❷ 选择“颜色叠加”选项，设置颜色参数为 R:21　G:21　B:2
❸ 选择“内阴影”选项，设置不透明度为 80%、距离为 1 像素、大小为 2 像素
❹ 选择“投影”选项，设置混合模式为“正常”、颜色为 R:63　G:63　B:63、不透明度为 53%、距离为 1 像素、大小为 0 像素

图 8.74

Step05 绘制可调节点。使用圆角矩形工具绘制形状，打开“图层样式”对话框，选择“内阴影”“投影”选项，设置参数，添加立体效果，如图 8.75 所示。

❶ 使用椭圆工具绘制正圆，设置颜色为 R:34　G:34　B:34
❷ 选择“内阴影”选项，设置混合模式为“叠加”、颜色为白色、不透明度为 72%、距离为 1 像素、大小为 0 像素
❸ 选择“投影”选项，设置混合模式为为“正常”、不透明度为 69%、距离为 2 像素、大小为 1 像素

图 8.75

Step06 复制按钮。将左侧按钮进行复制，移动位置，选择“椭圆 3 副本”图层，打开“图层样式”对话框，选择“渐变叠加”选项，设置渐变条，从左到右依次为 R:56　G:41　B:35、R:190　G:140　B:120，单击“确定”按钮，添加效果，完成制作，如图 8.76 所示。

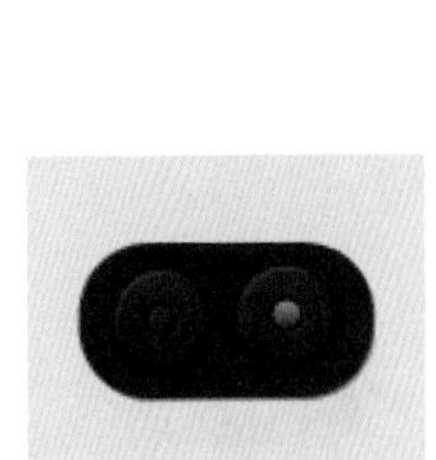
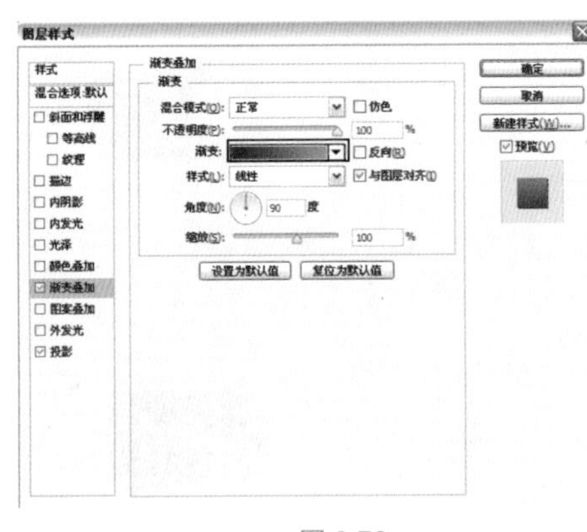

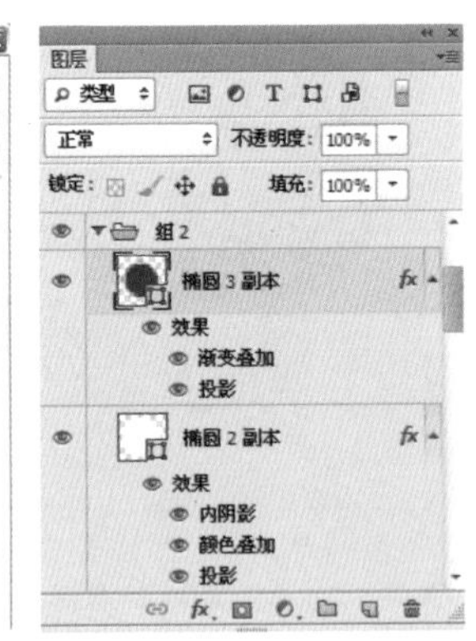

图 8.76

效果 3

Step01 绘制选项。选择“圆角矩形工具”，设置半径为 3 像素，绘制选项基本形，打开“图层样式”对话框，选择“描边”选项，设置参数，添加描边效果，如图 8.77 所示。

❶ 使用圆角矩形工具绘制黑色基本形
❷ 选择“描边”选项，设置大小为 2 像素、位置为“外部”、不透明度为 100%、填充类型为“渐变”，设置渐变条，从左到右依次为 R:91　G:91　B:91、R:59　G:59　B:59、R:56　G:56　B:56

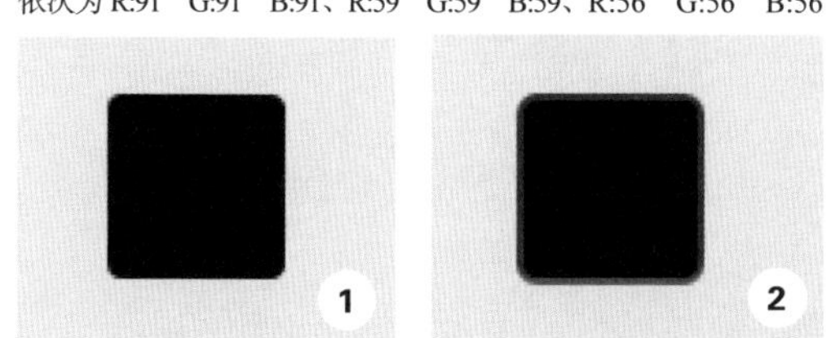

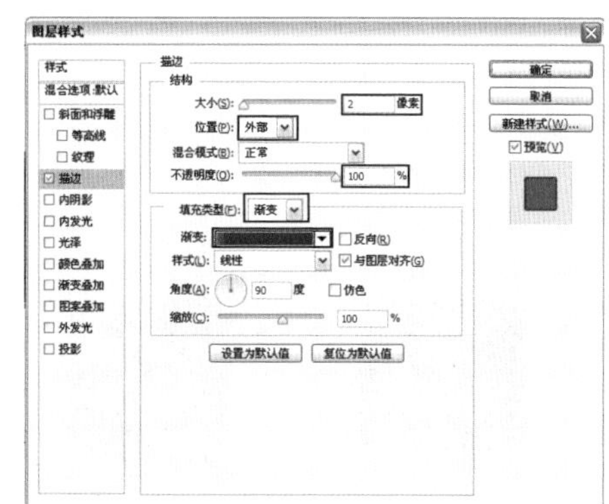

图 8.77

Step02 绘制选项内部。再次选择“圆角矩形工具”绘制形状，打开“图层样式”对话框，选择“描边”“渐变叠加”选项，设置参数，添加效果，如图 8.78 所示。

❶ 选择“描边”选项，设置大小为 2 像素、不透明度为 100%、填充类型为“渐变”，设置渐变条，从左到右依次为 R:71　G:71　B:71、R:93　G:93　B:93
❷ 选择“渐变叠加”选项，设置渐变条，从左到右依次为 R:38　G:38　B:38、R:63　G:63　B:63

图 8.78

Step03 复制选项。将左侧选项进行复制，移动位置，选择“圆角矩形 2 副本”图层，打开“图层样式”对话框，选择“描边”“渐变叠加”选项，设置参数，添加效果，如图 8.79 所示。

Step04 绘制对勾。选择“自定义形状”工具，在选项栏中选择对勾形状，在选项卡中绘制对勾，打开“图层样式”对话框，选择“内阴影”选项，设置参数，添加效果，完成后，使用同样的方法制作圆形选项，如图 8.80 所示。

效果 4

Step01 绘制选项基本形。将左侧选项进行复制，移动位置，选择“圆角矩形 2 副本”图层，打开“图层样式”对话框，选择“颜色叠加”“投影”选项，设置参数，添加效果，如图 8.81 所示。

Step02 输入文字。选择“横排文字工具”输入文字，打开“图层样式”对话框，选择“颜色叠加”选项，设置参数，改变文字的颜色，如图 8.82 所示。

❶ 选择“描边”选项，设置大小为 1 像素、填充类型为“渐变”，设置渐变条，从左到右依次为 R:27 G:130 B:194、R:75 G:155 B:105、R:148 G:193 B:222

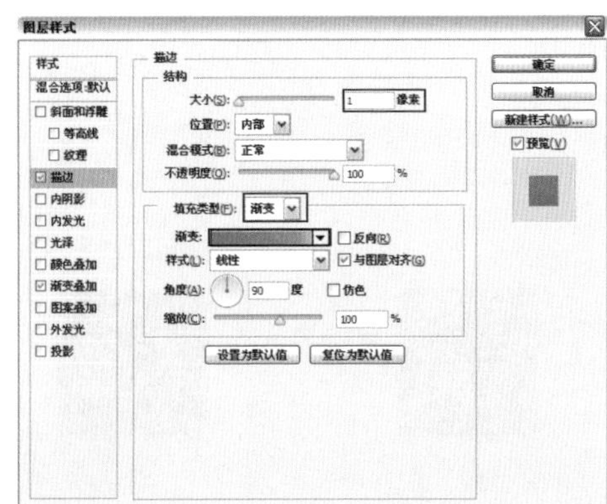

❷ 选择“渐变叠加”选项，设置渐变条，从左到右依次为 R:2 G:116 B:188、R:58 G:146 B:203

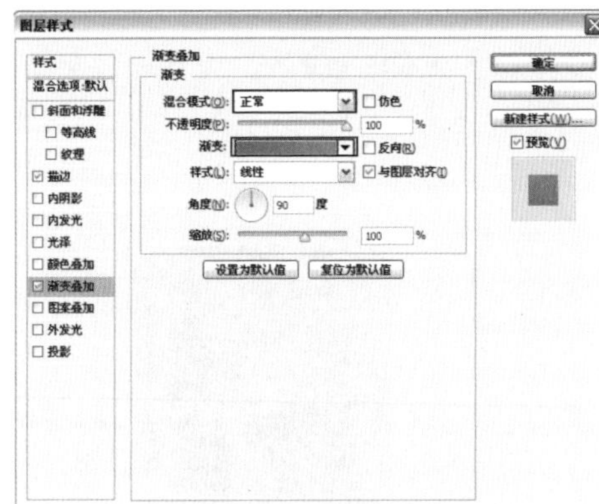

图 8.79

❶ 选择“内阴影”选项，设置不透明度为 40%、角度为 90°，取消选中“使用全局光”复选框，设置距离为 1 像素、大小为 4 像素
❷ 用同样的方法绘制圆形选项

图 8.80

Step03 绘制选项卡。选择“圆角矩形工具”绘制形状，打开“图层样式”对话框，选择“渐变叠加”“内阴影”“投影”选项，设置参数，添加立体效果，如图 8.83 所示。

❶ 选择“颜色叠加”选项，设置颜色为 R:21　G:21　B:21
❷ 选择“投影”选项，设置混合模式为“正常”、颜色为 R:63　G:63　B:63，设置不透明度为 63%、距离为 1 像素、大小为 0 像素

图 8.81

❶ 使用横排文字工具输入文字
❷ 选择“颜色叠加”选项，设置颜色为 R:157　G:157　B:157

图 8.82

❶ 使用圆角矩形工具绘制形状
❷ 选择“渐变叠加”选项，设置渐变条，从左到右依次为 R:27　G:27　B:27、R:48　G:48　B:48

❸ 选择“内阴影”选项，设置混合模式为“正常”、颜色为白色、不透明度为 22%、距离为 1 像素、大小为 0 像素
❹ 选择“投影”选项，设置混合模式为“正片叠加”、不透明度为 21%、距离为 4 像素、扩展为 3%

图 8.83

Step04 绘制选项按钮。选择“多边形工具”，在选项栏中设置边数为 3，绘制三角形，打开“图层样式”对话框，选择“颜色叠加”“内阴影”“投影”选项，设置参数，添加效果，如图 8.84 所示。

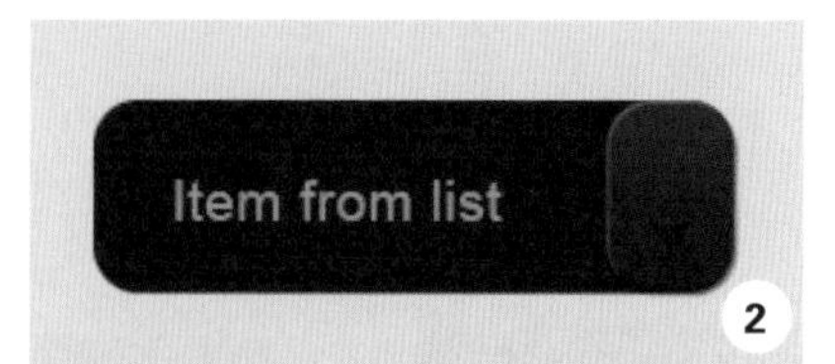

❶ 使用多边形工具绘制三角形
❷ 选择“颜色叠加”选项，设置颜色为 R:21　G:21　B:21

❸ 选择“内阴影”选项，设置不透明度为 80%、距离为 2 像素、大小为 5 像素
❹ 选择“投影”选项，设置混合模式为“正常”、颜色为 R:63　G:63　B:63、不透明度为 63%、距离为 1 像素、大小为 0 像素

图 8.84

Step05 绘制分隔符。选择矩形工具绘制形状，打开“图层样式”对话框，选择“颜色叠加”“投影”选项，设置参数，添加效果，如图 8.85 所示。

❶ 使用矩形工具绘制形状，选择“颜色叠加”选项，设置颜色为 R:23　G:23　B:23
❷ 选择“投影”选项，设置混合模式为“正常”、颜色为 R:63　G:63　B:63、不透明度为 63%、距离为 1 像素、大小为 0 像素

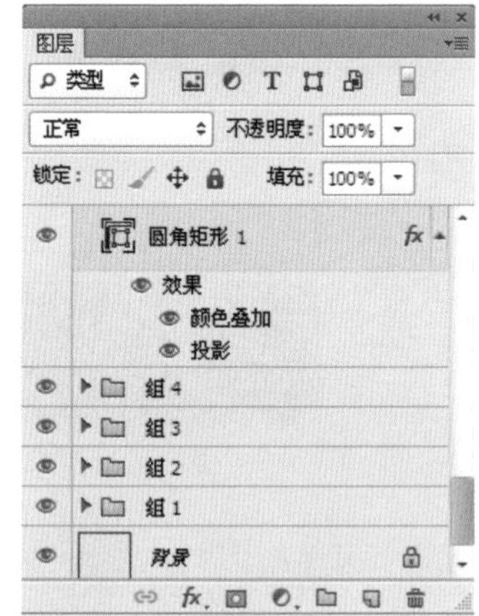

图 8.85

Step06 复制选项按钮。将刚才绘制的倒三角按钮进行复制，执行“垂直翻转”命令，将其旋转角度，移动位置到分隔符的上方，完成制作，如图 8.86 所示。

效果 5

Step01 绘制基本形。选择“圆角矩形工具”工具，绘制形状，打开“图层样式”对话框，选择“内发光”“渐变叠加”“投影”选项，设置参数，添加效果，如图 8.87 所示。

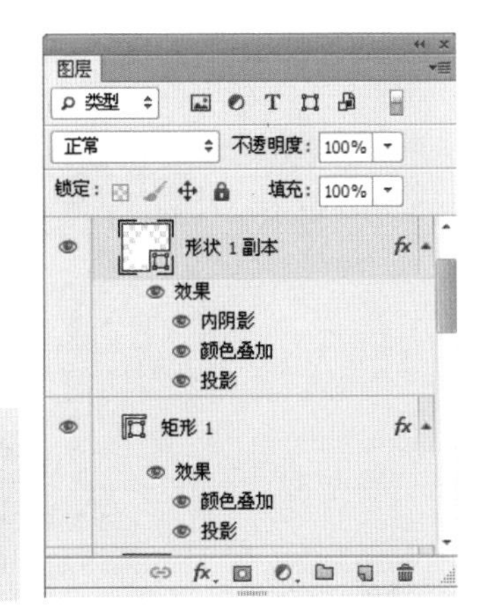

图 8.86

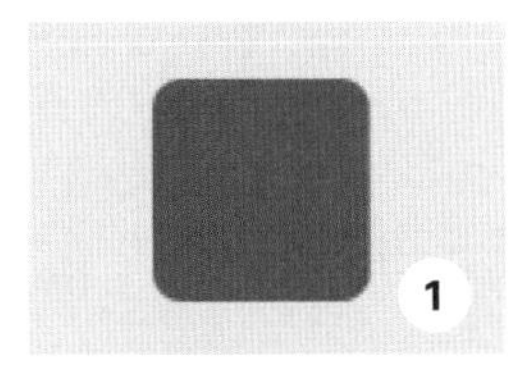

2

❶ 使用圆角矩形工具绘制形状，设置颜色为 R:86　G:86　B:86

❷ 选择“内发光”选项，设置混合模式为“正常”、颜色为黑色、大小为 1 像素

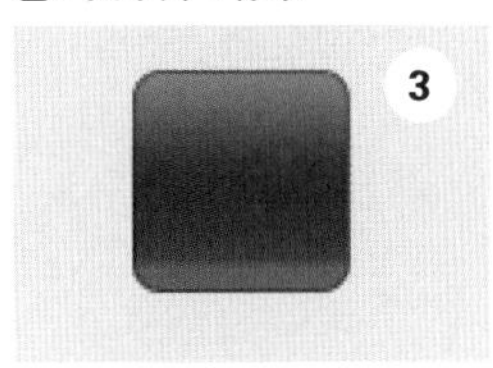

❸ 选择“渐变叠加”选项，设置混合模式为“叠加”、不透明度为 40%，设置渐变条，从左到右依次为 R:149　G:149　B:149、R:1　G:1　B:1、R:255　G:255　B:255

❹ 选择“投影”选项，设置不透明度为 50%、距离为 1 像素、大小为 3 像素

图 8.87

Step 02 绘制选项。再次使用“圆角矩形工具”绘制形状，打开“图层样式”对话框，选择“内阴影”“渐变叠加”“投影”选项，设置参数，添加效果，如图 8.88 所示。

❶ 选择“内阴影”选项，设置不透明度为 50%、距离为 1 像素、大小为 0 像素

❷ 选择“渐变叠加”选项，设置混合模式为“叠加”、不透明度为 24%、角度为 -90°

❸ 选择“投影”选项，设置混合模式为“正常”、颜色为白色、不透明度为 50%、距离为 1 像素、大小为 0 像素

图 8.88

Step03 复制选项按钮。将左侧按钮进行复制，移动位置，选择“形状 1 副本”图层，将该形状的颜色设置为 R:89　G:171　B:213，完成制作，如图 8.89 所示。

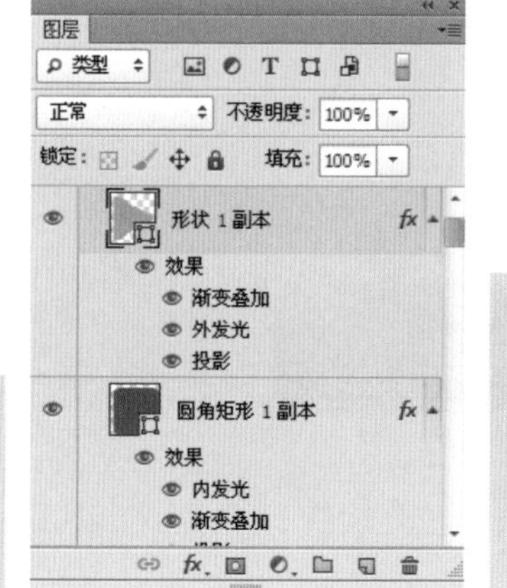

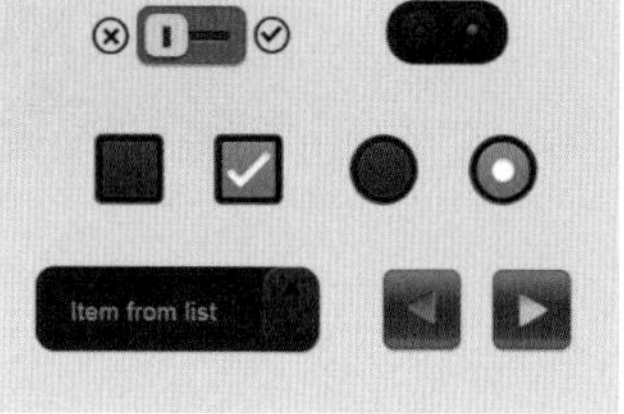

图 8.89

8.4 导航列表的设计原则

在设计移动 UI 时，我们需要注重信息的快速浏览和高效呈现。排版和信息整合是关键要素。而客户端设计则强调丰富的交互体验，关注层级关系和操作引导。

iPhone 的尺寸较小，目前有 480×320 像素和 640×960 像素两种分辨率。它内置了完整的 Safari 浏览器，可以完整显示 HTML 和 XML 网页。借助多点触摸技术，用户可以享受到与桌面平台相似的网页浏览体验，如图 8.90 所示。

图 8.90

然而，受到屏幕尺寸小、触屏操作和网速限制等因素的影响，Web 设计需要做出一些调整。具体来说，可以考虑精简布局、降低图片加载量、减少输入等方法。具体方法如下。

（1）对原有信息进行整合重组，横向排列、避免分栏。

（2）动作传感器可以感应用户横握手机时自动转为横屏显示，因此信息排版要做到自适应宽度，横屏 480（960），竖屏 320（640），如图 8.91 所示。

图 8.91

（3）精简、精简、再精简！在小小的显示屏上，所有主元素都要尽量地“够大”，因此页面只需展示核心功能，去掉不必要的“设计元素”（使用色块或简单背景图），使页面易操作、浏览顺畅，如图 8.92 所示。

图 8.92

（4）遵守 iOS 的交互习惯，功能界面的结构通常自上而下，分别是“导航栏、标签栏、工具栏”，如图 8.93 所示。

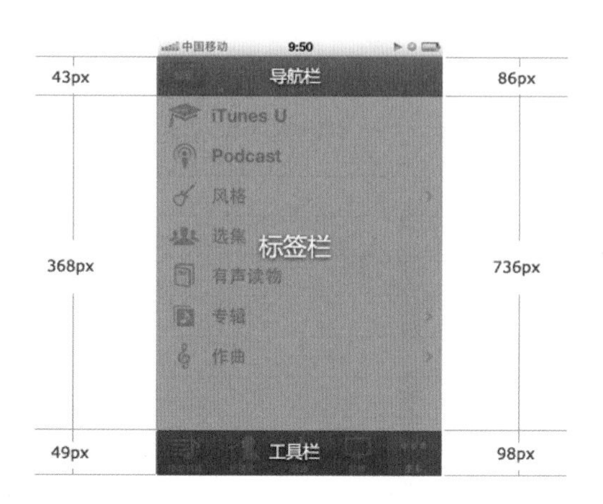

图 8.93

导航栏主要显示“当前状态”“返回”“编辑”“设置”等基本操作，如图 8.94 所示。

工具栏作为热点触摸区域，用来展示主菜单。形式可以为文字、图标、图标 + 文字（不可超过 5 栏），如图 8.95 所示。

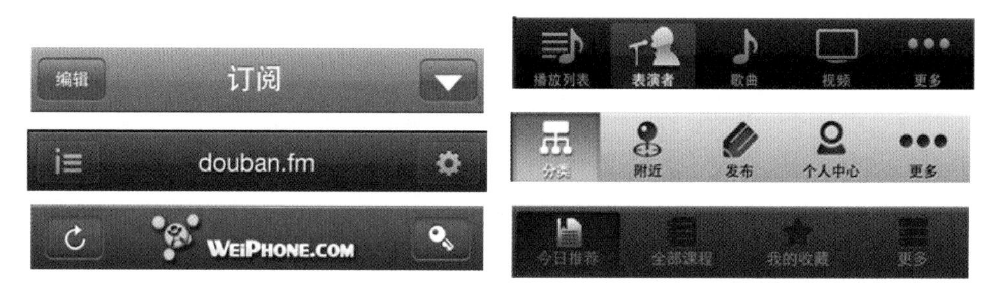

图 8.94　　图 8.95

标签栏是主要展示区，也是设计的重点。根据不同功能的界面、常见的有以下两种设计方式。

列表视图——适合目录、导航等多层级的界面。将信息一级级地收起，最大化地展示分类信息。

分层的界面——利用 iPhone 本身独有的特性让其固定，或垂直、水平滚动，节省空间。

第 9 章

App UI 整体界面制作

本书前面已经介绍了 App UI 的各种零件的制作，本章将综合前面所有的知识，介绍一款手机的界面总体制作案例。

9.1 手机界面总体设计

案例综述

在本例中，我们将制作一组 Windows Phone 风格的界面设计。Windows Phone 将微软旗下的 Xbox LIVE 游戏、Zune 音乐以及独特的视频体验整合至手机中，提供了丰富的娱乐和社交功能。我们将运用简洁直观的设计风格，结合扁平化的图标和流畅的动画效果，打造出符合 Windows Phone 风格的独特界面。通过精心的排版和交互设计，用户将能够轻松地浏览和使用各种功能，享受出色的手机体验。最终效果如图 9.1 所示。

图 9.1

设计规范

尺寸规范	640×1136 像素
主要工具	文字工具、图层样式工具
文件路径	Chapter9/9-1.psd
视频教学	9-1.avi

配色分析

白色与蓝色的组合营造了一种清新、欢快、舒适和放松的氛围。本例的设计正是为了展现这种氛围。

9.2 音乐播放界面

下面制作音乐播放界面。

Step01 新建文档。执行“文件”→“新建”命令，或按下快捷键 Ctrl+N，打开“新建”对话框，设置宽度和高度分别为 640 像素和 1136 像素，分辨率为 72 像素 / 英寸，完成后单击“确定”按钮，新建一个空白义档，如图 9.2 所示。

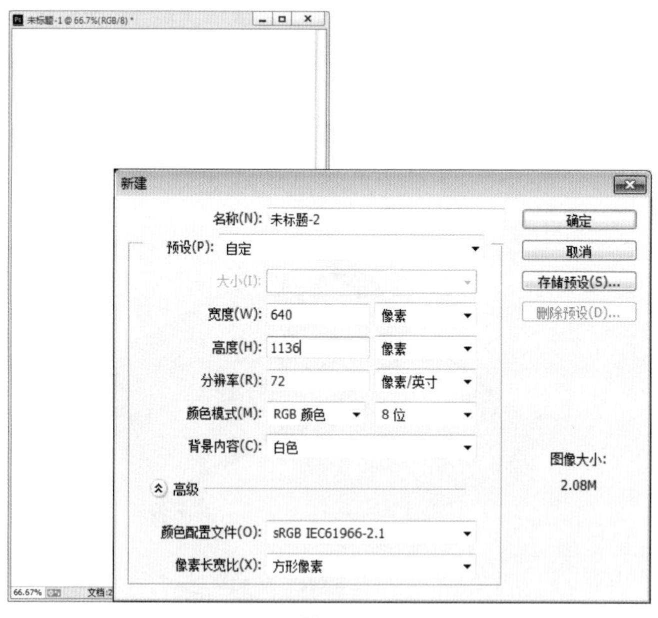

图 9.2

Step02 填充颜色。设置前景色为黑色，按下 Alt+Delete 组合键为背景填充黑色，如图 9.3 所示。

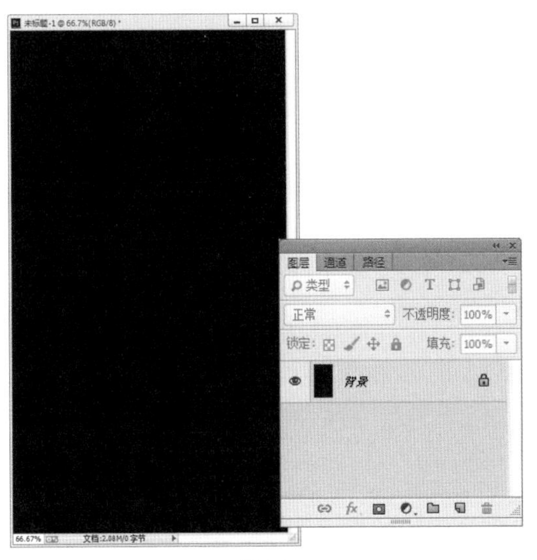

图 9.3

Step03 导入素材。打开“9-1-1.jpg”“9-1-2.jpg”素材，将其拖至场景文件中，设置“9-1-1”图层的不透明度为 33%，“9-1-2”图层的图层样式为“柔光”，如图 9.4 所示。

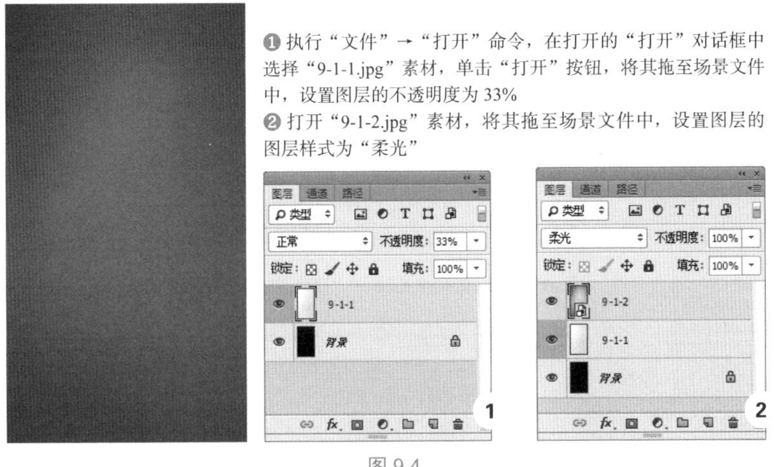

图 9.4

Step04 制作进度条。设置前景色，在工具栏中选择“矩形工具”，在画面底部绘制矩形，设置图层不透明度。新建图层，选择“矩形工具”，绘制进度条，复制一层，自由变换大小制作成另一条进度条。选择“椭圆工具”绘制滑块，添加图层样式，最后加上文字，如图 9.5 所示。

Step05 绘制播放按钮。设置前景色，在工具栏中选择“椭圆工具”在画面中绘制正圆，复制正圆，按圆心自由变换大小，在状态栏中选择“减去顶层形状”。选择多边形工具，设置边为 3，选择“合并形状”，绘制三角形，将三角形移动到合适位置。选择“移动工具”，选中图层自由变换、移动按钮造型，如图 9.6 所示。

❶ 设置前景色为白色，选择矩形工具，在状态栏中设置模式为形状，绘制矩形，设置图层的不透明度为 80%

❷ 选择矩形工具，设置前景色为 R:102　G:112　B:122，绘制矩形进度条

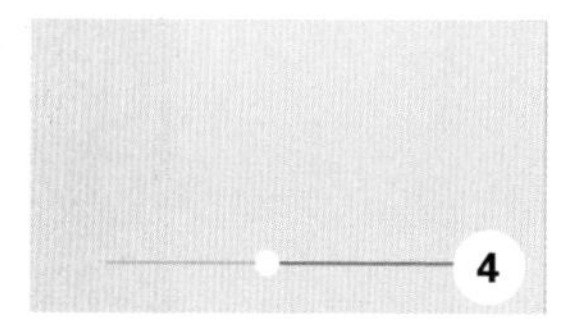

❸ 将进度条图层复制一层，设置前景色为 R:81　G:196　B:212，按下 Alt+Delete 组合键，填充颜色，按下 Ctrl+T 组合键缩放到一半长度，按下 Enter 键结束

❹ 设置前景色为白色，选择椭圆工具绘制正圆，制作滑块效果

❺ 双击椭圆图层，打开“图层样式”对话框。选择“外发光”，设置不透明度为 10%、颜色为黑色、大小为 2 像素。选择“投影”选项，设置混合模式为“线性加深”、不透明度为 15%、距离为 2 像素、大小为 1 像素

❻ 选择“横版文字工具”，设置合适字体、字号，在画面中单击输入文字

图 9.5

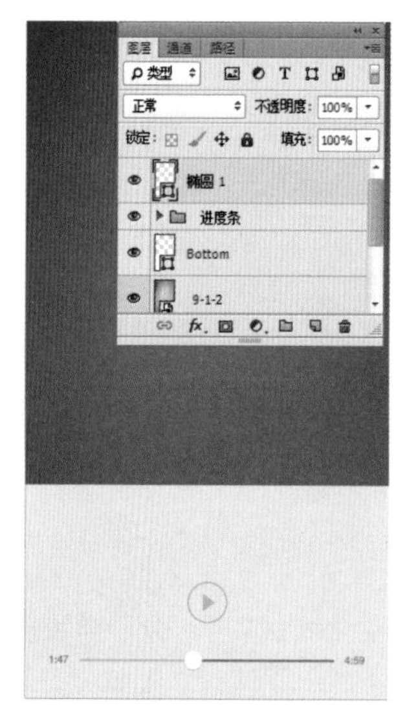

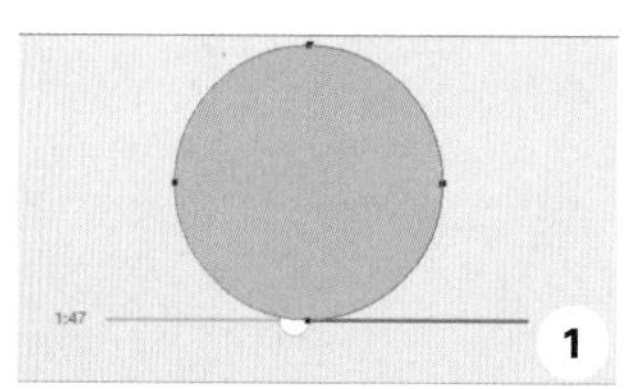

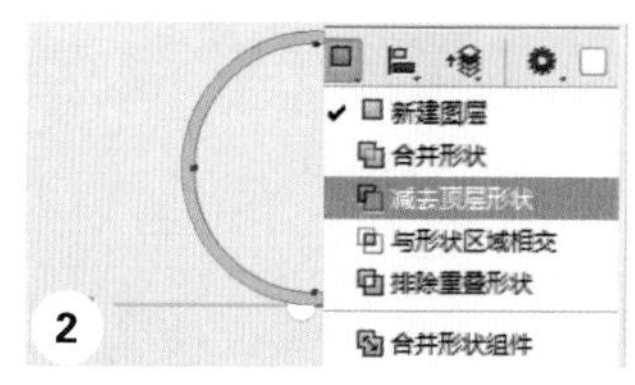

❶ 设置前景色为 R:81　G:196　B:212，选择椭圆工具，在状态栏中设置模式为“形状”，按下 Shift 键绘制正圆

❷ 按下 Ctrl+C 组合键，再按下 Ctrl+V 组合键复制正圆，按下 Ctrl+T 组合键自由变换，按下 Shift+Alt 组合键同时向圆心等比例缩放，按下 Enter 键结束。在状态栏中设置模式选项为“减去顶层形状”

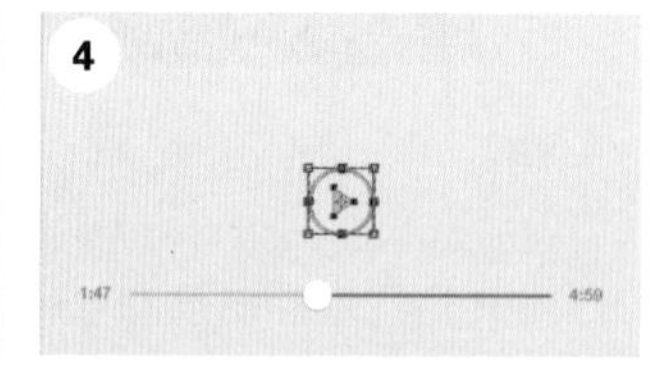

❸ 选择多边形工具，在状态栏中设置边为 3，模式选项为“合并形状”，在画面中绘制三角形，按下 Ctrl+T 组合键自由变换大小、位置，按下 Enter 键结束

❹ 选择路径选择工具，按下 Shift 键同时选中按钮的所有路径，按下 Ctrl+T 组合键自由变换播放按钮的大小、位置，按下 Enter 键结束

图 9.6

Step06 制作更多按钮。用相似的方法配合“矩形工具”“钢笔工具”制作更多按钮，如图 9.7 所示。

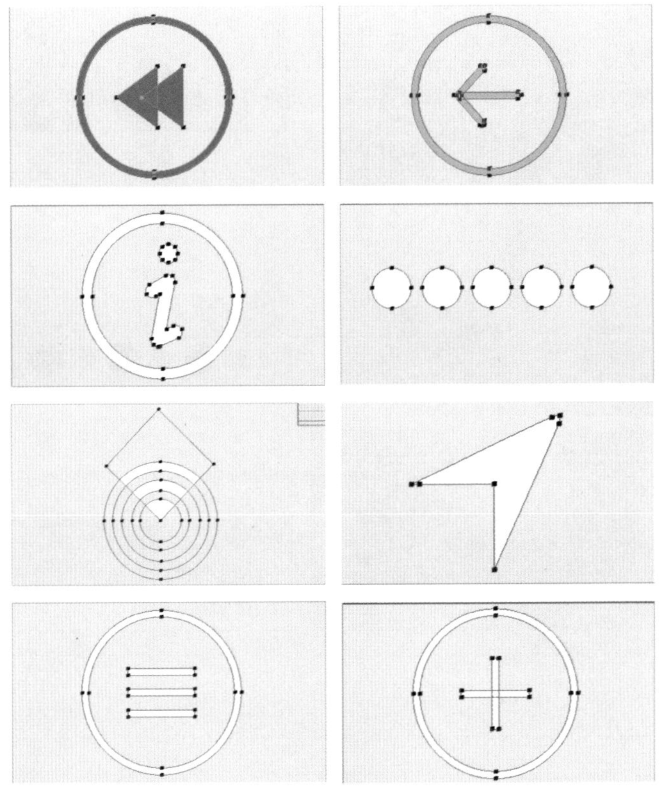

图 9.7

Step07 添加文字。在工具栏中选择“矩形工具”，设置前景色，在画面中绘制矩形，选择“横版文字工具”，设置字体、字号、颜色，在画面中单击输入文字，如图 9.8 所示。

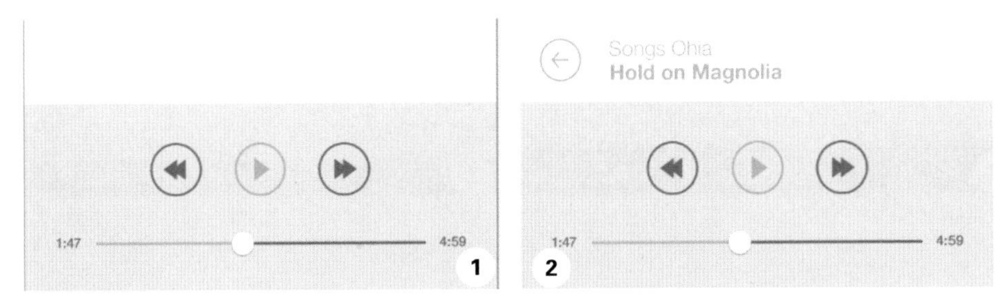

❶ 在工具栏中选择“矩形工具”，设置前景色为白色，在状态栏中设置模式为形状，在画面中绘制矩形
❷ 选择“横版文字工具”，在状态栏中设置字体为 HelveticaNeue，字号为 28 点，前景色为 R:75　G:193　B:210，在画面中单击输入文字

图 9.8

Step08 绘制曲线。新建图层，在工具栏中选择“钢笔工具”，在状态栏中设置参数，结合 Alt 键在画面中绘制曲线。选择画笔工具，设置前景色为白色，在状态栏中设置参数，在路径面板中，用画笔描边路径。用同样的方法绘制更多曲线，设置图层的不透明度，如图 9.9 所示。

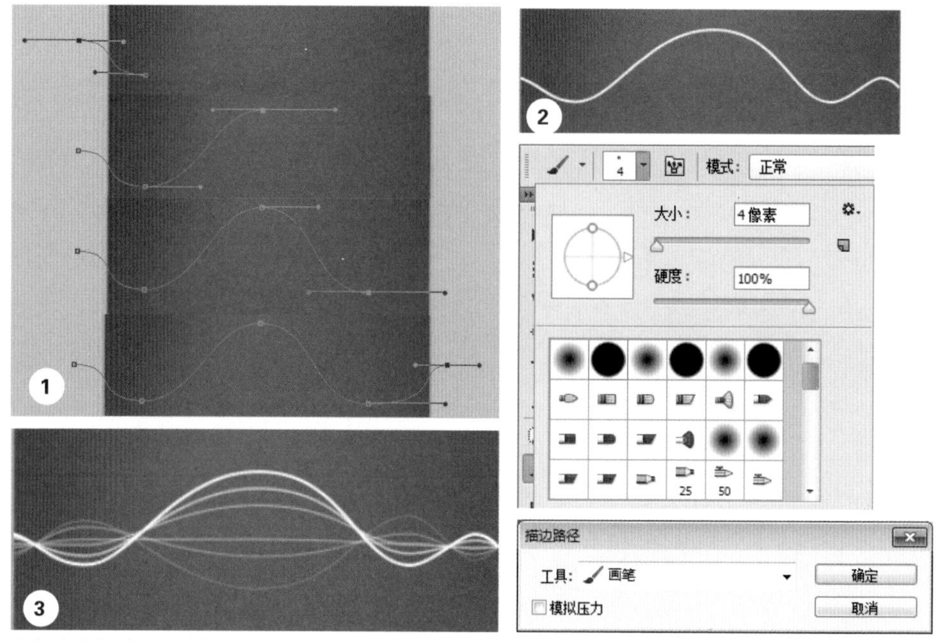

❶ 新建图层，在工具栏中选择“钢笔工具”，在状态栏中设置模式为“路径”，在画面中绘制曲线，可结合 Alt 键改变路径节点
❷ 选择“画笔工具”，设置前景色为白色，在状态栏中设置画笔大小为 4 像素，硬度为 100%，在图层面板中单击“路径”按钮，右击路径图层，选择“描边路径”。在“描边路径”对话框中选择画笔，取消选中“模拟压力”复选框，单击“确定”按钮结束
❸ 用同样的方法绘制不同透明度的路径

图 9.9

Step 09 添加文字。在工具栏中选择“矩形工具”，设置前景色，在画面中绘制矩形，选择“横版文字工具”，设置字体、字号、颜色，在画面中单击输入文字，如图 9.10 所示。

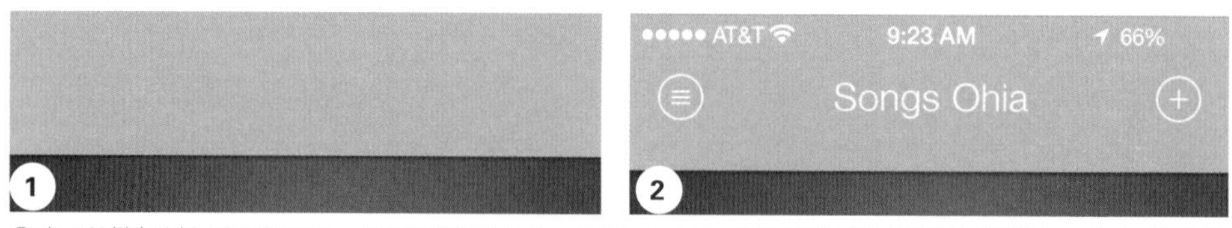

❶ 在工具栏中选择“矩形工具”，设置前景色为 R:75　G:193　B:210，在状态栏中设置模式为“形状”，在画面中绘制矩形。双击图层添加图层样式，选择“投影”选项，设置不透明度为 60%、角度为 90°、距离为 2 像素、大小为 5 像素，单击“确定”按钮结束
❷ 选择“横版文字工具”，在状态栏中设置字体为 HelveticaNeue, 字号分别为 40 点、28 点、25 点，前景色为白色，在画面中单击输入文字

图 9.10

Step 10 绘制电池图标。在工具栏中选择“圆角矩形工具”，在状态栏中设置参数，在画面中绘制圆角矩形。重新设置状态栏参数，在上一个圆角矩形内绘制圆角矩形，选择“椭圆工具”，设置状态栏中的模式为“合并形状”，在画面中绘制圆形，选择“直接选择工具”删除圆形左边锚点，如图 9.11 所示。

❶ 在工具栏中选择“圆角矩形工具”，在状态栏中设置模式为“形状”、填充为“无”、描边为白色、大小为 1 像素、半径为 2 像素，在画面中绘制圆角矩形
❷ 在状态栏中设置填充为白色，描边为“无”，在上一圆角矩形内绘制圆角矩形
❸ 在工具栏中选择“椭圆工具”，在状态栏中设置模式为“合并形状”，在画面中绘制正圆
❹ 在工具栏中选择“直接选择工具”删除圆形左边锚点

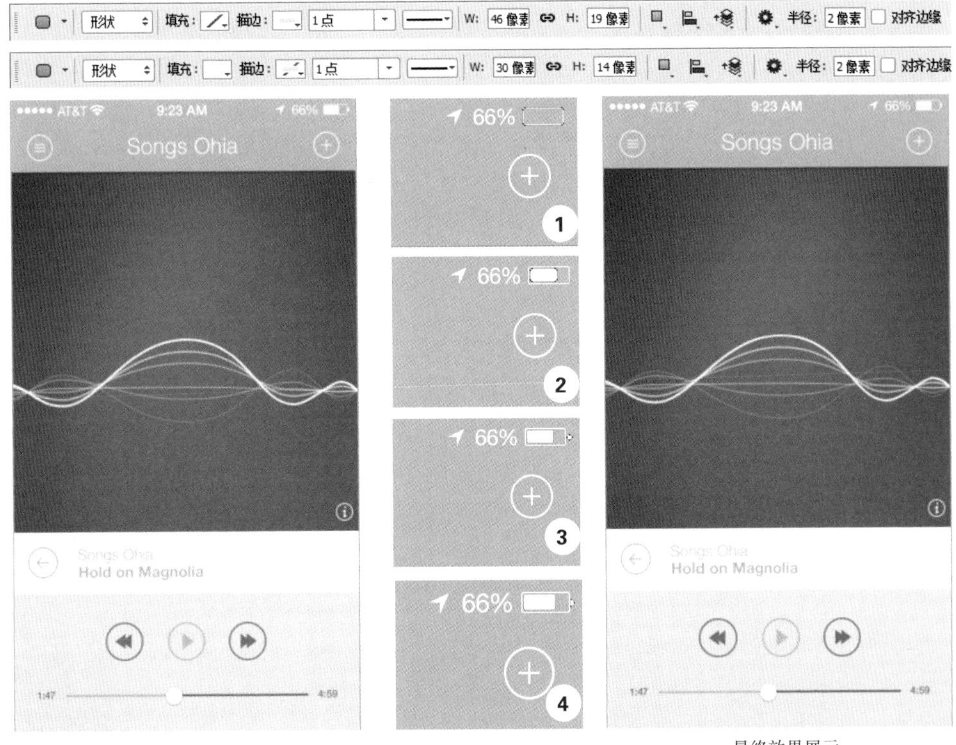

图 9.11

9.3 制作日历界面

下面我们将使用矩形工具以及文字工具制作日历界面，如图 9.12 所示。

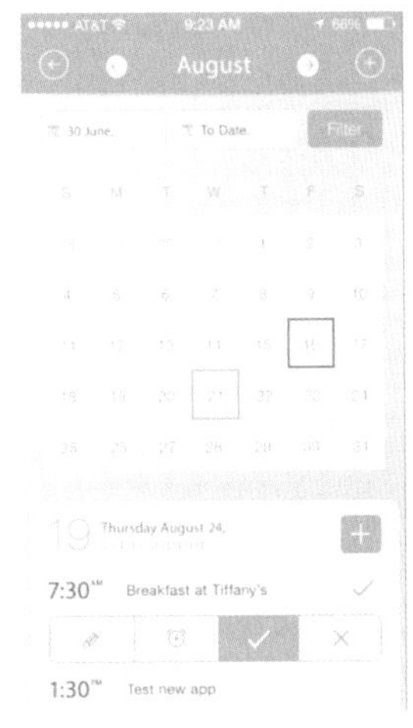

图 9.12

设计规范

尺寸规范	640×1136 像素
主要工具	矩形工具、文字样式
文件路径	Chapter9/9-2.psd
视频教学	9-2.avi

图 9.13

Step01 打开素材。执行“文件”→“打开”命令，或按下快捷键 Ctrl+O，打开“打开”对话框，选择“9-2-1.jpg”素材，单击“打开”按钮打开，如图 9.13 所示。

Step02 绘制圆角矩形。选择“圆角矩形工具”，在状态栏中设置参数，在画面中绘制圆角矩形，将圆角矩形复制一层。打开“9-2-2.jpg”素材，将其拖曳至场景文件中，自由变化到合适位置，将素材复制一层放到合适位置。选择“横版文字工具”，在状态栏中设置参数，在画面中单击输入文字，如图 9.14 所示。

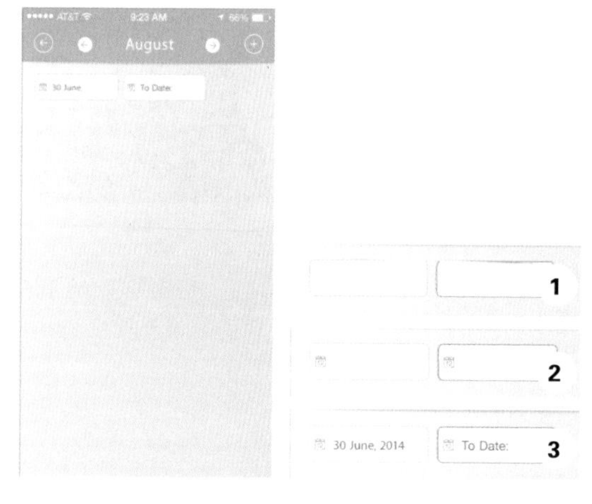

❶ 在工具栏中选择“圆角矩形工具”，在状态栏中设置模式为“形状”、填充为白色，描边为 R:186 G:193 B:197，大小为 1 像素、半径为 10 像素，在画面中绘制圆角矩形，将圆角矩形复制一层

❷ 打开“9-2-2.jpg”素材，将其拖至场景文件中，按下 Ctrl+T 组合键自由变化到合适位置，将素材复制一层放到合适位置

❸ 在工具栏中选择“横版文字工具”，在状态中设置字体为 Myriad Pro，字号为 22 点，颜色为 R:102 G:112 B:122

图 9.14

Step03 绘制圆角矩形。选择“圆角矩形工具”，在状态栏中设置参数，在画面中绘制圆角矩形。选择“横版文字工具”，在状态栏中设置参数，在画面中单击输入文字，如图 9.15 所示。

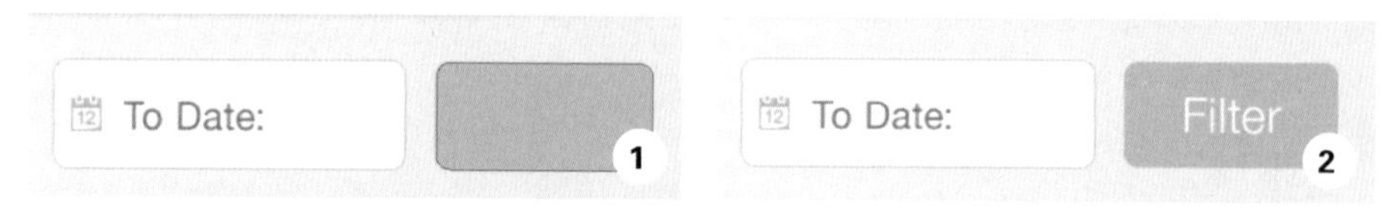

❶ 在工具栏中选择“圆角矩形工具”，在状态栏中设置模式为“形状”，填充为 R:81 G:196 B:212，描边为“无”、半径为 10 像素，在画面中绘制圆角矩形

❷ 在工具栏中选择“横版文字工具”，在状态栏中设置字体为 Myriad Pro，字号为 28 点，颜色为白色

图 9.15

Step04 绘制日历方格。选择“矩形工具”，在状态栏中设置参数，在画面中单击，在“创建矩形”对话框中设置参数，单击“确定”按钮结束绘制，将矩形移动到合适位置，复制三个放在合适位置，设置图层不透明度。选择“横版文字工具”，在状态栏中设

置参数，在画面中单击输入文字。用相似方法制作完整日历方格，如图 9.16 所示。

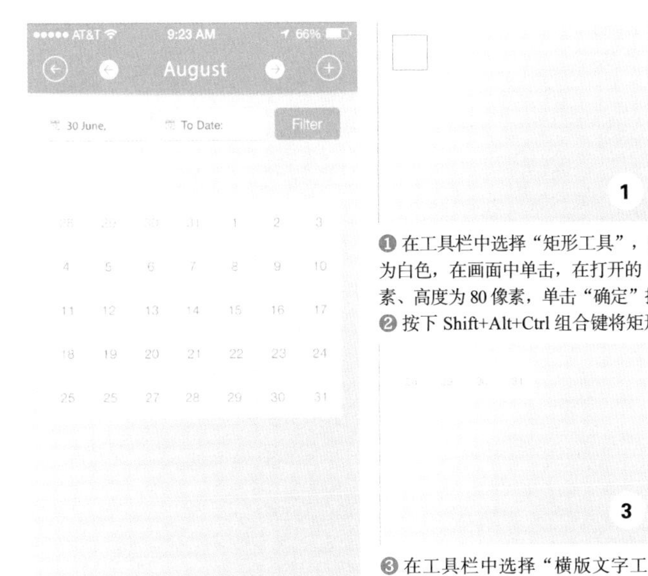

❶ 在工具栏中选择“矩形工具”，在状态栏中设置模式为“形状”，填充为白色，在画面中单击，在打开的“创建矩形”对话框中设置宽度为 80 像素、高度为 80 像素，单击“确定”按钮完成绘制，将矩形移动到合适位置
❷ 按下 Shift+Alt+Ctrl 组合键将矩形复制三个

❸ 在工具栏中选择“横版文字工具”，在状态栏中设置字体为 Myriad Pro，字号为 24 点，颜色为 R:178　G:183　B:188，在画面中单击输入文字
❹ 用相似方法制作完整日历方格

图 9.16

Step 05 绘制日历细节。选择“矩形工具”，在状态栏中设置参数，在画面中绘制矩形。选择“横版文字工具”，在状态栏中设置参数，在画面中单击输入文字，如图 9.17 所示。

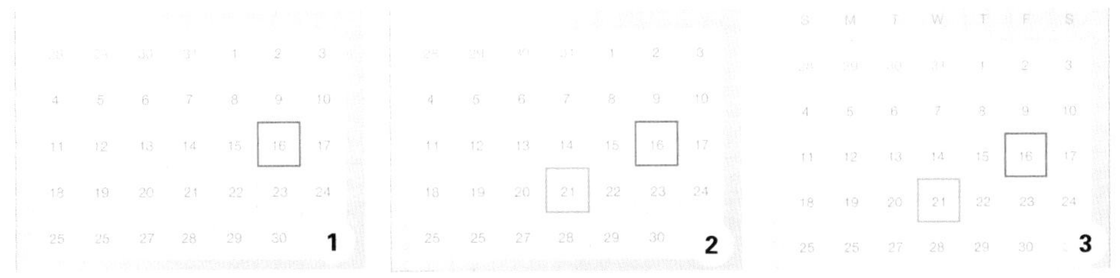

❶ 在工具栏中选择“矩形工具”，在状态栏中设置模式为“形状”、填充为“无”，描边为 R:249　G:91　B:84，大小为 2 像素，在画面中绘制矩形
❷ 在状态栏更改描边为 R:81　G:196　B:212，在画面中绘制矩形
❸ 在工具栏中选择“横版文字工具”，在状态栏中设置字体为 Myriad Pro，字号为 24 点，颜色为 R:81　G:196　B:212，在画面中单击输入文字

图 9.17

Step 06 绘制圆角矩形。选择“圆角矩形工具”，在状态栏中设置参数，在画面中绘制矩形。双击图层添加图层样式，选择“外发光”，设置参数，单击“确定”按钮结束，如图 9.18 所示。

Step 07 绘制直线。选择“直线工具”，在状态栏中设置模式为形状，填充颜色为 R:225　G:229　B:231，在画面中绘制直线，如图 9.19 所示。

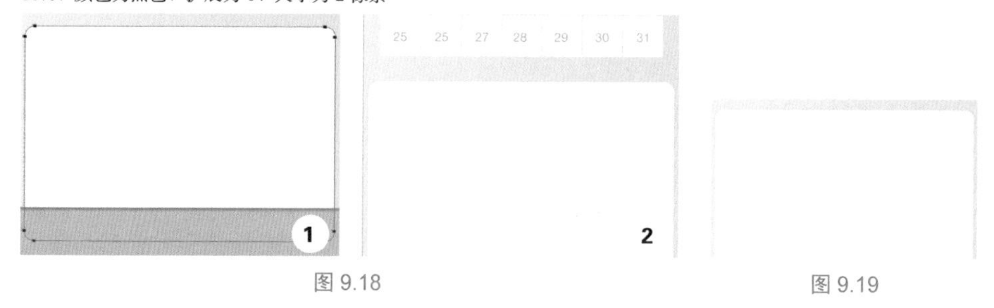

图 9.18　　图 9.19

Step08 输入文字。选择"横版文字工具"，在状态栏中设置参数，在画面中单击输入文字，如图 9.20 所示。

❶在工具栏中选择"横版文字工具"，在状态栏中设置字体为 Myriad Pro，字号为 72 点，颜色为 R:81　G:196　B:212，在画面中单击输入文字
❷新建图层，在状态栏中设置字体为 Myriad Pro，字号为 24 点，颜色为 R:102　G:112　B:122，在画面中单击输入文字

❸新建图层，设置字号为 40 点，颜色为 R:102　G:112　B:122，在画面中单击输入文字，按下 Ctrl+T 组合键，选中要做上标的文字，在"字符"面板中单击"上标"按钮
❹新建图层，设置字号为 22 点，颜色为 R:178　G:183　B:188，在画面中单击输入文字

图 9.20

Step09 制作小图标。选择"圆角矩形工具"，在状态栏中设置参数，在画面中绘制圆角矩形。选择矩形工具，在状态栏中设置参数，更改模式为"减去顶层形状"，在圆角矩形中绘制矩形，如图 9.21 所示。

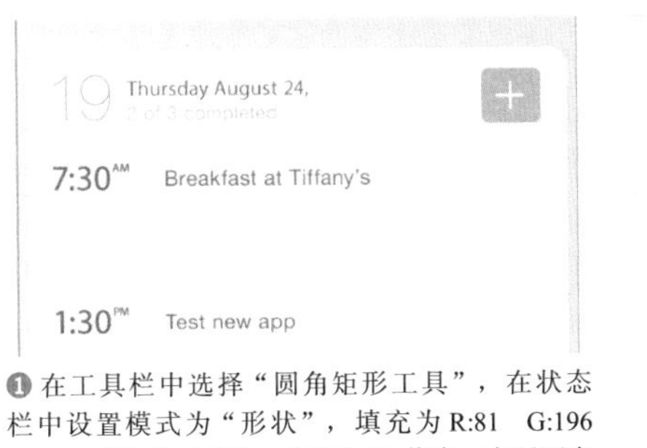

❶ 在工具栏中选择“圆角矩形工具”，在状态栏中设置模式为“形状”，填充为 R:81　G:196　B:212，描边为“无”、半径为 10 像素，在画面中绘制圆角矩形
❷ 选择“矩形工具”，在状态栏中设置模式选项为“减去顶层形状”，在圆角矩形上绘制横向矩形
❸ 在圆角矩形上绘制纵向矩形，按下 Ctrl 键将其移动到合适位置

图 9.21

Step 10 制作更多小图标。用相似方法制作更多小图标，如图 9.22 所示。

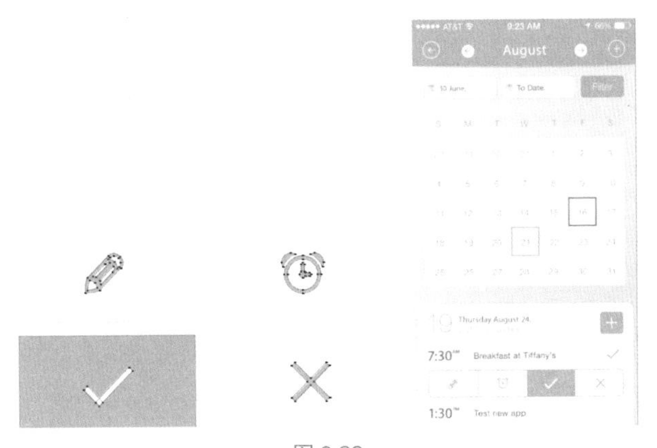

图 9.22

9.4 制作对话框

下面我们将使用矩形工具以及文字工具制作对话框界面，如图 9.23 所示。

设计规范

尺寸规范	640×1136 像素
主要工具	矩形工具、文字样式
文件路径	Chapter9/9-3.psd
视频教学	9-3.avi

Step 01 打开素材。执行“文件”→“打开”命令，或按下快捷键 Ctrl+O，打开“打开”对话框，选择“9-3-1.jpg”素材，单击“打开”按钮打开，如图 9.24 所示。

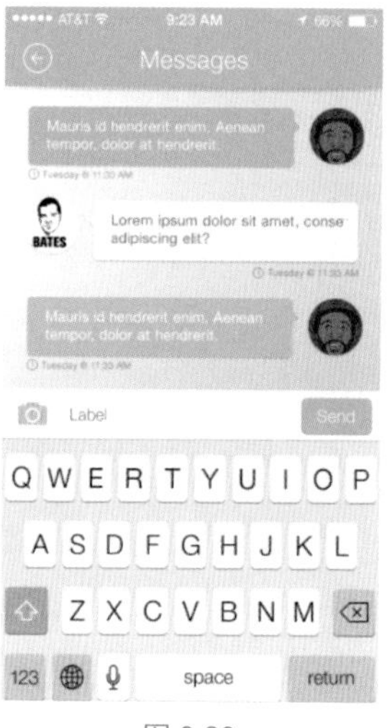

图 9.23

图 9.24

Step 02 绘制对话框。选择“圆角矩形工具”，在状态栏中设置参数，在画面中绘制圆角矩形。选择“多边形工具”，在状态栏中设置参数，模式选项为“合并形状”，在画面中绘制三角形。选择“横版文字工具”，在状态栏中设置参数，在画面中单击输入文字，如图 9.25 所示。

Step 03 制作头像。选择“椭圆工具”，在状态栏中设置参数，在画面中绘制正圆，双击图层添加图层样式，选择“投影”设置参数。打开“9-3-2.jpg”素材，将其拖至场景文件中，自由变换合适的大小、位置，让其只作用于椭圆图层，如图 9.26 所示。

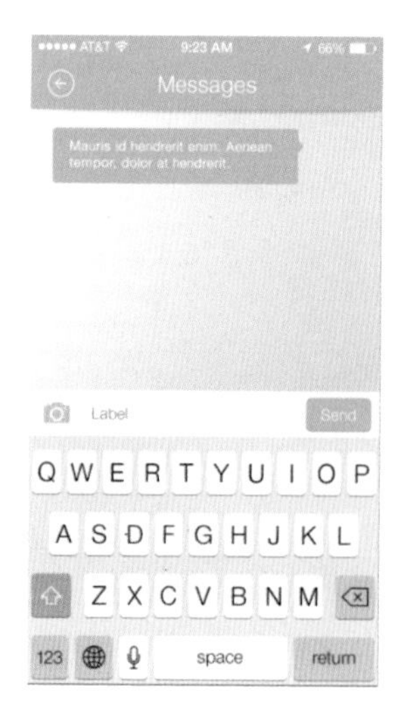

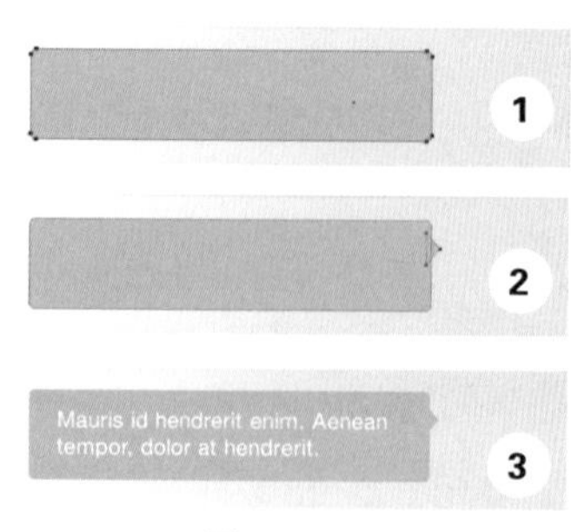

❶ 在工具栏中选择“圆角矩形工具”，在状态栏中设置模式为“形状”，填充为 R:81 G:196 B:212，半径为 6 像素，在画面中绘制矩形

❷ 选择“多边形工具”，在状态栏中设置模式选项为“合并形状”，边为 3，在画面中绘制三角形

❸ 在工具栏中选择“横版文字工具”，在状态栏中设置字体为 HelveticaNeue，字号为 24 点，颜色为白色，在画面中单击输入文字

图 9.25

❶ 在工具栏中选择“椭圆工具”，在状态栏中设置模式为“形状”，按下 Shift 键同时在画面中绘制椭圆
❷ 双击椭圆图层，选择“投影”，设置混合模式为“正常”、不透明度为 12%、角度为 90°、距离为 1 像素、大小为 2 像素，单击“确认”按钮结束
❸ 执行“文件”→“打开”命令，在“打开”对话框中选择“9-3-2.jpg”素材打开，将其拖至场景文件中，按下 Ctrl+T 组合键自由变化合适的大小、位置
❹ 按下 Alt 键在素材图层和椭圆图层中间单击，令素材图层只作用于椭圆图层

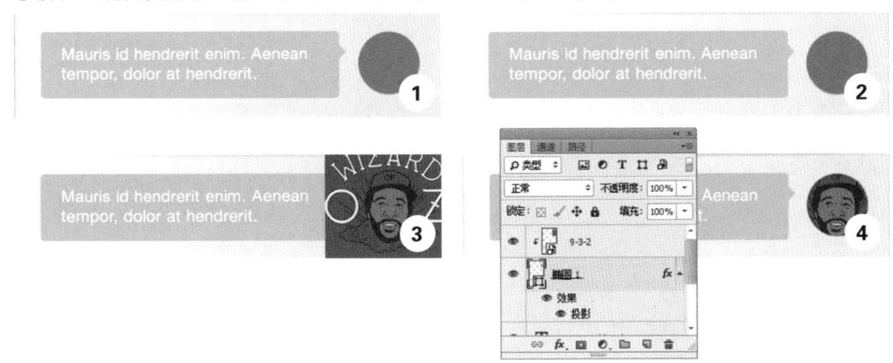

图 9.26

Step 04 更多效果。用本例方法制作的更多效果如图 9.27 所示。

图 9.27

9.5 制作图库界面

下面使用矩形工具以及图片制作图库界面，如图 9.28 所示。

设计规范

尺寸规范	640×1136 像素
主要工具	文字工具、图层样式
文件路径	Chapter9/9-4.psd
视频教学	9-4.avi

Step01 打开素材。执行“文件”→“打开”命令，或按下快捷键 Ctrl+O，打开“打开”对话框，选择“9-4-1.jpg”素材，单击“打开”按钮打开，如图 9.29 所示。

图 9.28

图 9.29

Step02 绘制矩形。选择“矩形工具”，在状态栏中设置参数，按下 Shift 键在画面中绘制矩形。按下 Shift+Alt 组合键，将矩形复制并平移两次。选中三层矩形图层，按下 Ctrl+T 组合键，自由变化到适应画面的大小，给中间的矩形填充颜色，将三个矩形区分开，如图 9.30 所示。

❶ 在工具栏中选择“矩形工具”，在状态栏中设置模式为“形状”，按下 Shift 键同时在画面中绘制矩形
❷ 按下 Shift+Alt 组合键，将矩形复制并平移两次

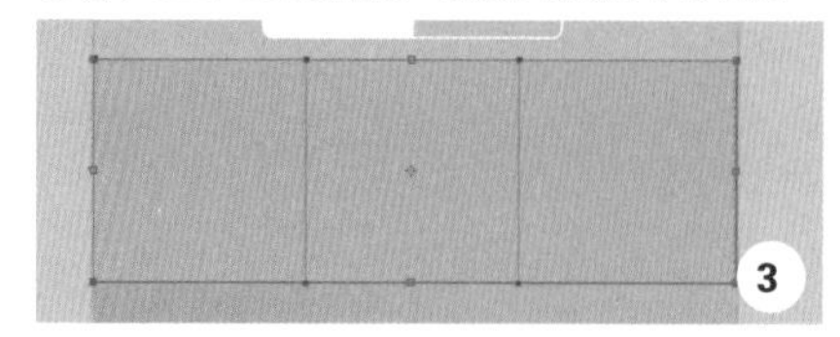

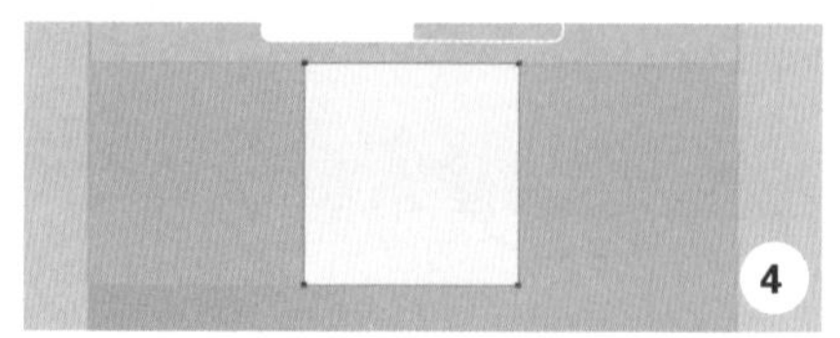

❸ 选中三层矩形图层，按下 Ctrl+T 组合键，自由变化到适应画面的大小
❹ 给中间的矩形填充颜色，将三个矩形区分开

图 9.30

Step03 添加素材。打开“9-4-2.jpg”素材，将其拖至场景文件中，自由变化素材大小、位置，将 9-4-2 图层移动到矩形 1 图层上，使 9-4-2 图层只作用于矩形 1 图层，如图 9.31 所示。

❶ 执行“文件”→“打开”命令，在“打开”对话框中选择“9-4-2.jpg”素材打开，将其拖至场景文件中
❷ 按下 Ctrl+T 组合键，自由变化素材大小、位置，按下 Enter 键结束
❸ 将 9-4-2 图层移动到矩形 1 图层上，按下 Alt 键在两个图层间单击，使 9-4-2 图层只作用于矩形 1 图层

图 9.31

Step04 绘制图标。用相同方法制作更多图像。新建图层，选择“矩形工具”，在状态栏中设置参数，在画面中绘制矩形，设置图层的不透明度。重新设置状态栏参数，在画面中绘制加号，如图 9.32 所示。

❶ 新建图层，在工具栏中选择“矩形工具”，在状态栏中设置模式为“形状”，填充为 R:81　G:196　B:212，在画面中绘制矩形，设置图层的不透明度为 90%
❷ 新建图层，重新设置状态栏填充为白色，在画面中绘制横向矩形
❸ 设置状态栏中的模式选项为“合并形状”，在画面中绘制纵向矩形

图 9.32

Step05 添加细节。选择“钢笔工具”，在状态栏中设置参数，在画面中绘制心形。选择“横版文字工具”，在状态栏中设置参数，单击画面输入文字，如图 9.33 所示。

❶ 在工具栏中选择“钢笔工具”，在状态栏中设置模式为“形状”，填充为白色，在画面中绘制心形
❷ 选择“横版文字工具”，在状态栏中设置字体为 HelveticaNeue，字号为 22 号，颜色为白色，在画面中单击输入文字

图 9.33

本例制作完成，效果如图 9.34 所示。

图 9.34

附　录

以下是我常去的论坛和资源平台，以及几种非常实用的UI设计工具的介绍。这些资源和工具能够极大地提升你的工作效率，强烈推荐大家尝试一下。

1. 网上资源

论坛交流

http://dribbble.com/

Dribbble是一个专为创作家、艺术工作者和设计师等创意人士打造的在线平台，提供作品展示和交流的服务。用户可以浏览已经完成的作品或正在创作中的设计作品。此外，Dribbble还推出了适用于手机的应用程序，用户可以通过苹果应用商店下载并使用这些移动应用。

http://www.iconfans.com/

Iconfans是一个专业的界面交互设计论坛，以设计师为中心，秉持着“小圈子，大份量”的原创理念。它致力于为所有热爱设计交互的人群提供理想的交流平台。该论坛的核心理念是学习、交流和分享，为设计师朋友们的工作和学习提供更多的创作灵感和参考资料。

http://www.uimaker.com/

Uimaker是一个专业的UI设计平台，为UI设计师提供UI设计资源、学习分享和交流的机会。该平台拥有丰富的UI教程、UI素材、图标设计、手机UI、招聘信息、软件界面设计、后台界面和后台模板等内容。在Uimaker上，你可以找到许多设计灵感和参考资料。

http://www.zcool.com.cn/

站酷网汇集了中国大部分专业设计师、艺术院校师生和潮流艺术家等年轻创意人群，是国内最活跃的原创设计交流平台。该网站涉及交互设计、影视动漫、时尚文化等多个创意产业领域。

http://www.aliued.cn/

阿里巴巴中国站UED成立于1999年，全称为用户体验设计部（User Experience Design Department），也被昵称为“有一点”。它是阿里巴巴集团中最资深的部门之一。在阿里巴巴中国站UED，你可以阅读到设计师们的文章和作品。

http://mux.baidu.com/

百度无线用户体验部是百度移动云事业部下属的团队，负责百度无线搜索、百度、百度手机浏览器、百度手机输入法、百度云和百度手机助手等产品的用户体验设计工作。在这个团队中，你可以找到许多百度设计师们的设计文章和作品。

http://cdc.tencent.com/

腾讯 CDC 是一个世界级的互联网设计团队，致力于为用户创造卓越的在线生活体验。该团队专注于互联网视觉设计、交互设计、用户研究和前端开发等领域。在腾讯 CDC 的官方网站上，你可以浏览到许多腾讯设计师们的设计帖子和作品。

http://www.uisdc.com/

优秀网页设计联盟（Superior Design Consortium，SDC）是一个充满专业设计师交流氛围的设计联盟。该联盟秉持开放、分享和成长的宗旨，为广大设计师和设计爱好者提供了一个免费的交流互动平台。

http://www.iguoguo.net/

爱果果 iguoguo 是一个专门致力于酷站收藏、酷站欣赏、网页设计推荐和 UI 推荐的网站。该网站还提供优秀 UI 素材下载的网页设计分享，以及设计师自己的酷站收藏、酷站欣赏和 UI 设计家园等功能。

图库资源

http://www.huaban.com/

用户可以将在网络上看到的所有信息保存下来，操作简单且有趣。通过专属于“花瓣网”的浏览器插件——“采集到花瓣”，可以快速完成信息的收集。

http://www.duitang.com/

堆糖网是一个全新社区，其主题是收集和发现喜爱的事物，以图片的形式展示和浏览。堆糖提供了快捷的图文收集工具，让用户能够一键收集和分享自己的兴趣。

http://appui.mobi/

国外极具人气的设计师学习平台，致力于聚合优秀设计解决方案，汇集优秀设计团队，一站式解决 UI 设计。

源文件下载

http://freepsdfiles.net/

免费素材下载网是一个提供多种素材的站点，用户可以免费下载 PSD 文件、模板、背景、插图、矢量图等。

PSDgraphics

http://www.psdgraphics.com/

该网站提供了大量的 PSD 源文件，涵盖了国内外许多商业级 UI 设计师的作品交流。

PSDblast

http://psdblast.com/

该网站罗列了大量的 App UI 素材和 PSD 源文件，可以免费下载，供网友们欣赏、学习和交流。

常用字体

Android 系统

The quick

The quick

The quick

The quick

iOS 系统

The quick

012345ABCDEF

The quick

012345ABCDEF

Windows Phone 系统

ABCDEFGH

Zegoe

2. 原型设计辅助工具

ui stencil kit

ui stencil kit 模板套件对于 UI 的草图设计非常有帮助，它非常方便，有针对 iPhone、iPad 和 Android 的模板，还有 Web 应用 UI 设计模板。ui stencil kit 还提供专用模板笔和模板纸。

POP

POP 是一款应用，它使得制作产品原型变得非常简单。只需要 5 个工具：POP、iPhone、纸、笔和橡皮擦，你就可以轻松地在 iPhone 上展示应用原型了。

画图：在纸上画出完整构架图，最常规的几个页面、按钮、主流程跑通就好。

拍照：用 POP 拍下这些草图，应用会自动调整亮度和对比度使其清晰可见，存到 POP App 内部，

编辑：将拍下的照片按你理想中的顺序放置，利用链接点描摹出各个板块之间的逻辑关系，单击 Play 按钮就可以演示整个应用了。（网址：http://popapp.in/no-ie）。

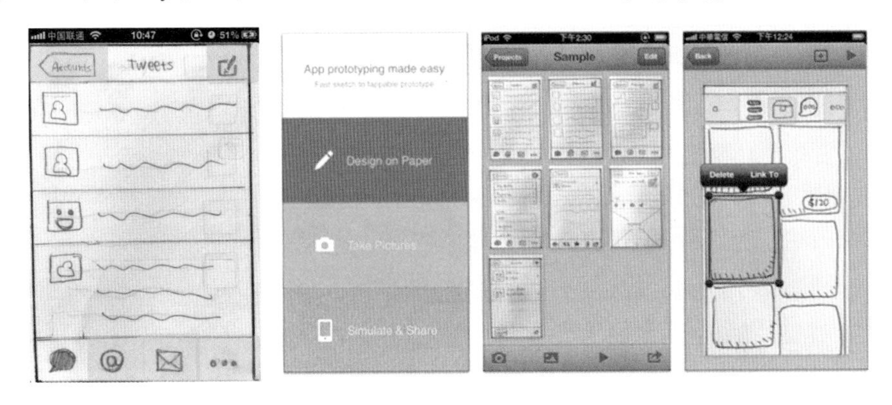

AppCooker

AppCooker 是一款出色的原型设计工具，它不仅能够创建原型，还提供了一系列功能帮助你将程序发布到 App Store 中。它整合了 Dropbox、Box.net 和相册滚动等云存储服务，可以直接将图标和 UI 资源导入到设计工具中。此外，AppCooker 还提供了渐变、填充等简单形状的创建功能，并内置了几乎所有苹果默认提供的 UI 控件，方便用户使用。如果你不擅长图形设计，AppCooker 可以帮助你将图片资源合理地组合在一起，快速创建一个粗糙但统一的原型。另外，AppCooker 还拥有易于使用的动态链接功能，可以将各种画面流畅地连接起来。总之，AppCooker 是一个功能强大、易于使用的原型设计工具，可以帮助你更高效地完成设计工作。（网址：http://appcooker.com）

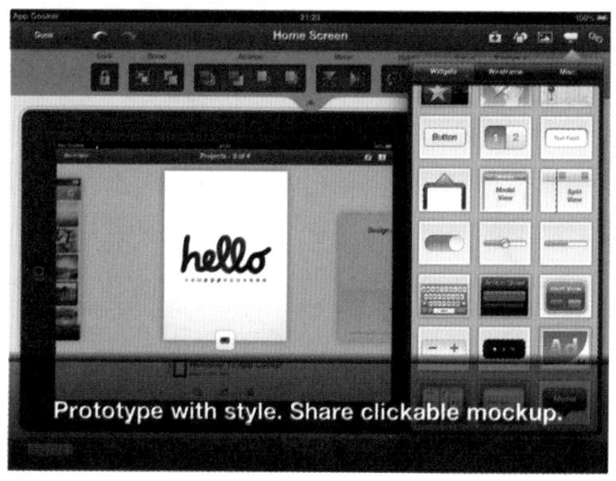

Fluid UI

Fluid UI 是一款专为移动开发设计的 Web 原型设计工具，可帮助设计师高效地创建产品原型。它具有多种优点：无设备和平台限制，适用于 Windows、Mac 和 Linux 系统，同时支持 Chrome 和 Safari 浏览器，甚至可在 Chrome 浏览器上离线使用 App。此外，Fluid UI 采用拖曳操作方式，无须程序员编写代码。值得一提的是，该工具的资源库非常丰富，包括针对 iOS、Android 和 Windows 8 的各类资源。若你觉得默认库存资源无法满足需求，你还可以自行添加。总之，Fluid UI 是一款功能强大的原型设计工具，适用于各种设备和平台，并提供了丰富的资源库供用户选择和使用。（网址：http://FluidUI.com）。